W0261056

ISBN 978-3-662-27444-6 ISBN 978-3-662-28931-0 (eBook)
DOI 10.1007/978-3-662-28931-0

Berichterstatter: Professor Dr. U. Dehlinger
Mitberichterstatter: Professor Dr. W. Köster

Tag der Einreichung: 18. November 1939
Tag der wissenschaftlichen Aussprache: 9. Dezember 1939

Diese Arbeit ist gleichzeitig ein Teil (Kapitel I und VI) der Abhandlung: Plastische Eigenschaften von Kristallen und metallischen Werkstoffen, erschienen als Band 7 der Sammlung: Reine und angewandte Metallkunde in Einzeldarstellungen, herausgegeben von W. Köster, Verlag von Julius Springer, Berlin (1941). Die Kapitelnummern, Seitenzahlen und Hinweise dieses Buches wurden hier beibehalten.

Inhaltsverzeichnis.

I. Einsinnige homogene Verformung von Einkristallen.

VI. Mathematische Zusätze.

Zusammenstellung der wichtigsten Formelzeichen.

a Abgleitung.

A_1, A_1', A_2 Bildungs- bzw. Rückbildungs- bzw. Auflösungs(schwellen)-energie einer Versetzung.

A_T thermischer Anteil an der Bildungsenergie.

b bei homogener Verformung von Einkristallen: Kristallabmessung in Richtung von $\mathfrak{g}$.

b bei Biegung von Einkristallen mit rechteckigem Querschnitt: halbe Kristallbreite senkrecht zur Kräfteebene.

D^0 bei Einkristallen: Dehnung (Stauchung), bezogen auf l^0.

dD, dD^0 bei Einkristallen: kleine Zunahme der Dehnung, bezogen auf l bzw. l^0.

D bei Vielkristallen: Dehnung, bezogen auf l^0.

D_{10}, D_{10}^* bei Vielkristallen: Bruchdehnung bzw. praktische —.

D_φ tangentiale Schiebung bei Torsion.

E in **7**: Elastische Energie einer Versetzung.

E in allen übrigen Fällen: Elastizitätsmodul.

$F(x), F(r)$ axiales Flächenmoment eines Teilquerschnitts bzw. des ganzen Querschnitts[1].

$\varphi, \varphi_\lambda, \varphi_\chi$ Azimut von $\mathfrak{P}$ bzw. $\mathfrak{g}$ bzw. $\mathfrak{N}$ bezüglich $\mathfrak{z}$.

$\varphi(u, T)$ Gleitgeschwindigkeit-, Temperaturfunktion von σ_0.

G Schubmodul.

$g = ds/dt$ bei Vielkristallen: Verformungsgeschwindigkeit.

g_0 „großer" Wert von g zur Bestimmung von K_0 bzw. S_0.

g_m vereinbarter Wert von g zur Bestimmung von K_D bzw. S_D.

$\mathfrak{G}$ Gleitebene.

$\mathfrak{g}$ Gleitrichtung.

h bei der Bausch-Anordnung: Höhe des Kristalls (Dicke der gleitenden Schicht).

h bei Biegung: halber Abstand der Kraftangriffspunkte.

$J(x), J(r)$ axiales Flächenträgheitsmoment eines Teilquerschnitts bzw. des ganzen Querschnitts[1].

k Boltzmannsche Konstante.

K bei Einkristallen: äußere Kraft.

K in **22a** und bei Vielkristallen: verallgemeinerte Kraft.

K_0, K_0^* Streckgrenze bzw. praktische —.

K_{σ_0}, K_τ Mittelwert der Streckgrenzen bzw. der Anteile der atomistischen Verfestigung der Einkristalle (Körner) über alle Orientierungen.

K_D praktische Dauerstandfestigkeit.

K_k wahre Kriechgrenze.

$K_{\sigma k}$ Beitrag der wahren Kriechgrenze σ_k der Einkristalle (Körner) zu K_k.

$K_D^{\pi o}$ praktische Schwingungsfestigkeit.

$K_D^{\pi \lambda}$ praktische Wechselfestigkeit.

$K_k^{\pi o}$ wahre Schwingungsfestigkeit.

$K_k^{\pi \lambda}$ wahre Wechselfestigkeit.

K^π, K^λ Schwingungslast bzw. Vorlast bei Wechselbeanspruchung.

L Mosaikgröße.

$L_0 = 10^{-4}$ cm benutzte Maßeinheit für L.

l^0, l bei Ein- und Vielkristallen: Ausgangslänge bzw. jeweilige Länge.

λ_0, λ in Verbindung mit trigonometrischen Funktionen: spitzer Winkel zwischen $\mathfrak{g}$ und $\mathfrak{z}$, Anfangswert bzw. jeweiliger Wert.

λ in allen übrigen Fällen: Atomabstand.

$\mathfrak{M}$ Biege- oder Torsionsmoment[1].

$\mathfrak{M}_0, \mathfrak{M}_0^*$ kritisches bzw. praktisches kritisches Biege- oder Torsionsmoment[1].

$\overline{\mathfrak{M}}_0$ Knickwert von $\mathfrak{M}_0$[1].

[1] Die Unterscheidung für Kristalle mit kreisförmigen bzw. rechteckigen Querschnitten erfolgt durch die Zeichen ⊙ bzw. □.

$\mu = \sin\chi_0 \cos\lambda_0$ Orientierungsfaktor bei Dehnung und Biegung von Einkristallen.

N, N_1, N_2 Zahl der gebundenen bzw. gebildeten bzw. aufgelösten Versetzungen.

$\mathfrak{N}$ Gleitebenennormale.

ν, ν^0 Orientierungsfaktor bei Torsion von Einkristallen bzw. größter Wert derselben.

$\mathfrak{P}$ zu $\mathfrak{z}$ senkrechte Achse des Koordinatensystems I durch den Punkt, in dem der Deformations- und Spannungszustand untersucht wird.

ψ_λ Azimut von $\mathfrak{g}$ bezüglich $\mathfrak{N}$.

$\psi(g, T)$ Verformungsgeschwindigkeit-, Temperaturfunktion von K_{σ_0}.

q Kerbwirkungsfaktor.

Q^0, Q Querschnitt, Anfangswert bzw. jeweiliger Wert.

r bei Kristallen mit kreisförmigem Querschnitt: Halbmesser; bei Biegung von Kristallen mit rechteckigem Querschnitt: halbe Höhe in der Kräfteebene.

ϱ Krümmungshalbmesser bei Biegung.

s bei Einkristallen: gegenseitige Verschiebung der Kraftangriffspunkte (Verlängerung bzw. Verkürzung bei Dehnung bzw. Stauchung).

s in **22a** und bei Vielkristallen: beliebige Verformungskoordinate, die den Verformungszustand eindeutig kennzeichnet.

$s_0 = s_m$ ($= 0{,}2\%$) vereinbarter Wert von s zur Bestimmung von K_0 und K_D.

S^0, S bei Zug- und Druckbeanspruchung von Einkristallen: auf Q^0 bzw. Q bezogene Spannung (Nennspannung bzw. wahre Spannung).

S bei Zug- und Druckbeanspruchung von Vielkristallen: auf Q^0 bezogene Spannung (Nennspannung).

S_0, S_0^* bei Ein- und Vielkristallen: Streckgrenze bzw. praktische —.

S_{σ_0}, S_τ Mittelwert der Streckgrenzen bzw. der Anteile der atomistischen Verfestigung der Einkristalle (Körner) über alle Orientierungen.

S_B, S_B^* Zugfestigkeit bzw. praktische —.

S_φ tangentiale Schubspannung bei Torsion.

σ Schubspannung (Schubspannungskomponente in der Gleitebene parallel zur Gleitrichtung).

σ_0, σ_0^* kritische Schubspannung bzw. praktische — —.

$\bar{\sigma}_0 = \sigma_0(u_\varepsilon)$ Knickwert von σ_0.

σ_{01} Wert von σ_0 bei $T = 0$.

σ_k bei Einkristallen: wahre Kriechgrenze.

σ_R theoretische Schubspannung.

χ_0, χ spitzer Winkel zwischen $\mathfrak{G}$ und $\mathfrak{z}$, Anfangswert bzw. jeweiliger Wert.

t Zeit.

T absolute Temperatur.

$\mathfrak{T}$ zu $\mathfrak{z}$ und $\mathfrak{P}$ senkrechte Achse des Koordinatensystems I.

τ Verfestigung.

u Gleitgeschwindigkeit; benutzte Einheit: Abgleitung 10/Stunde.

$u_\varepsilon = 1/100$ ein noch kleiner, aber unter üblichen Bedingungen schon meßbarer Wert von u; trennt „große“ und „kleine“ Werte von u.

u_0, u_m; der g_0 bzw. g_m entsprechende Wert von u in einem Korn eines Vielkristalls.

U, U_V Energie der elastischen Verzerrungen der Gleitlamellen, bezogen auf die Volumeinheit bzw. im ganzen Kristall.

v in **7** und **12**: maximale Atomverschiebung im Bildungsbereich einer Versetzung.

v in allen übrigen Fällen bei Einkristallen: Verformungsgeschwindigkeit.

V Kristallvolumen.

w Wanderungsgeschwindigkeit der Versetzungen.

W Wahrscheinlichkeit für einen Vorgang.

W_B, W_w, W_A Bildungs- bzw. Wanderungs- bzw. Auflösungswahrscheinlichkeit einer Versetzung.

x in **12**: Ortskoordinate in Richtung einer Versetzung.

x bei Biegung: Abstand von der neutralen Faser; bei Torsion: Abstand von $\mathfrak{z}$.

$\mathfrak{z}$ Kristallachse (Längsachse), Zug- oder Stauchrichtung.

I. Einsinnige homogene Verformung von Einkristallen.

A. Experimentelle Untersuchungsverfahren und Ergebnisse[1].

1. Allgemeines über Einkristalle.

a) Kennzeichnung. Ein Einkristall ist ein kristalliner Körper, dessen Orientierung, d. h. die Lage seiner kristallographischen Achsen bezüglich eines festen Koordinatensystems (2e), in allen Punkten dieselbe ist. Seine äußere Form kann beliebig sein. Äußerlich ist ein Einkristall daran zu erkennen, daß nach geeignetem Ätzen alle Stellen der Oberfläche mit gleicher Neigung das auffallende Licht in gleicher Weise reflektieren. Bei zylindrischen Kristallen liegen diese Stellen auf Mantellinien, bei plattenförmigen Kristallen bilden sie die ganze Oberfläche.

Genaue Beobachtungen haben ergeben, daß die Orientierung bei größeren Kristallen im allgemeinen nicht in allen Punkten dieselbe ist, sondern je nach den Herstellungsbedingungen (Temperaturgefälle, Wachstumsgeschwindigkeit) sich stetig mehr oder weniger ändert [Hoyem und Tyndall (1929, 1); Poppy (1934, 1); George (1935, 1)]. Buerger (1934, 1) hat an Zinkkristallen diese Orientierungsänderung als Verzweigungs- oder Stammbaumstruktur (lineage structure) beschrieben, die darin besteht, daß der anfänglich einheitlich orientierte Kristall sich während seines Wachstums in Zweige teilt, deren Orientierung immer mehr von der des Kerns abweicht. Inwieweit diese besondere Struktur allgemein zutrifft, ist noch nicht untersucht. Von Ausnahmefällen abgesehen, liegen die Orientierungsschwankungen innerhalb der Fehlergrenzen, mit denen eine Orientierungsbestimmung ausgeführt[2] und rechnerisch verwertet werden kann, so daß sie praktisch keine Rolle spielen.

Einkristalle können aus allen Stoffsystemen hergestellt werden, sowohl solchen mit gegenseitig löslichen (Mischkristalle) als unlöslichen

[1] Sachs (1930, 1); Smekal (1931, 1; 1933, 1); Schmid und Boas (1935, 1); Elam (1935, 1). Kürzere Übersichten bei Burgers, W. G. und Burgers, J. M. (1935, 1); Burgers, W. G. (1937, 1; 1938, 1); Burgers, J. M. (1938, 1). Vgl. auch die Literaturangaben auf S. 203.

[2] Bei der Untersuchung der Orientierungsunterschiede handelt es sich nicht um unabhängige Einzelmessungen der Orientierung, sondern um Vergleichsmessungen, die natürlich mit größerer Genauigkeit ausgeführt werden können.

Bestandteilen, unterscheiden sich also von den Vielkristallen, entgegen einer noch vielfach anzutreffenden Meinung, nicht durch größere Reinheit. Auch der submikroskopische Gitterbau (Mosaikstruktur **7b**) ist bei beiden, bei bestimmten übereinstimmenden Herstellungsbedingungen, derselbe. Lediglich die an den Korngrenzen vielkristalliner Materialien vorhandenen besonderen Gitterstörungen fehlen bei Einkristallen.

b) Herstellung[1]. Zur quantitativen Untersuchung der plastischen Eigenschaften von Einkristallen benötigt man größere Stücke, meist in zylindrischer Form mit kreisförmigem oder rechteckigem Querschnitt. Ihre Herstellung kann erfolgen a) aus der Schmelze, entweder durch Kristallisation im Schmelzgefäß [nach Tammann (1923, 1); Obreimow und Schubnikoff (1924, 1)] oder durch Ziehen aus der Schmelze [nach Czochralski (1917, 1) für Metallkristalle, nach Kyropoulos (1926, 1) für Salzkristalle]; b) durch Rekristallisation nach Kaltreckung [nach Carpenter und Elam (1921, 1) und Czochralski (1924, 1)]; c) durch Sammelkristallisation und d) durch Wachstum aus dem Dampf.

a) Ohne besondere Vorsichtsmaßnahmen erstarrt eine Schmelze im allgemeinen vielkristallin. Das kommt daher, daß sich bei Unterschreiten der Schmelztemperatur (Unterkühlung) an vielen Stellen der Schmelze Kristallisationskeime mit zufälliger Orientierung bilden [Tammann (1932, 1); Volmer (1939, 1)], die zu den Körnern weiterwachsen. Wird die Schmelze nur wenig überhitzt, so befinden sich erfahrungsgemäß noch Keime in ihr, und die Kristallisation kann ohne merkliche Unterkühlung stattfinden [Goetz (1930, 1); Webster (1933, 1); Donat und Stierstadt (1933, 1)].

Um Einkristalle zu erhalten, sind folgende Punkte zu beachten: 1. Durch genügend starkes Überhitzen müssen alle Keime aus der Schmelze entfernt werden. 2. Es muß eine einkristalline Grenzfläche Kristall-Schmelze hergestellt werden. Das kann durch Verwendung eines größeren künstlichen Keims (Impfkristall) geschehen[2] oder dadurch, daß an einer verjüngten Gefäßstelle [Bridgman (1925, 1; 1926, 1); Chalmers (1935, 1)] bzw. beim Ziehverfahren in der schmalen Berührungsschicht zwischen Kristall und Schmelze von den zunächst entstandenen Keimen beim Weiterwachsen alle bis auf einen unterdrückt werden, und schließlich dadurch, daß man am Tiegel eine spitz zulaufende Vertiefung anbringt, von der aus die Kristallisation ausschließlich beginnt [Hausser und Scholz (1927, 1)]. Im ersten Fall ist die Orientie-

[1] Carpenter (1930, 1); Goetz und Hasler (1930, 2); Schmid und Boas (1935, 1).

[2] Für Metalle: Graf (1931, 1) (senkrechte Tiegelstellung); Kapitza (1928, 1); Goetz (1930, 1) und Bausch (1935, 1) (waagerechte Tiegelstellung); Grüneisen und Goens (1923, 1) (Ziehen aus der Schmelze). Für Salzkristalle: Blank und Urbach (1929, 1). Für organische Kristalle: Kochendörfer (1937, 1).

rung beliebig vorgebbar, im zweiten nur unter bestimmten Bedingungen und innerhalb gewisser Grenzen [Palabin und Froiman (1933, 1)]. 3. Die freiwerdende Kristallisationswärme darf nur durch den schon gebildeten Kristall abgeführt werden, damit die Schmelze nur in unmittelbarer Nähe der Kristalloberfläche (Wachstumszone) die Erstarrungstemperatur annimmt, sonst bilden sich an andern Stellen unerwünschte Keime. Praktisch wird diese Bedingung durch ein möglichst gleichmäßiges Temperaturgefälle erzielt.

Die Wahl des Tiegelmaterials bedarf großer Sorgfalt, damit keine Reaktion mit der Schmelze eintritt, und die Kristalle ohne Beschädigung aus dem Tiegel gelöst werden können [Kapitza (1928, 1); Goetz (1930, 1); Osswald (1933, 1)].

b) Das Rekristallisationsverfahren beruht darauf, daß in einem möglichst gleichmäßig feinkörnigem Material, das vorsichtig um einige Prozent gedehnt wurde, nach langem Glühen stets sehr große Körner entstehen, und häufig nur ein einziges Korn, welches das ganze Stück umfaßt [für sehr reines Aluminium vgl. Gisen (1935, 1)].

c) Bei der Sammelkristallisation wachsen bei hohen Temperaturen einige Körner auf Kosten der andern weiter, und schließlich ergibt sich ein Einkristall. Eine Kornneubildung wie bei der Rekristallisation nach Kaltbearbeitung findet nicht statt. Dieses Verfahren wird insbesondere bei Wolfram angewandt [Pintschverfahren. Siehe z. B. Alterthum (1924, 1)]. Ein ähnliches, für hochschmelzende Metalle geeignetes Verfahren hat Andrade (1937, 1) beschrieben. Damit wurden von Tsien und Chow (1937, 1) erstmals Molybdänkristalle hergestellt.

d) Auch die Herstellung von Einkristallen aus dem Dampf ist vorzugsweise bei Wolfram [van Arkel (1925, 1)], dann bei Tantal, Zirkon, Titan und auch Eisen [vgl. Koref und Fischvoigt (1925, 1)] angewandt worden. Kleine Kristalle von Zink und Kadmium für mikroskopische Beobachtung der plastischen Erscheinungen wurden von Straumanis (1932, 1) durch Sublimation gewonnen.

c) Orientierungsbestimmung. Die größte Bedeutung für die Orientierungsbestimmung von Einkristallen besitzen wegen ihrer allgemeinen Anwendbarkeit die Röntgenverfahren[1]. In vielen Fällen sind andere Verfahren einfacher. Bei kubischen Kristallen mit Spaltflächen (insbesondere Salzkristallen) kann die Orientierung unmittelbar durch Anspalten festgestellt werden, bei durchsichtigen Kristallen führen oft optische Beobachtungen, z. B. der Auslöschungslagen, rasch zum Ziel [bei Naphthalinkristallen von Kochendörfer (1937, 1) angewandt]. Vielfach wird auch die Lage der Helligkeitsmaxima des an der Kristalloberfläche reflektierten Lichts [Bridgman (1925, 1; 1926, 1); Smith

[1] Mark (1926, 1); Ott (1928, 1); Trillat (1930, 1); Schmid und Boas (1935, 1); Glocker (1936, 1).

und Mehl (1933, 1); Weerts (1928, 1); Chalmers (1935, 1)] zur Orientierungsbestimmung benutzt.

Von den Röntgenverfahren hat das Laue-Verfahren den Vorzug, daß es mit einer Aufnahme die vollständige Orientierung bezüglich eines im Kristall festen Koordinatensystems zu bestimmen gestattet. Das Goniometerverfahren, bei dem Kristalldrehung und Filmbewegung zwangsläufig gekoppelt sind, leistet zwar dasselbe, erfordert aber einen größeren experimentellen Aufwand und einige Erfahrung in der Auswertung. Demgegenüber sind beim Drehkristallverfahren zur vollständigen Orientierungsbestimmung zwei Aufnahmen erforderlich; aus einer Aufnahme allein kann nur die Orientierung bezüglich einer Kristallrichtung (z. B. Zugrichtung) entnommen werden. Das genügt in vielen Fällen, und das Verfahren empfiehlt sich dann wegen seiner Einfachheit [s. z. B. Mark, Polanyi und Schmid (1922, 1)].

Beim Laue-Verfahren wird man bei wenig absorbierenden Kristallen wegen der kürzeren Belichtungszeit Durchstrahlaufnahmen machen [Schiebold und Sachs (1926, 1); Schiebold und G. Siebel (1931, 1)], bei stärker absorbierenden Kristallen Rückstrahlaufnahmen [Boas und Schmid (1931, 1)]. Doch ist die Verschleierung des Films in diesem Falle oft so stark, daß eine Auswertung nicht möglich ist. Hat man Schmelzflußkristalle, die unten zugespitzt sind (Tiegelform), oder ätzt man eine Spitze an, so kann man diese anstrahlen und erhält gute Durchstrahldiagramme [Held (1940, 1)]. E. Schmid (Stuttgart) (1935, 1) hat eine Anordnung beschrieben, bei der die Kristalloberfläche schräg angestrahlt wird, die bei beliebig absorbierenden Kristallen angewandt werden kann [z. B. von Bausch (1935, 1) bei Zinnkristallen].

2. Geometrie der homogenen Verformungen.

a) Gleitvorgang. Das hervorstechende Merkmal der plastischen Verformung von Kristallen ist ihre kristallographische Bestimmtheit. Die Formänderung besteht in einer gegenseitigen Verschiebung von Kristallteilen parallel zu einer kristallographisch einfachen Gitterebene, längs einer ebenfalls kristallographisch einfachen Gittergeraden. Den Vorgang bezeichnet man als Gleiten, die Gitterelemente als Gleitebene und Gleitrichtung, beide zusammen als Gleitsystem[1]. Abb. 1 veranschaulicht die Verformung eines kreiszylindrischen Zinkkristalls mit der Basisebene (0001) als Gleitebene und einer digonalen Achse erster Art $[11\bar{2}0]$ als Gleitrichtung. Der Kristall wird dabei in ein (abgestuftes) elliptisches Band verformt. Da die Gleitrichtung und

[1] Häufig wird die Bezeichnung Translation, Translationsebene und -richtung gebraucht. Die Zwillingsbildung ist geometrisch ebenfalls ein Gleitvorgang (mit festem Gleitbetrag). Daher wird auch hier oft von Gleitebene (1. Kreisschnittebene) und Gleitrichtung gesprochen.

die große Achse der Gleitebenenellipse nicht zusammenfallen, so ist die große Querschnittsachse des Bandes größer als der ursprüngliche Halbmesser. Nur wenn diese bei den Richtungen übereinstimmen, bleibt die ursprüngliche Kristallbreite erhalten[1].

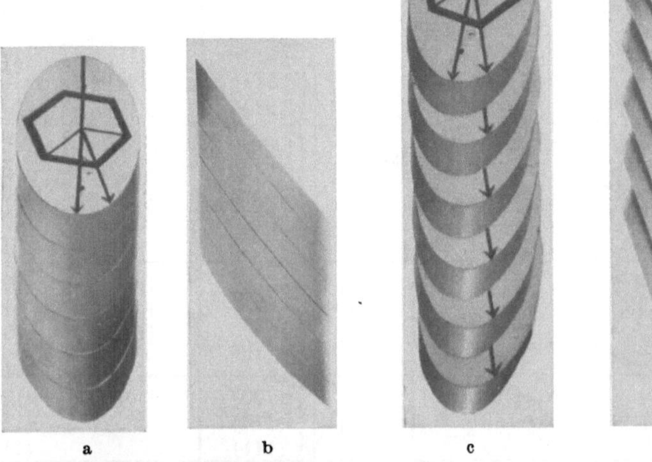

Abb. 1. Schematische Darstellung des Gleitvorgangs für einen hexagonalen Kristall. a) und b) Ausgangszustand mit eingezeichneter hexagonaler Basisebene als Gleitebene. Der lange Pfeil gibt die Richtung der großen Achse der Querschnittsellipse an, der kurze Pfeil die Gleitrichtung. c) und d) Endzustand der geglittenen Kristalle. Aus Schmid und Boas (1935, 1).

Tabelle 1 gibt eine Übersicht über die Gleitelemente der wichtigsten Kristalle. Bei Temperaturen oberhalb der Zimmertemperatur treten die bezeichneten Elemente neu auf, die bei tieferen Temperaturen vorhandenen bleiben jedoch daneben bestehen. Bemerkenswert ist, daß dabei meist nur die Gleitebene eine andere ist, während die Gleitrichtung erhalten bleibt[2]. Wie man aus Tabelle 1 sieht, sind die Gleitrichtungen stets die dichtest besetzten Gittergeraden und die Gleitebenen besonders dicht, in vielen Fällen auch dichtest belegte Gitterebenen. Bei den höher symmetrischen Kristallen sind die Gleitelemente in mehreren kristallographisch gleichwertigen Lagen vorhanden (bei den kubisch flächen-

[1] Die ersten grundlegenden Arbeiten über den Gleitmechanismus stammen von Mark, Polanyi und Schmid (1922, 1) [Zinkkristalle] und Taylor und Elam (1923, 1) [Aluminiumkristalle]. An der weiteren experimentellen Erforschung der plastischen Eigenschaften von Metallkristallen sind vorwiegend diese Forscher und ihre Mitarbeiter beteiligt; vgl. die Bücher von Schmid und Boas (1935, 1) und Elam (1935, 1).

[2] Andrade und Mitarbeiter (1940, 1) haben an kubisch-raumzentrierten Metallen festgestellt, daß für die Auswahl der Gleitebene das Verhältnis der Versuchstemperatur zur Schmelztemperatur maßgebend ist.

Tabelle 1. Gleitelemente von Kristallen.
Die Angaben sind entnommen aus Schmid und Boas (1935, 1); Smekal (1935, 1); Bausch (1935, 1) und Kochendörfer (1937, 1).

Gittertypus	Vertreter	Gleit- richtungen	Gleit- ebenen	Dichtest besetzte Gittergeraden	Dichtest besetzte Gitterebenen
kub.-fläch.-zentr.	Al, Ag, Au, Cu, Ni	[110]	(111) (100)[1]	[110] [100] [112]	(111) (100) (110)
kub.-raum.-zentr.	α-Fe β-Messing	[111]	(110)[2] (112) (123)	[111] [100] [110]	(110) (100)[3] (111)
hex. dicht. Kugelpackung	Cd, Mg, Zn	$[11\bar{2}0]$	(0001) $(10\bar{1}1)$[1]	$[11\bar{2}0]$	(0001) $(11\bar{2}0)$[3] $(10\bar{1}0)$ $(11\bar{2}2)$ $(10\bar{1}1)$
tetragonal	β-Sn (weiß)	[001] [111][1] [001] [100]	(110) (100)	[001] [111] [100]	(100) (110) (101)
Steinsalz	Alkalihalogenide	[101]	(100) (110) (111)	[101]	(100) (110) (111)
monoklin	Naphthalin	[010]	(001)		

zentrierten Metallen die Oktaedersysteme [011], (111) (Abb. 28), z. B. 12fach[4]). In diesen Fällen, wie überhaupt bei mehreren Gleitsystemen, kann mehrfache Gleitung auftreten (vgl. **6**).

Die Erfahrung zeigt, daß nicht alle Gleitebenen eines Systems[5] gleichmäßig, sondern einzelne von ihnen bevorzugt gleiten, so daß sich Gleitschichten oder Gleitlamellen ausbilden, wie sie in Abb. 1 etwas grob gezeichnet sind. Die Spuren der wirksamen Gleitebenen zeichnen sich auf der Kristalloberfläche als Gleitlinien[6] ab (Abb. 3). Diese

[1] Bei höheren Temperaturen. [2] Vgl. S. 8.

[3] Diese Ebene enthält die Gleitrichtung nicht.

[4] Will man in diesen Fällen nur die Art der Gleitsysteme bezeichnen, ohne ein bestimmtes ins Auge zu fassen, so benutzt man, wie es auch in der Kristallographie üblich ist, die Millerschen Symbole ohne Berücksichtigung des Vorzeichens der Indizes.

[5] Die Bezeichnung Gleitebene wird sowohl zur Kennzeichnung der kristallographischen Lage der einzelnen Gitterebenen, die gegeneinander verschoben werden, als auch für jede dieser Ebenen selbst verwendet. Die jeweilige Bedeutung ergibt sich stets aus dem Zusammenhang.

[6] Die ersten Beobachtungen von Gleitlinien an vielkristallinen Metallen haben Ewing und Rosenhain (1900, 1) [vgl. die Diskussionsbemerkungen bei Gough und Cox (1931, 1)], an Einkristallen Andrade (1914, 1) gemacht.

sind meist verschieden stark ausgebildet und reichen von solchen, die mit dem bloßen Auge sichtbar sind, bis zu solchen unterhalb der mikroskopischen Auflösungsgrenze. Es ist daher bis jetzt noch nicht möglich gewesen, auf diese Weise den kleinsten Gleitlinienabstand bzw. die kleinste Gleitlamellendicke optisch festzustellen. Bei jeder Vergrößerung erscheinen die Linien bestimmter Stärke besonders deutlich und ihre Abstände sind verschiedentlich gemessen worden. Andrade und Hutchings (1935, 1) haben an Quecksilberkristallen bei 22facher Vergrößerung einen mittleren Abstand von $5 \cdot 10^{-3}$ cm beobachtet und Straumanis (1932, 2) an kleinen, aus dem Dampf gewachsenen Zinkkristallen bei 1200facher Vergrößerung sehr gleichmäßige Schichten von

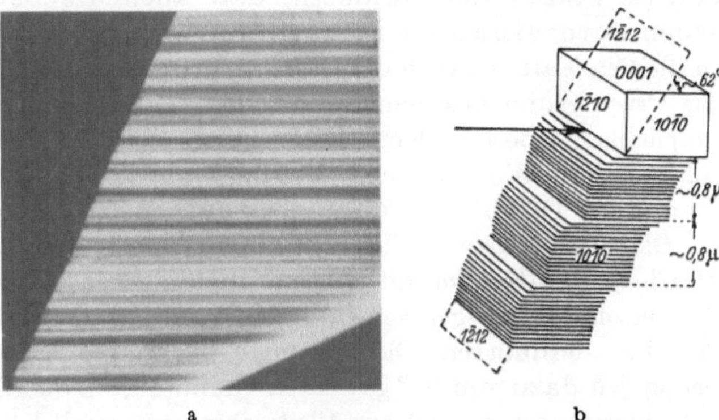

Abb. 2. a) Gleitlamellen in einem Zinkkristall bei 1200facher Vergrößerung. b) Schematische Darstellung der Gleitung an den Grenzen und innerhalb der optisch aufgelösten Gleitlamellen. Aus Straumanis (1932, 2).

etwa 10^{-4} cm Dicke (Abb. 2a), innerhalb deren jedoch weitere, optisch nicht mehr auflösbare Gleitung deutlich zu erkennen ist (vgl. Abb. 2b). Bei derselben Vergrößerung haben Andrade und Roscoe (1937, 2) an Kadmiumkristallen Abstände bis $0{,}5 \cdot 10^{-4}$ cm festgestellt. Der Übergang von gröberen zu feinsten Gleitlinien ist hier fließend, während bei Blei bei 800facher Vergrößerung die Gleitlinien mit einem Abstand von etwa $4 \cdot 10^{-4}$ cm gegenüber den feineren noch beobachtbaren zahlenmäßig weit überwiegen. Polanyi und Schmid (1925, 2) haben gelegentlich bei Zinnkristallen ganz glatte Bänder erhalten, bei denen die Gleitlamellendicke überhaupt unterhalb der optischen Auflösungsgrenze lag.

Tiefer in den Feinbau der Gleitlamellen einzudringen gestatten die Röntgenstrahlen durch Messung der Breite der Debye-Scherrer-Linien an vielkristallinen Metallen. Dieses Verfahren beruht auf der Annahme, gegen die heute noch keine Gründe sprechen, daß die Gleitlamellen mit den kohärenten Gitterbereichen (vgl. 7b) identisch sind. Die einwandfreie Berechnung ihrer Größe (Teilchengröße) wurde ermöglicht, nachdem es Dehlinger und Kochendörfer (1939, 1; 2) gelungen war, die Linienbreite eindeutig in einen Teilchengrößen- und Spannungsanteil zu zerlegen. An der Bruchstelle frei gedehnter und an gewalzten Kupferblechen ergab sich für alle Walzgrade oberhalb etwa 5%[1] eine Teilchengröße von etwa $4 \cdot 10^{-6}$ cm. Demnach wird etwa jede hundertste Gleitebene betätigt. Ob die Verhältnisse bei homogener Verformung von Einkristallen dieselben sind, kann noch nicht gesagt werden; die erwähnten Beobachtungen von Straumanis und von Polanyi und Schmid sprechen dafür. Sicher geht die Aufteilung in Gleitlamellen nicht bis zu einem Ebenenabstand herab, so daß nicht alle Gleitebenen physikalisch gleichwertig sind. Darüber hinaus zeigt die unterschiedliche Stärke der Gleitlinien, daß auch die betätigten Gleitebenen untereinander nicht gleichwertig sind.

In den meisten Fällen liegen die Gleitlinien in Ebenen, die sich auf Grund der Orientierungsbestimmung mit den Tabelle 1 angegebenen kristallographischen Ebenen identisch erweisen. Bei den raumzentrierten Metallen Eisen, Wolfram und Messing[2] sowie bei Quecksilber [Greenland (1937, 1) Abb. 3] wurden neben ebenen, kristallographisch definierten Gleitlinien (bzw. Teilen von ihnen) auch gewellte Linien (-teile) gefunden, die aber im Mittel in parallelen Ebenen liegen. Die Wellung ist besonders ausgeprägt in der Umgebung der Durchstoßstellen der zur definierten Gleitrichtung parallelen Durchmesser, während sie in den dazu um 90° gedrehten Gebieten, wo die Gleitlinien gerade und untereinander (und zur Gleitrichtung) parallel verlaufen, fehlt. Taylor (1928, 1) hat angenommen, daß hierbei nur die Gleit-

a

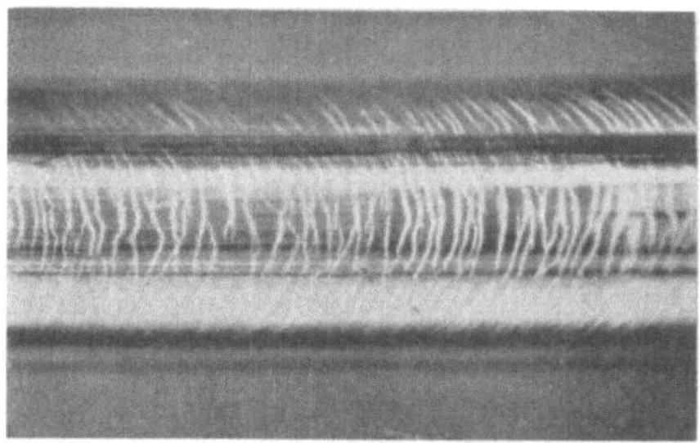

b

Abb. 3. Gleitlinien an gedehnten Quecksilberkristallen bei 16facher Vergrößerung. a) Kristall vor der Dehnung leicht gebogen. b) Kristall vor der Dehnung unverformt. Aus Greenland (1937, 1).

richtung kristallographisch genau festgelegt ist, definierte Gleitebenen aber fehlen und eine „Stäbchengleitung" stattfindet, wobei die Achse

[1] Bei kleineren Walzgraden sind die Linien noch punktförmig geschwärzt, so daß ihre Breite nicht genau gemessen werden kann.

[2] Taylor (1928, 1); Gough (1928, 1); Fahrenhorst und Schmid (1932, 1); Elam (1936, 1); Barret, Ansel und Mehl (1937, 1).

der Stäbchen in der Gleitrichtung liegt und ihre Querschnittsform durch die Wellung der Gleitlinien festgelegt ist. Gough (1928, 1) hat gezeigt, daß die Beobachtungen mit einer Mehrfachgleitung nach einzelnen der in Tabelle 1 angegebenen Gleitebenen verträglich sind. Die neueren Untersuchungen haben noch nicht zu einer endgültigen Klärung der Frage geführt. Bemerkenswert sind die Feststellungen von Greenland, nach denen an vorher leicht gebogenen und dann gedehnten Quecksilberkristallen die Gleitlinien eben, an vorher unverformten Kristallen dagegen gewellt sind. Die Gleitrichtung ist in beiden Fällen dieselbe. Neben den andern zeigen insbesondere diese Befunde, daß die Unbestimmtheit der Gleitebene stark von äußeren Einflüssen abhängt, während die Gleitrichtung davon nicht berührt wird, so daß der Gleitrichtung kristallographisch eine Bevorzugung vor der Gleitebene zukommt. Zu dem gleichen Ergebnis sind Wolff (1935, 1) und Smekal (1935, 1) durch ähnliche Beobachtungen an Steinsalzkristallen gelangt.

Zum Schluß sei noch auf die Feststellung von Greenland (1937, 1) hingewiesen, nach der die Gleitlinien nicht so entstehen, daß nur eine Gleitebene gegenüber ihrer Nachbarebene verschoben wird. In diesem Falle müßte die Neigung der Gleitlinienkante genau mit der Neigung der Gleitebene übereinstimmen. Demgegenüber beobachtet Greenland eine schwächere Neigung und eine „Breite" der Gleitlinien bis zu $5 \cdot 10^{-4}$ cm. In diesem Bereich sind also mehrere Gleitebenen um verschiedene Beträge gegeneinander geglitten. In dem schematischen Modell von Abb. 1 ist diese Erscheinung nicht berücksichtigt.

b) Die Bedeutung der Gleitlamellenbildung. Würde die Gleitung stetig erfolgen, so könnte jede beliebige Verformung eines Einkristalls durch gleichzeitige geeignete Betätigung von mindestens fünf Gleitsystemen, die sich nicht in zu spezieller Lage befinden, erzielt werden (**28d**), während bei weniger Gleitsystemen mit der allgemeinsten plastischen Verformung notwendig elastische Gitterverzerrungen verbunden wären. Da sich aber in Wirklichkeit in allen Fällen Gleitlamellen ausbilden, so verliert diese Aussage ihre Gültigkeit: Bei der allgemeinsten Verformung eines Einkristalls werden die Gleitlamellen elastisch verzerrt. Die dabei auftretenden Spannungen haben einen wesentlichen Einfluß auf die Verformungskräfte[1] (**III**). Um die für die „reine" Gleitung gültigen Gesetzmäßigkeiten kennenzulernen, müssen wir also die Verformungsarten anwenden, bei denen diese Verzerrungen nicht auftreten. Es sind dies die dem kristallographischen

[1] Wir bezeichnen diesen Einfluß in den Kapiteln III—V als „Spannungsverfestigung" im Gegensatz zu der bei homogener Verformung von Einkristallen auftretenden „atomistischen" Verfestigung. Da wir es zunächst nur mit letzterer zu tun haben, so lassen wir der Einfachheit halber den Zusatz atomistisch weg.

Charakter der Gleitung angepaßten homogenen Verformungsarten der reinen Scherung, der freien Längsdehnung und der Stauchung, von denen jedoch die beiden letzten die Bedingungen unter den üblichen Verhältnissen nur näherungsweise erfüllen. Wir untersuchen sie im folgenden.

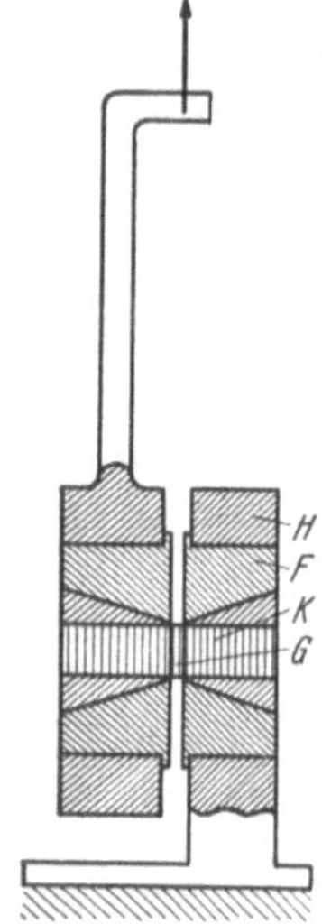

Abb. 4. Prinzip der Bausch-Anordnung. *H* Kristallhalter, *F* Kristallfassung, *K* eingekitteter Teil des Kristalls, *G* freie Gleitschicht. Aus Kochendörfer (1938, 2).

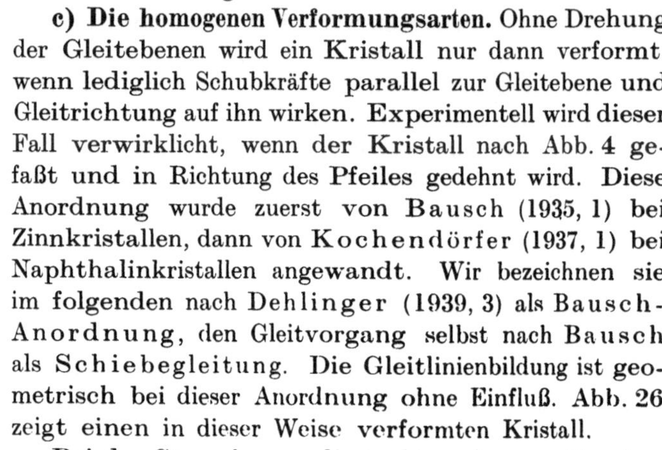

c) Die homogenen Verformungsarten. Ohne Drehung der Gleitebenen wird ein Kristall nur dann verformt, wenn lediglich Schubkräfte parallel zur Gleitebene und Gleitrichtung auf ihn wirken. Experimentell wird dieser Fall verwirklicht, wenn der Kristall nach Abb. 4 gefaßt und in Richtung des Pfeiles gedehnt wird. Diese Anordnung wurde zuerst von Bausch (1935, 1) bei Zinnkristallen, dann von Kochendörfer (1937, 1) bei Naphthalinkristallen angewandt. Wir bezeichnen sie im folgenden nach Dehlinger (1939, 3) als Bausch-Anordnung, den Gleitvorgang selbst nach Bausch als Schiebegleitung. Die Gleitlinienbildung ist geometrisch bei dieser Anordnung ohne Einfluß. Abb. 26 zeigt einen in dieser Weise verformten Kristall.

Bei der Stauchung, die insbesondere von Taylor (1926, 1; 1927, 1; 2) untersucht wurde, werden bei ungestörtem Verlauf die Gleitebenen zwar nicht verbogen, aber als Ganzes gedreht (Abb. 5b), die Verformung ist also unter „idealen" Bedingungen homogen. Wesentlich für eine experimentelle Verwirklichung dieser Bedingungen ist, daß die Kristalloberflächen sich reibungslos auf den Druckflächen bewegen können, was sich zwar nicht ganz streng, aber durch schrittweise Verformung und gute Schmierung zwischen den einzelnen Schritten nahezu erreichen läßt. Eine von außen grundsätzlich nicht beeinflußbare Inhomogenität entsteht jedoch dadurch, daß das

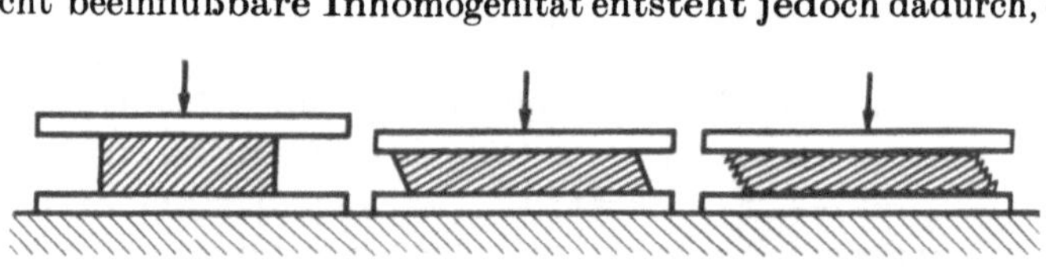

Abb. 5. Drehung der Gleitebenen bei der Stauchung. a) Ausgangslage. b) Ideal homogene Stauchung. c) Stauchung bei Gleitlamellenbildung. Die dabei auftretenden elastischen Verzerrungen der Gleitlamellen sind nicht gezeichnet.

Gleiten in einzelnen Gleitebenen bei kleineren Schubspannungen erfolgt als in den übrigen, wie die Gleitlamellenbildung an frei gedehnten Kristallen zeigt. Diese Gleitebenen werden auch bei der Stauchung zuerst betätigt, so daß sich ein Verformungszustand ähnlich wie in Abb. 5c ausbildet[1], bei dem besonders in der Umgebung der auf den Druckflächen aufliegenden Punkte inhomogene Verzerrungen der Gleitlamellen (in Abb. 5c nicht gezeichnet) auftreten, welche durch die nie ganz zu beseitigende Reibung noch begünstigt werden. Dabei kann die Stauchung äußerlich, d. h. nach der Form des Kristalls oder der Änderung eines eingeritzten Koordinatensystems beurteilt, vollkommen homogen erscheinen.

Bei der **Längsdehnung** treten auf jeden Fall in der Nähe der Einspannungen Verbiegungen der Gleitebenen auf, wie Abb. 6 zeigt[2]. Wenn die Kristalle genügend lang sind, so bleiben in einiger Entfernung von den Einspannstellen, wie bei der Stauchung, nur noch reine Drehungen übrig. Kleine Inhomogenitäten, die durch die Gleitlamellenbildung noch verstärkt werden, lassen sich jedoch auch hier grundsätzlich nicht vermeiden.

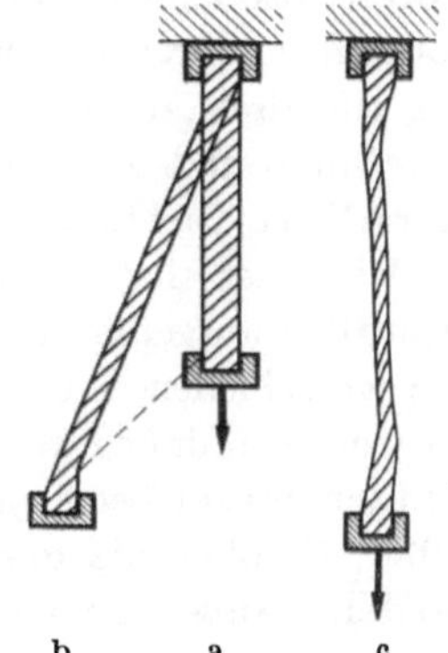

Abb. 6. Gleitvorgang bei der Dehnung. a) Ausgangslage. b) Gleitung bei reiner Schubbeanspruchung. c) Drehung der Gleitlamellen im mittleren Teil, Verbiegung in der Nähe der Fassungen bei Zugbeanspruchung (die Gleitstufen sind nicht eingezeichnet). Aus Polanyi (1925, 1) (etwas abgeändert).

Unter den „homogenen“ Verformungsarten ist also die Schiebegleitung dadurch ausgezeichnet, daß Reste von inhomogenen Verzerrungen, die sich in den beiden andern Fällen nicht vermeiden lassen, nicht auftreten.

d) Laue-Asterismus und Verbreiterung der Debye-Scherrer-Linien. Wir berücksichtigten bisher nicht die Möglichkeit, daß durch den Gleitvorgang selbst inhomogene Gitterverzerrungen bewirkt werden können. Daß überhaupt Veränderungen im Kristall eintreten, zeigen die mit der Verformung einhergehenden Änderungen der physikalischen Eigenschaften[3], am unmittelbarsten die Tatsache der Verfestigung (**3c**). Diese Veränderungen können zunächst sehr vielfältig sein, z. B. in Gitterverzerrungen bestehen oder die Elektronenhülle der Atome betreffen.

[1] Grobe Gleitlamellenbildung kann bei der Stauchung nicht auftreten, da sonst bei der Drehung der Gleitebenen der Abstand der Druckflächen größer werden, also entgegen dem zweiten Hauptsatz die freie Energie des Systems Kristall + äußere Kräfte (Druckgewicht) zunehmen würde. Eine obere Grenze bildet die Gleitschichtendicke, bei der der Abstand gerade konstant bleibt.

[2] Wegen dieser Verbiegung bezeichnen Mark, Polanyi und Schmid (1922, 1) den Verformungsvorgang als Biegegleitung. [Die Unterscheidung von „reiner“ und mit Biegung verbundener Gleitung ist bereits bei Mügge (1898, 1) zu finden.] Um demgegenüber das Fehlen von Verbiegungen (das allerdings damals noch nicht experimentell nachgewiesen war) bei reiner Schubbeanspruchung hervorzuheben, hat Bausch für diesen Verformungsvorgang die Bezeichnung Schiebegleitung verwandt.

[3] Zusammenstellung z. B. bei Schmid und Boas (1935, 1), S. 210ff.

An dieser Stelle interessiert uns nur die Frage, ob Verbiegungen der Gleitlamellen, wie sie bei der Längsdehnung und Stauchung aus geometrischen Gründen vorhanden sind, auch bei der Schiebegleitung auftreten, also auch durch die Gleitung als solche verursacht werden. Wir können sie durch Vergleich von Laue-Aufnahmen von Kristallen, welche auf die drei Arten verformt wurden, beantworten. Die Laue-Flecke gedehnter und gestauchter Kristalle sind wegen dieser Verbiegungen in radialer Richtung verlängert (Laue-Asterismus).

Verfasser hat solche Vergleichsuntersuchungen an Naphthalinkristallen ausgeführt, die Ergebnisse zeigt Abb. 7. Naphthalin wurde aus verschiedenen Gründen gewählt: Die Kristalle gestatten bei der Bausch-Anordnung sehr große Verformungen und können durch Auskratzen des zur Befestigung eingegossenen Naphthalins [Kochendörfer (1937, 1)] ohne die geringste Verbiegung aus den Fassungen entfernt werden. Außerdem ist ihre Gleitung sehr gleichmäßig, nur vereinzelt treten Gleitlinien auf (Abb. 26). Bei Metallen ist die Entfernung der Kristalle aus den Fassungen erheblich schwieriger. Sie müssen ausgebohrt werden, da das technisch leicht durchführbare Ausschmelzen wegen der dabei eintretenden Erholung und Rekristallisation nicht angewandt werden darf.

Wir sehen aus Abb. 7, daß bei der Schiebegleitung trotz der großen Abgleitungen (2f) ein Laue-Asterismus nicht auftritt, dagegen, wie auch bei den übrigen Kristallen, bei der Dehnung und Stauchung[1]. Damit ist eindeutig gezeigt, daß *die* inhomogenen Gitterverzerrungen, welche den Laue-Asterismus verursachen, mit dem Gleitvorgang als solchem nichts zu tun haben, sondern nur durch die Art der Verformung bedingte Begleiterscheinungen darstellen. Insbesondere sind sie nicht die eigentliche Ursache der Verfestigung, da diese bei Schiebegleitung und Dehnung nahezu übereinstimmt[2]. Das zeigen mittelbar auch die experimentellen Tatsachen, daß bei einer Umkehr der Verformungsrichtung der Laue-Asterismus abnimmt, die Verfestigung dagegen weiter ansteigt [Czochralski (1925, 1)], und daß bei Erholung die Verfestigung bereits merklich abgenommen hat, ehe Veränderungen der Laue-Flecke beob-

[1] Herr Dr. W. G. Burgers hatte freundlicherweise bereits vor längerer Zeit einige durch Schiebegleitung und Stauchung verformte Naphthalinkristalle untersucht und in beiden Fällen keinen Asterismus festgestellt. Die Kristalle waren jedoch seit der Verformung annähernd 1 Jahr gelagert, so daß inzwischen weitgehende Erholung eingetreten sein konnte. Ich danke auch an dieser Stelle Herrn Dr. Burgers für seine Bemühungen.

[2] Bausch (1935, 1) hat das an Zinnkristallen nachgewiesen, Taylor (1927, 2) für Dehnung und Stauchung an Aluminiumkristallen. Geringe Erhöhungen der Verfestigung bei der Dehnung gegenüber der Schiebegleitung sind den restlichen Verzerrungen der Gleitlamellen zuzuschreiben.

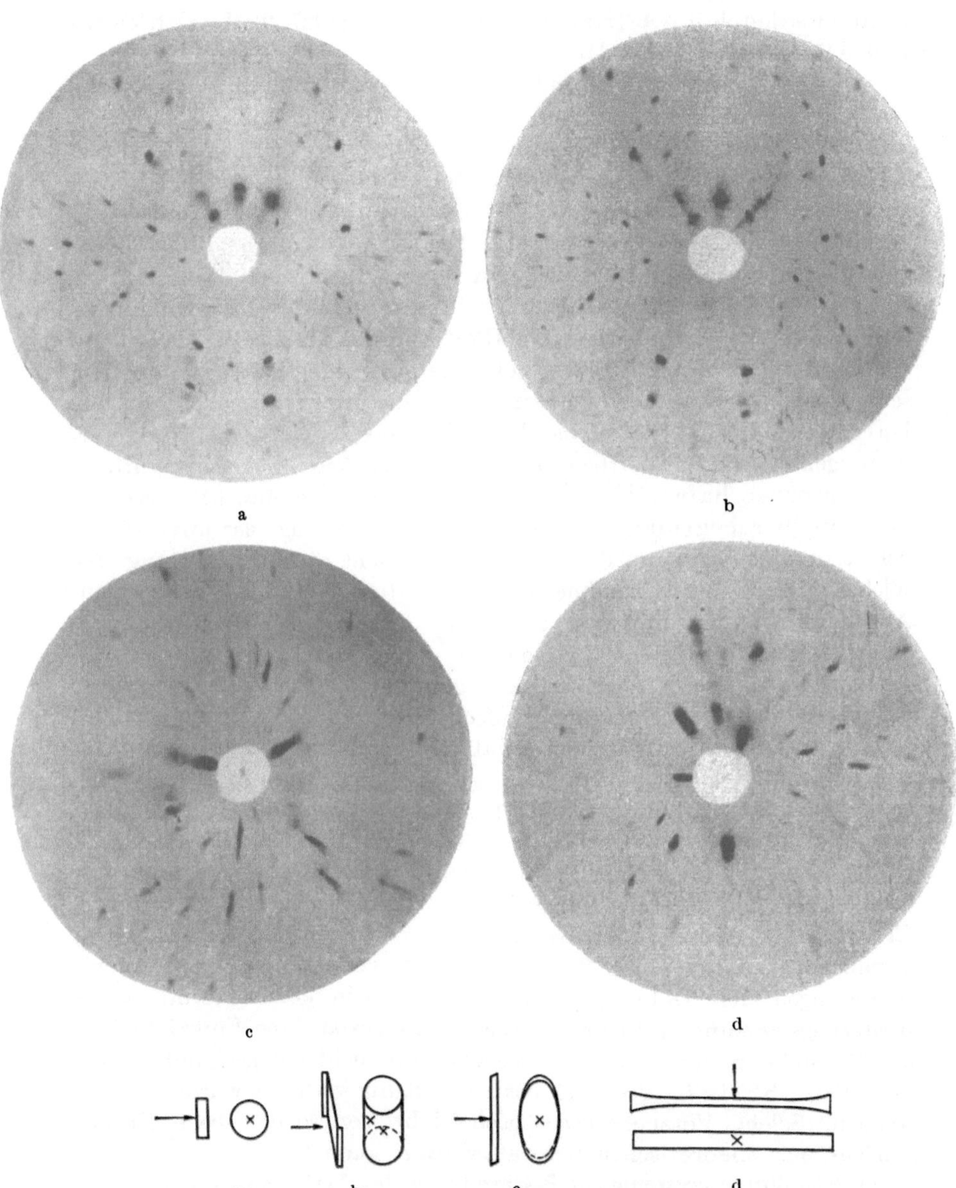

Abb. 7. Laue-Durchstrahlaufnahmen homogen verformter Naphthalinkristalle. Mo-Strahlung, 60 kV, Blendendurchmesser 0,5 mm, Abstand Blende-Film 4 cm, Belichtungsdauer $^3/_4$ h. In den Skizzen sind die durchstrahlten Stellen und die Lage des einfallenden Strahls angegeben. a) Unverformte Kristallscheibe von ∼1,5 mm Dicke. b) Durch Schiebegleitung verformter Kristall, Abgleitung ∼8,5. c) Gestauchter Kristall. Die Stauchung erfolgte von 2 mm auf 1,48 mm in 25 Schritten. Schmierung vor jeder Belastung mit Vaseline-Ölmischung. Äußerlich war die Verformung vollkommen homogen. d) Gedehnter Kristall. Die Dehnung in der Mitte betrug etwa 100%.

achtet werden können [Karnop und Sachs (1927. 2); Laschkarew und Alichanian (1931, 1)].

Die Berechnung der Art und Verteilung der durch den Laue-Asterismus angezeigten Verzerrungen der Gleitlamellen mit Hilfe des geometrischen Zusammenhangs zwischen Gitterorientierung und Lage der Laue-Flecke ist Gegenstand zahlreicher Untersuchungen gewesen[1]. Übereinstimmend haben Taylor (1928, 2), Yamaguchi (1929, 1) und W. G. Burgers und Louwerse (1931, 1) [vgl. auch Gough (**1933, 1**)] an gestauchten Aluminiumkristallen und Komar und Mochalov (**1936, 3**) an gedehnten Magnesiumkristallen gefunden, daß die Verzerrungen im wesentlichen in Verbiegungen der Gleitlamellen um eine senkrecht zur Gleitrichtung in der Gleitebene gelegenen Richtung bestehen. Im Anschluß an die Arbeiten von Taylor und Yamaguchi haben insbesondere Burgers und Louwerse die Vorstellung entwickelt, daß die Verbiegungen als Folge örtlich begrenzten Gleitens entstehen würden. Demgegenüber haben Komar und Mochalov die Ansicht vertreten und mittelbar begründet, daß sie lediglich eine Folge der *unvermeidlichen Inhomogenitäten der Verformung, nicht aber der Gleitung als solcher* sind. Diese Annahme ist durch die Vergleichsaufnahmen in Abb. 7 nunmehr unmittelbar bewiesen.

Über die durch den Gleitvorgang selbst verursachten „inneren" Gitterverzerrungen können vielleicht genaue Messungen der röntgenographischen Linienverbreiterung Aufschluß geben. Die Analyse solcher Messungen ist dadurch erschwert, daß die Verbreiterung nicht nur von der Größe der Verzerrungen abhängt, sondern auch von ihrer Verteilung, d. h. davon, ob sie periodisch oder teilweise periodisch und langsam oder rasch veränderlich sind[2]. So ergeben z. B. statistisch unregelmäßig verteilte, durch ein Fourier-Integral darstellbare Verzerrungen (ähnlich wie die Wärmeschwingungen) und solche, die sich nur über Bruchteile des Materials erstrecken, keine Verbreiterung. Da die Verzerrungen, welche einen Laue-Asterismus verursachen, auch Verbreiterungen der Debye-Scherrer-Linien ergeben können, sind Verbreiterungsmessungen an frei gezogenen und gestauchten Einkristallen zur Feststellung der „inneren" Verzerrungen nicht gut geeignet, man muß hierzu Kristalle, die durch Schiebegleitung verformt wurden, verwenden. Solche Versuche liegen noch nicht vor, so daß diese Frage zunächst nur theoretisch untersucht werden kann (**7c**).

e) Koordinatensysteme zur Beschreibung des Verformungszustandes. Zur Festlegung der Orientierung und zur Beschreibung des Verformungs-

[1] Auf die diesbezüglichen Untersuchungen bei der Biegung von Einkristallen kommen wir in **20a** zu sprechen.

[2] Dehlinger (**1927, 1**; 1931, 1); Dehlinger und Kochendörfer (**1939, 1; 2**); Kochendörfer (**1939, 1**); Boas (1937, 1).

und Spannungszustandes eines Kristalls benutzen wir zwei Koordinatensysteme I und II, von denen das eine (I) der äußeren Form des Kristalls, das andere (II) dem kristallographischen Charakter der Verformung angepaßt ist. Abb. 8 veranschaulicht ihre gegenseitige Lage in sphärischer Darstellung.

Die Koordinatenachsen von I sind die Kristallachse $\mathfrak{z}$, die wir stets nach oben weisend annehmen, und zwei im Querschnitt liegende radiale Achsen $\mathfrak{P}$ und $\mathfrak{T}$. Erstere ist durch ein zunächst beliebiges Azimut φ festgelegt, dessen Nullpunkt wir durch eine Mantellinie auf dem Kristall kennzeichnen.

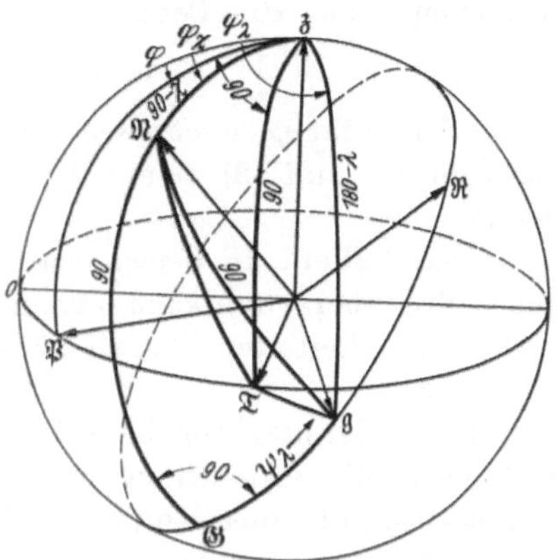

Abb. 8. Lage der Koordinatensysteme I und II im Kristall. $\mathfrak{z}$ Richtung der Kristallachse. $\mathfrak{P}$ und $\mathfrak{T}$ zueinander senkrechte Achsen im Kristallquerschnitt. $\mathfrak{N}$ Gleitebenennormale. $\mathfrak{g}$ Gleitrichtung. $\mathfrak{R}$ zu $\mathfrak{g}$ senkrechte Richtung in der Gleitebene. $\mathfrak{G}$ Gleitebene. Erklärung der Winkelgrößen im Text.

Das Koordinatensystem II legen wir bezüglich der Gleitebene $\mathfrak{G}$ und der Gleitrichtung $\mathfrak{g}$ fest. Letztere und die dazu senkrechte Richtung $\mathfrak{R}$ in der Gleitebene sowie die Gleitebenennormale $\mathfrak{N}$ bilden die Achsen des Systems.

Die Orientierung des Kristalls, d. h. die Lage des Systems II bezüglich des Systems I, ist bestimmt durch den Winkel χ von $\mathfrak{G}$ mit $\mathfrak{z}$ und die Azimute φ_χ und φ_λ von $\mathfrak{N}$ und $\mathfrak{g}$ bezüglich $\mathfrak{z}$. Für χ nehmen wir stets den spitzen Winkel $(\mathfrak{z}\mathfrak{G})$; φ_χ und φ_λ sind nach Abb. 8 bei Blickrichtung $\mathfrak{z}$ im Sinne des Uhrzeigers positiv zu zählen, sie können Werte zwischen 0 und 360° annehmen. Wir haben unsere Festsetzung so getroffen, daß (bei kreisförmigen Querschnitten) die tiefsten Punkte von Gleitebene und Gleitrichtung die Azimute angeben. Ihre Werte unterscheiden sich dann höchstens um $\pm 90°$[1].

In vielen Formeln, die wir später gebrauchen, tritt neben χ der Winkel λ der Gleitrichtung mit der Kristallachse auf. Auf Grund der Bedingung, daß der Winkel $(\mathfrak{g}\mathfrak{N}) = 90°$ sein muß ($\mathfrak{g}$ liegt in $\mathfrak{G}$), ergibt sich aus dem sphärischen Dreieck $(\mathfrak{z}\mathfrak{g}\mathfrak{N})$ in Abb. 8 die Beziehung

$$\cos(\varphi_\lambda - \varphi_\chi)\,\mathrm{tg}\,\lambda = \mathrm{tg}\,\chi, \qquad (1)$$

aus der λ berechnet werden kann. Wie für χ, so nehmen wir auch für λ stets den spitzen Winkel. Sind umgekehrt χ und λ bekannt, so kann aus (1) $\varphi_\lambda - \varphi_\chi$ berechnet werden, allerdings nur bis aufs Vorzeichen,

[1] Oft wird das Azimut von $\mathfrak{g}$ durch den Wert $\varphi'_\lambda = 180 + \varphi_\lambda$ des höchsten Punktes von $\mathfrak{g}$ festgelegt. In einigen Formeln sind in diesem Falle die Vorzeichen von den unsrigen verschieden.

denn zu einem Wertepaar χ und λ gibt es zwei zu φ_χ symmetrisch gelegene Gleitrichtungen. Um in diesem Falle φ_λ und damit die Orientierung eindeutig angeben zu können, muß noch das Vorzeichen von φ_λ bekannt sein. Dasselbe gilt für das Azimut ψ_λ von $\mathfrak{g}$ bezüglich der Gleitebenennormalen $\mathfrak{N}$, dessen Nullpunkt wir in den tiefsten Punkt der Gleitebene legen (Abb. 8). Damit erhalten $\varphi_\lambda - \varphi_\chi$ und ψ_λ stets das gleiche Vorzeichen. Aus dem bei $\mathfrak{G}$ rechtwinkligen Dreieck ($\mathfrak{z}\,\mathfrak{g}\,\mathfrak{G}$) liest man unmittelbar die Beziehung

$$\cos\lambda = \cos\psi_\lambda \cos\chi \tag{2}$$

ab, aus der λ und ψ_λ wechselseitig berechnet werden können. Eliminiert man λ aus (1) und (2), so erhält man eine Gleichung zwischen $\varphi_\lambda - \varphi_\chi$ und ψ_λ.

In den Fällen, in denen man das Vorzeichen der Winkel nicht unmittelbar übersehen kann, nimmt man zu ihrer Bestimmung, wegen der Vieldeutigkeit der Winkelfunktionen, zweckmäßig das Wulffsche Netz zu Hilfe.

f) Die Maßzahlen für die plastische Verformung und Verformungsgeschwindigkeit (Abgleitung und Gleitgeschwindigkeit). Der Verformungszustand eines Körpers wird allgemein durch einen symmetrischen Tensor zweiter Stufe (Deformationstensor) mit sechs Komponenten $\varepsilon_{i\varkappa}$ ($= \varepsilon_{\varkappa i}$) beschrieben. Die Bedeutung der Indizes ist: i gibt die Richtung an, in der zwei Flächenelemente mit der Normalenrichtung $\varkappa$ gegeneinander verschoben werden. ε_{ii} sind Dehnungen (Stauchungen[1]), das sind Abstandsvergrößerungen (-verkleinerungen) der Flächenelemente, bezogen auf den Abstand Eins, und $2\varepsilon_{i\varkappa}$ ($i \neq \varkappa$) Schiebungen oder Scherungen, das sind gegenseitige Verschiebungen der Flächenelemente längs der in ihnen gelegenen Richtung i, bezogen auf den Abstand Eins. Die Schiebung ist gleich dem Tangens des Schiebungswinkels, das ist der Winkel, den die Verbindungsgerade zweier Punkte der Flächenelemente, die ursprünglich senkrecht übereinander lagen, nach ihrer Verschiebung mit der Flächennormalen bildet. Die $\varepsilon_{i\varkappa}$ sind dimensionslose reine Zahlen.

Bei einer Verformung durch Gleitung verschwinden im Koordinatensystem II bis auf $\varepsilon_{\mathfrak{g}\mathfrak{N}}$ alle Deformationskomponenten. $a = 2\varepsilon_{\mathfrak{g}\mathfrak{N}}$ gibt die auf den Gleitebenenabstand 1 bezogene Verschiebung zweier Gleitebenen längs der Gleitrichtung an[2]. Sie wird als Abgleitung be-

[1] Wir rechnen die ε_{ii} sowohl bei der einsinnigen Dehnung als auch bei der einsinnigen Stauchung positiv. Als Maß für die Verformung (aber nicht als Verformungsvorgang) nehmen wir die Stauchung mit unter die Bezeichnung Dehnung herein.

[2] Von dem unstetigen Verlauf von a infolge der Gleitlamellenbildung sehen wir zunächst ab. Wir kommen darauf in **15b** zu sprechen. a hat dann in allen Punkten des Kristalls denselben Wert.

zeichnet. Wir rechnen sie bei den einsinnigen homogenen Verformungen stets positiv.

Bei der Bausch-Anordnung messen wir die unmittelbar zu a proportionale gegenseitige Verschiebung s der beiden äußersten Gleitebenen der Gleitschicht mit dem Abstand h:

$$s = ha. \tag{3}$$

Sie ist gleich der gegenseitigen Verschiebung der Kristallfassungen.

Bei der Dehnung und Stauchung dagegen messen wir die zur Komponente $D^0 = \varepsilon_{\mathfrak{z}\mathfrak{z}}$ (Dehnung) proportionale Verlängerung bzw. Verkürzung $s = |l - l^0|$, wo l^0 die Ausgangslänge[1], l die Länge im verformten Zustand ist:

$$D^0 = \frac{|l - l^0|}{l^0} = \frac{s}{l^0}. \tag{4}$$

Nach Abb. 5 und 6 ändert sich die Orientierung des Kristalls, d. h. die Lage des Systems II gegenüber der des Systems I, im Laufe der Verformung. Die Änderung erfolgt bei der Dehnung in der Weise, daß sich Kristallachse (Zugrichtung) und Gleitrichtung auf dem durch sie bestimmten Großkreis ($\mathfrak{z}\,\mathfrak{g}$ in Abb. 8) einander nähern[2]. χ und λ nehmen stetig ab und streben dem Grenzwert Null (für $D^0 \to \infty$, $a \to \infty$) zu. Bei der Stauchung dagegen nähern sich die Kristallachse (Stauchrichtung) und Gleitebenennormale auf dem durch sie bestimmten Großkreis ($\mathfrak{N}\mathfrak{z}$ in Abb. 8). χ und λ nehmen zu gegen den Grenzwert 90° (für $D^0 \to 1$, $a \to \infty$). Aus den Abb. 5 und 6 ist dieses unterschiedliche Verhalten bei den beiden Verformungsarten qualitativ unmittelbar zu erkennen.

Die Abhängigkeit der χ und λ von D^0 und den Anfangswerten χ_0 und λ_0 ist für die Dehnung auf Grund der Tatsache, daß sowohl das Volumen des Kristalls als der Flächeninhalt der Gleitfläche (bis auf die zu vernachlässigenden freiwerdenden Teile, vgl. Abb. 1) im Laufe der Verformung ihre Werte nicht ändern, leicht zu berechnen. Das Volumen ist

$$V = l^0 Q^0 = l Q \tag{5}$$

(Q^0, Q, Ausgangs- bzw. Endquerschnitt), und die Größe der Gleitfläche

$$Q(\mathfrak{G}) = \frac{Q^0}{\sin\chi_0} = \frac{Q}{\sin\chi} \quad \text{für die Dehnung.} \tag{6}$$

[1] Für die Ausgangslänge (bzw. Dicke) und die auf sie bezogene Dehnung sowie für den Ausgangsquerschnitt und die auf ihn bezogene Spannung schreiben wir den Index Null oben, für den Anfangswert der Spannung und Schubspannung (Streckgrenze bzw. kritische Schubspannung) unten.

[2] Hierauf beruht ein viel angewandtes Verfahren zur Bestimmung der Gleitrichtung.

Aus (5) und (6) erhält man die erste der folgenden Beziehungen[1]:

$$\frac{l}{l^0} \begin{cases} = 1 + D^0 = \dfrac{\sin\chi_0}{\sin\chi} = \dfrac{\sin\lambda_0}{\sin\lambda} & \text{für die Dehnung,} \quad (7\text{a}) \\[2ex] = 1 - D^0 = \dfrac{\cos\chi}{\cos\chi_0} = \dfrac{\cos\lambda}{\cos\lambda_0} & \text{für die Stauchung.} \quad (7\text{b}) \end{cases}$$

Wegen der Orientierungsänderung hängen D^0 und a nicht in einfacher Weise miteinander zusammen. Proportionalität besteht nur für kleine Zunahmen da und dD, wobei aber letztere nicht auf die Ausgangslänge l^0, sondern auf die jeweilige Länge l zu beziehen ist. Nach (**28c**) gilt für die Dehnung und Stauchung

$$\frac{|dl|}{l} = dD = \sin\chi\cos\lambda\cdot da \tag{8}$$

oder nach (7a) und (7b):

$$\frac{|dl|}{l^0} = dD^0 \begin{cases} = \sin\chi_0\cos\lambda\cdot da & \text{für die Dehnung,} \quad (9\text{a}) \\[2ex] = \dfrac{\sin\chi\cos\lambda\cos\chi}{\cos\chi_0}\,da & \text{für die Stauchung.} \quad (9\text{b}) \end{cases}$$

Eliminieren wir in (8) die Endwerte χ und λ mit Hilfe von (7a) bzw. (7b) vollständig, so erhalten wir eine Differentialgleichung, deren Integration die Beziehungen zwischen endlichen Werten von a und D^0 liefert[2]:

$$a = \frac{1}{\sin\chi_0}\left(\sqrt{(1+D^0)^2 - \sin^2\lambda_0} - \cos\lambda_0\right) \quad \text{für die Dehnung,} \tag{10a}$$

$$\left(\frac{l^0}{l}\right)^2 = \frac{1}{(1-D^0)^2} = 1 + 2a\sin\chi_0\cos\lambda_0 + a^2\cos^2\lambda_0 \quad \text{für die Stauchung.} \tag{10b}$$

In (10a) und (10b) treten χ_0 und λ_0 als Parameter auf, d. h. zu gleichen Dehnungen gehören bei verschiedenen Orientierungen verschiedene Abgleitungen und umgekehrt. In Abb. **9a** ist der Verlauf von a als Funktion von D^0 für die Dehnung gezeichnet[3]. Man erkennt, daß er, ausgenommen bei flachen Lagen der Gleitrichtung ($\lambda_0 \gtrsim 70°$), weitgehend linear ist[4], so daß wir (8) näherungsweise auch für endliche

---

[1] Die übrigen drei Beziehungen ergeben sich auf Grund einfacher geometrischer Betrachtungen.

[2] Die Ableitung erfolgt im allgemeinen geometrisch. Z. B. bei Schmid und Boas (1935, 1); Elam (1935, 1) und P. P. Ewald (1929, 1). Die von Ewald benutzte vektorielle Schreibweise ist besonders anschaulich. Bei der Behandlung der mehrfachen Gleitung bildet im allgemeinen die Differentialbeziehung (8) den Ausgangspunkt. Vgl. **6**.

[3] Abgleitung und Dehnung sind in Prozent aufgetragen. $a = 1$ bzw. $D^0 = 1$ entspricht 100%.

[4] Der Grund liegt darin, daß sich $\cos\lambda$ in (9a) nicht mehr wesentlich ändert, wenn schon λ_0 ($= \chi_0$ in Abb. 9a) genügend klein ist.

Werte Δa und ΔD mit festen Werten $\chi = \chi_0$ und $\lambda = \lambda_0$ benutzen können. Wir bezeichnen die dafür notwendigen Bedingungen, daß λ_0 und χ_0 hinreichend klein sind, als Orientierungsbedingungen.

Abschließend bemerken wir noch, daß die Einführung der Abgleitung neben der unmittelbar meßbaren Dehnung durch den kristallographischen Charakter der Gleitung nahegelegt wird. Wir werden in **3c** sehen, daß sie auch physikalisch gegenüber der Dehnung bevorzugt ist.

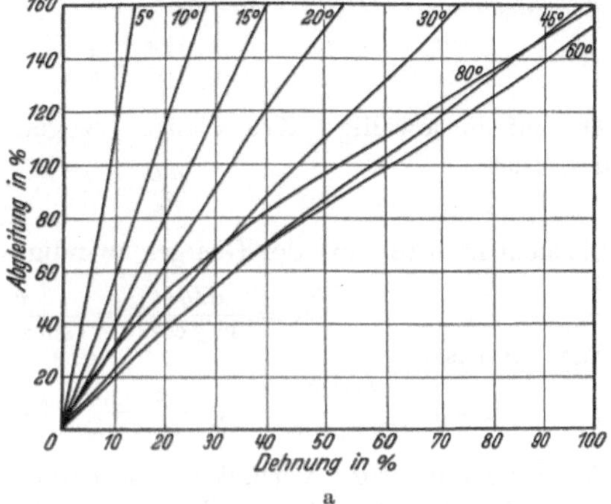

a

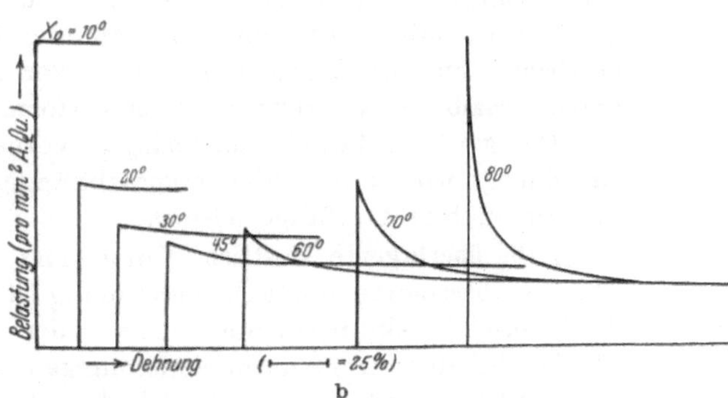

b

Abb. 9. Verlauf a) der Abgleitung, b) der Spannung S^0 bei konstanter Schubspannung, je als Funktion der Dehnung D^0 bei verschiedener Ausgangsorientierung. Die Werte von χ_0 sind den Kurven angeschrieben. Ohne wesentliche Beschränkung der Allgemeinheit ist $\chi_0 = \lambda_0$ angenommen. Aus Schmid und Boas (1935, 1).

Die bis zum Bruch erzielbaren Abgleitungen sind für die einzelnen Stoffe recht verschieden. Mit der Temperatur nehmen sie allgemein zu. Für die kubisch flächenzentrierten Metalle sind sie bei Zimmertemperatur von der Größenordnung 1, für die hexagonalen Metalle von der Größenordnung 5 (Abb. 11). Das unter den organischen Kristallen untersuchte Naphthalin gestattet Abgleitungen bis zu **13**. Salzkristalle brechen bei Zimmertemperatur fast spröde, oberhalb 200 bis 300° C wird ihre Verformbarkeit merklich und reicht bis zu Abgleitungen von einigen Hundertsteln. Eine Ausnahme machen die Silber- und Thalliumhalogenide, bei denen Abgleitungen bis zu 6 erreicht werden können [Stepanow (1934, 1)].

Der Zusammenhang zwischen der Verformungsgeschwindigkeit[1] $v = ds/dt$ (Dimension [cm sec^{-1}]) und der Gleitgeschwindigkeit $u = da/dt$ (Änderung der Abgleitung bezogen auf die Zeiteinheit, Dimension [sec^{-1}]) ergibt sich unmittelbar aus obigen Beziehungen.

[1] Sie ist gleich der Geschwindigkeit, mit der die Kraftangriffspunkte am Kristall gegeneinander bewegt werden.

Bei der Bausch-Anordnung sind nach (3) beide zueinander proportional:

$$u = \frac{v}{h}. \tag{11}$$

Bei der Dehnung und Stauchung ergibt sich aus der Verformungsgeschwindigkeit zunächst die Dehnungsgeschwindigkeit bezogen auf die Ausgangslänge dD^0/dt (Dimension [$\sec^{-1}$]) nach (4) zu:

$$\frac{dD^0}{dt} = \frac{v}{l^0}. \tag{12}$$

Die auf die jeweilige Kristallänge bezogene Dehnungsgeschwindigkeit dD/dt ist:

$$\frac{dD}{dt} = \frac{v}{l}. \tag{13}$$

Sie steht nach (8) mit der Gleitgeschwindigkeit in folgender Beziehung:

$$u = \frac{dD/dt}{\sin\chi\cos\lambda} = \frac{v}{l\sin\chi\cos\lambda}. \tag{14}$$

Nach (9a) ist:

$$u = \frac{dD^0/dt}{\sin\chi_0\cos\lambda} = \frac{v}{l^0\sin\chi_0\cos\lambda} \quad \text{für die Dehnung.} \tag{15}$$

Für das gegenseitige Verhältnis von u und dD^0/dt und seine Orientierungsabhängigkeit gilt dasselbe wie für das Verhältnis von a zu D^0. Wir können daher (14) mit den durch die Orientierungsbedingungen gegebenen Einschränkungen mit festen Werten von χ und λ benutzen, und innerhalb dieser Grenzen mit der Verformungsgeschwindigkeit auch die Gleitgeschwindigkeit unabhängig vorgeben. Bei der Bausch-Anordnung, wo keine Orientierungsabhängigkeit auftritt, ist das in unbeschränktem Umfange möglich.

g) Die überlagerte elastische Verformung. Die der plastischen Verformung überlagerte elastische Verformung ist in allen Fällen sehr klein, die Deformationskomponenten sind von der Größenordnung 10^{-5}. Sie ist aber bei den homogenen Verformungen nicht aus diesem Grunde unwesentlich, sondern weil sie sich der plastischen Verformung unabhängig überlagert, und nur von der Größe der äußeren Kräfte, nicht aber von der Abgleitung abhängt. Sie ist reversibel und unterscheidet sich dadurch grundsätzlich von der plastischen Verformung, selbst wenn letztere kleiner ist. Bei inhomogener Verformung sind plastische und elastische Anteile nicht mehr unabhängig voneinander, letztere ohne Aufschneiden des Kristalls nicht mehr reversibel und beide von Einfluß auf die äußeren Kräfte (**III B**).

3. Die praktische Verfestigungskurve und ihre Temperaturabhängigkeit.

a) Die Spannungskomponenten. Wir wenden uns nunmehr den Verformungskräften zu. Der durch sie im Innern des Kristalls hervorgerufene Spannungszustand wird, in ähnlicher Weise wie der Deformationszustand, durch einen symmetrischen Tensor zweiter Stufe, den Spannungstensor mit den Komponenten $\sigma_{i\varkappa}$ ($= \sigma_{\varkappa i}$) beschrieben. $\sigma_{i\varkappa}$ ist die Spannungskomponente in einem Flächenelement mit der Normalenrichtung $\varkappa$ in Richtung i. σ_{ii} sind Normalspannungen, $\sigma_{i\varkappa}$ $(i \neq \varkappa)$ Schubspannungen.

Das unmittelbare Ergebnis einer Verformungsmessung ist eine Kraft-Verlängerungskurve (Kraft K aufgetragen gegen die gegenseitige Verschiebung s der Kraftangriffspunkte). Da bei einer homogenen Verformung der ebenfalls homogene[1] elastische Spannungszustand sich unabhängig vom plastischen Verformungszustand ausbildet, so ist er nach den Gesetzen der Elastizitätslehre mit den äußeren Kräften verknüpft und in den drei Fällen leicht zu berechnen.

Eine besondere Bedeutung für die plastische Verformung besitzt die Schubspannungskomponente (im Koordinatensystem II) $\sigma = \sigma_{\mathfrak{g}\mathfrak{R}}$ in der Gleitebene längs der Gleitrichtung. Wir bezeichnen sie kurz mit Schubspannung und gebrauchen diesen Ausdruck ohne weitere Zusätze nicht für andere Spannungskomponenten.

Bei der Bausch-Anordnung ist die äußere Kraft K unmittelbar proportional zur Schubspannung:

$$K = Q(\mathfrak{G})\,\sigma \tag{16}$$

[$Q(\mathfrak{G})$ Gleitfläche]. Bei der Dehnung und Stauchung ist K proportional zu der Normalspannungskomponente (im Koordinatensystem I) $S = \sigma_{\mathfrak{z}\mathfrak{z}}$ in der Zug- bzw. Druckrichtung:

$$K = QS = Q^0 S^0. \tag{17}$$

S^0 ist die auf den Ausgangsquerschnitt Q^0 bezogene Spannung[2]. Nach (6) ist

$$S^0 = \frac{\sin\chi}{\sin\chi_0}\,S \quad \text{für die Dehnung.} \tag{18}$$

Nach (4) und (17) können wir die gemessenen Kraft-Verlängerungskurven in die von den Kristallabmessungen, aber nicht von der Orientierung unabhängigen Dehnungskurven, bei denen S^0 gegen D^0 aufgetragen ist, umrechnen.

---

[1] In Wirklichkeit ist der Spannungszustand submikroskopisch nicht homogen (1). Diese Tatsache berührt die hier zur Untersuchung stehenden Fragen nicht, da die Inhomogenitäten unregelmäßig verlaufen, und in jedem noch meßbaren Gebiet der mittlere Spannungszustand derselbe ist, im Gegensatz zu den makroskopisch inhomogenen Verformungen (Biegung, Torsion), wo er sich makroskopisch stetig mit dem Ort ändert.

[2] Im technischen Sprachgebrauch wird S^0 als Nennspannung, S als wahre Spannung bezeichnet.

Die Beziehung zwischen S (bzw. S^0) und σ hängt von der Orientierung ab. Nach (28b) gilt für die Dehnung und Stauchung:

$$\sigma = \sin\chi \cos\lambda \cdot S. \tag{19}$$

Mit Hilfe von (7) und (18) können daraus χ und λ eliminiert und so Beziehungen zwischen σ und S^0 mit χ_0 und λ_0 als Parameter gewonnen werden, die zusammen mit den Beziehungen (10) erlauben, die Dehnungskurven in die sog. Verfestigungskurve (3c), in der σ gegen a aufgetragen ist, umzurechnen. Wir benötigen diese Beziehungen im einzelnicht.

Aus (18) und (19) ergibt sich:

$$\sigma = \sin\chi_0 \cos\lambda \cdot S^0. \tag{20}$$

Die Beziehung (20) [bzw. (19)] zwischen den Spannungskomponenten in den Koordinatensystemen I und II ist genau reziprok zu derjenigen (9a) [bzw. (8)] zwischen kleinen Änderungen der Deformationskomponenten[1]. Also ist mit derselben Näherung, mit der a proportional zu D^0 (da/dD^0 konstant) ist, auch σ proportional zu S^0 und wir können mit denselben, durch die Orientierungsbedingungen gegebenen Einschränkungen, wie (8) so auch (19) mit festen Werten $\chi = \chi_0$ und $\lambda = \lambda_0$ benutzen[2] und innerhalb dieser Grenzen mit der Spannung auch die Schubspannung unabhängig vorgeben. Die Verfestigungskurven sind dann Dehnungskurven mit linear veränderten Maßstäben in der Abszissen- und Ordinatenrichtung. Dabei wird der Maßstab in der Dehnungsrichtung in demselben Maße verkleinert ($a \geqq 2\,D^0$ wegen $\sin\chi \cos\lambda \leqq {}^1/_2$) wie in der Spannungsrichtung vergrößert ($2\sigma \leqq S^0$).

Jede konvexe Krümmung der Kurven in Abb. 9a hat zur Folge, daß S^0 gegenüber σ mit zunehmender Verformung kleiner wird. Da solche Krümmungen stets auftreten, besonders bei flachen Gleitebenenlagen und zu Beginn der Verformung, so fällt S^0 bei konstantem σ ab (Abb. 9b). Man bezeichnet diese Erscheinung als Orientierungsentfestigung. Sie hat bei hinreichend flachen Gleitebenenlagen zur Folge, daß zu Beginn der Verformung die Spannung in den Dehnungskurven abnehmen kann, trotzdem die Schubspannung in der Verfestigungskurve zunimmt.

---

[1] Der Grund liegt darin, daß σ und S^0 (bzw. S) verallgemeinerte Kräfte, a und D^0 (bzw. D) verallgemeinerte Lagekoordinaten sind in dem Sinne, daß die Produkte σda und $S^0 dD^0$ (bzw. $S \cdot dD$) die während der Verformungszunahme in der Volumeinheit geleistete Arbeit angeben. Diese muß natürlich unabhängig vom Koordinatensystem sein, was (20) und (9a) [bzw. (19) und (8)] zum Ausdruck bringen (vgl. 28c).

[2] Bei dieser Näherung wird angenommen, daß der Orientierungsfaktor $\sin\chi \cos\lambda$ während der Verformung im gleichen Verhältnis abnimmt wie der Querschnitt Q, denn dann stimmt der in dieser Weise berechnete Wert $S^0 = \sigma/\sin\chi_0 \cos\lambda_0$ mit dem wirklichen Wert $S^0 = \sigma Q/Q^0 \sin\chi \cos\lambda$ überein.

Bei der Bausch-Anordnung treten diese Besonderheiten nicht auf. Bei ihr sind die gemessenen Kraft-Verlängerungskurven, bis auf die linearen Maßstabsänderungen, unmittelbar Verfestigungskurven.

b) Versuchsapparate und Versuchsführungen. Wir haben bisher den Verformungs- und Spannungszustand eines Kristalls getrennt untersucht und wenden uns nun der eigentlichen Aufgabe zu, die Gesetzmäßigkeiten, nach denen beide miteinander verbunden sind, aufzustellen. Wir geben zunächst eine kurze Beschreibung der Versuchsapparate und Versuchsführungen.

Am meisten verwandt wird der Polanyi-Apparat oder die auf demselben Prinzip beruhende Zerreißmaschine von Schopper. Eine Ausführungsform[1] zeigt Abb. 46. Sie ist für (Wechsel-) Schiebegleitung eingerichtet, der Kristall daher nach Abb. 4 gefaßt. Bei Dehnungsversuchen ist der Kristall nach Abb. 6 zu fassen. Der rechte (bei der Dehnung obere) Kristallhalter ist oben als Bügel ausgebildet (häufig wird ein Faden verwandt), der vermittels der Spitze D in die untere Feder P greift[2], deren Durchbiegung ein Maß für die Last ist[3]. Sie wird durch einen Lichtzeiger über einen an der Feder angebrachten Spiegel auf einem mit konstanter Geschwindigkeit bewegtem Film aufgezeichnet. Durch die mit der anderen Fassung über das Gestänge G verbundene Antriebsspindel Sp mit der Antriebsschraube R, die gleichzeitig als Meßschraube für die Verschiebung der Spindel (Zugweg) dient[4], kann der Kristall mit einer vorgebbaren Zuggeschwindigkeit verformt werden. Die schmale und lange Ausführung des Gestänges erlaubt es, einen Behälter B für Temperaturbäder anzubringen.

Es ist für den Polanyi-Apparat kennzeichnend, daß der Zugweg nicht genau gleich der Verlängerung s des Kristalls ist, sondern noch die Federdurchbiegung enthält. Letztere ist durch die Größe der Last und die Federkonstante bestimmt. Entsprechend ist die Zuggeschwindigkeit gleich der Summe der Verformungsgeschwindigkeit v und der Geschwindigkeit der Federdurchbiegung, die durch die Federkonstante und den Lastanstieg gegeben ist. Führen wir zunächst einen Versuch mit einem vielkristallinen Körper aus, dessen elastische Dehnung klein

[1] Weitere Ausführungsformen sind bei Schmid und Boas (1935, 1) und Andrade und Roscoe (1937, 2) abgebildet.

[2] Die obere Feder und die Steuerorgane A, H und S_2 sind bei einsinniger Verformung nicht erforderlich.

[3] Bei der Schopperschen Maschine tritt an Stelle der Federdurchbiegung eine Bewegung des Lasthebels.

[4] Wird durch Kontaktanordnungen auf dem Antriebsrad ein zweiter Lichtzeiger nach je einer bestimmten Drehung des Rades bzw. Bewegung der Spindel periodisch ein- und ausgeschaltet (Abb. 17a) oder die Intensität des Lastzeigers periodisch geschwächt und verstärkt (Abb. 17b, c), so kann aus der Registrieraufnahme unmittelbar der Zugweg s und die Zuggeschwindigkeit v entnommen werden [Kochendörfer (1937, 1)].

ist gegenüber der Durchbiegung der Feder, so erhalten wir die elastische Gerade[1] des Apparats. Jede Abweichung der Neigung einer Verformungskurve von der Neigung dieser Geraden zeigt an, daß eine zusätzliche plastische Verformung stattgefunden hat. Diese Abweichung ist um so größer, je kleiner der Lastanstieg und je härter die Feder ist, und um so näher kommt die Verformungsgeschwindigkeit der Zuggeschwindigkeit. Da zur Lastmessung eine Federdurchbiegung erforderlich ist, so ist ein Unterschied zwischen beiden Geschwindigkeiten stets vorhanden. Bei Verwendung einer genügend harten Feder bleibt er jedoch während der Verformung praktisch konstant [Kochendörfer (1937, 1)], so daß wir durch geeignete Wahl der Federhärte die Verformungsgeschwindigkeit mit hinreichender Genauigkeit vorgeben können. Bei der Bausch-Anordnung gilt nach (11) dasselbe für die Gleitgeschwindigkeit, bei der Dehnung nur innerhalb der durch die Orientierungsbedingungen gegebenen Einschränkungen. Eine Versuchsführung, bei der die Gleitgeschwindigkeit als unabhängige Versuchsgröße vorgegeben wird, bezeichnen wir als dynamisch.

Den Verlauf der Belastung können wir beim Polanyi-Apparat in der Weise vorgeben, daß wir den Lichtzeiger für die Last verfolgen und die Zuggeschwindigkeit in entsprechender Weise regeln. Dieses Verfahren ist aber nur in Ausnahmefällen (z. B. beim Fließen unter konstanter Last) anwendbar. Am einfachsten ist es, wenn wir die Feder weglassen und an der unteren Kristallfassung ein Gefäß anbringen, in das wir in der gewünschten Weise eine Flüssigkeit zulaufen lassen oder bei schrittweiser Belastung Gewichte auflegen. In diesen Fällen ist ein besonderes Meßgerät zur Feststellung der Kristallverlängerung erforderlich. Eine Versuchsführung mit schrittweiser Belastung, bei der nach jedem Schritt die Kristallverlängerung, die sich nach einiger Zeit eingestellt hat[2], gemessen wird, bezeichnen wir als statisch[3].

c) Die praktische Verfestigungskurve. Wir kommen nun zur eigentlichen Verformungsdynamik und geben zunächst einen Überblick über einige grundlegenden Ergebnisse, wobei wir auf feinere Einzelheiten, deren Untersuchung den Gegenstand der folgenden Punkte bildet, noch keine Rücksicht nehmen.

Dehnen wir einen Kristall im Polanyi-Apparat und bestimmen zu jeder Dehnung D^0 die zugehörige Spannung S^0, so erhalten wir eine

---

[1] Erfolgt die Kraftübertragung durch Fäden und über Rollen (wie z. B. bei dem Biegungsapparat in Abb. 51), so ist die elastische „Gerade" im Anfangsteil gekrümmt, bis die Fäden hinreichend stark gespannt sind (vgl. Abb. 17c).

[2] Hierbei ist, wenn diese Versuchsführung sinnvoll sein soll, vorausgesetzt, daß der Kristall unter der Einwirkung der Last nicht dauernd weiterfließt. Wegen der Erholung (**3d**) ist das oberhalb bestimmter Temperaturen nicht mehr der Fall. Bei den meisten Metallen ist die Zimmertemperatur noch zulässig.

[3] Hierbei ist also die Spannung S^0 die unabhängig vorgegebene Versuchsgröße.

Dehnungskurve. Die Erfahrung zeigt, daß ihr Verlauf bei einer bestimmten Temperatur für eine bestimmte Kristallorientierung (χ_0, λ_0) weitgehend (aber nicht ganz) unabhängig ist von den Einzelheiten der Versuchsführung. So können wir die Verformungsgeschwindigkeit innerhalb gewisser, praktisch noch verhältnismäßig weiter Grenzen ändern oder auch statisch verformen. Bei der Stauchung müssen wir das letztere Verfahren anwenden und nach jedem Schritt die Druckflächen schmieren, da sonst wegen der auftretenden Reibung der Zusammenhang zwischen Dehnung und Spannung gefälscht und außerdem die Verformung inhomogen wird (2c). Eine mit dieser Näherung festgelegte Dehnungskurve bezeichnen wir als praktische Dehnungskurve[1].

Ein Hauptergebnis der experimentellen Untersuchungen lautet, daß die für verschiedene Orientierungen verschiedenen Dehnungskurven in eine einzige, von der Orientierung unabhängige Kurve, die praktische Verfestigungskurve, übergehen, wenn man an Stelle von Nennspannung S^0 und Dehnung D^0 die Schubspannung σ und die Abgleitung a als Koordinaten verwendet. Die übrigen Spannungskomponenten im Koordinatensystem II sind ohne Einfluß auf die Verfestigungskurve (erweiterte Fassung[2] des Schmidschen Schubspannungsgesetzes). Bei der Bausch-Anordnung treten im System II andere Spannungskomponenten gar nicht auf, Schubspannung und Abgleitung sind hier naturgemäße Koordinaten. Wie wir schon erwähnten, ergibt sich bei den drei homogenen Verformungsarten nahezu dieselbe Verfestigungskurve[3]. Die Fehlergrenzen, mit der die verschiedenen Dehnungskurven eine Verfestigungskurve ergeben, sind verhältnismäßig groß ($\pm 15\%$), doch ist dieser Spielraum klein gegenüber dem Bereich, den die Dehnungskurven umfassen. Außerdem streuen auch die Schiebegleitungskurven, bei denen Orientierungsunterschiede gar nicht vorhanden sind, innerhalb derselben Fehlergrenzen, da nicht vermeidbare Unterschiede in den Kristalleigenschaften (Verunreinigungen, bei der Herstellung entstandenen Gitterstörungen, verschiedene Gleitlamellenbildung), gegen welche die plastischen Eigenschaften sehr empfindlich sind, einen großen Teil der Streuung verursachen.

Abb. 10 zeigt die Grundform der Verfestigungskurven. Unterhalb einer bestimmten Schubspannung, der praktischen kritischen Schubspannung σ_0^*, ist der plastische Anteil der Verformung Null

[1] Den Zusatz praktisch gebrauchen wir auch für alle andern mit dieser Näherung festgelegten Größen. Wenn ihre Bedeutung aus dem Zusammenhang unmittelbar hervorgeht, so lassen wir ihn jedoch häufig weg.

[2] Die ursprüngliche Fassung von Schmid (1924, 1) bezog sich nur auf die sog. kritische Schubspannung, in obiger Fassung wurde das Gesetz zuerst von Smekal (1935, 1) ausgesprochen.

[3] Vgl. Fußnote 2, S. 12.

oder so klein, daß er mit den üblichen Meßapparaten meist nicht mehr nachweisbar ist. Von da an biegt die Kurve fast unstetig um, d. h. es setzt ausgiebiges Gleiten ein. Während dieser Einsatz durch einen konstanten Wert der Schubspannung gekennzeichnet ist, hängt die σ_0^* entsprechende Nennspannung S_0^*, die Streckgrenze[1], nach (20) (mit $\sigma = \sigma_0^*$) von der Orientierung ab.

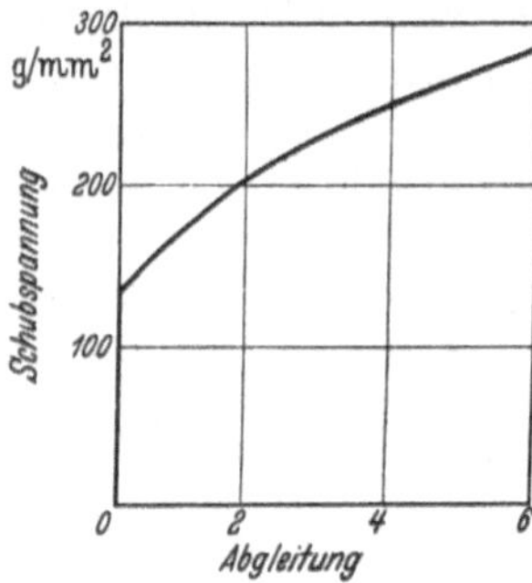

Abb. 10. Beispiel einer Verfestigungskurve. Die gewählten Zahlwerte sind von der Größenordnung der bei Metallen vorkommenden Werte.

Für Metalle ist σ_0^* von der Größenordnung 100 g/mm², Einzelwerte sind aus den Abb. 13, 15 und 34 und Tabelle 9 zu entnehmen. Einen Überblick über die praktischen Verfestigungskurven von Metallen gibt Abb. 11, weitere Kurven sind in Abb. 23 enthalten.

Die Tatsache, daß die plastische Verformung oberhalb der kritischen Schubspannung nicht mit demselben Wert der Schubspannung fortgesetzt werden kann, diese vielmehr dauernd ansteigt, wird als Verfestigung bezeichnet[2]. Ihre Größe ist durch $\tau = \sigma - \sigma_0^*$ gegeben, wenn σ die jeweils wirksame Schubspannung ist.

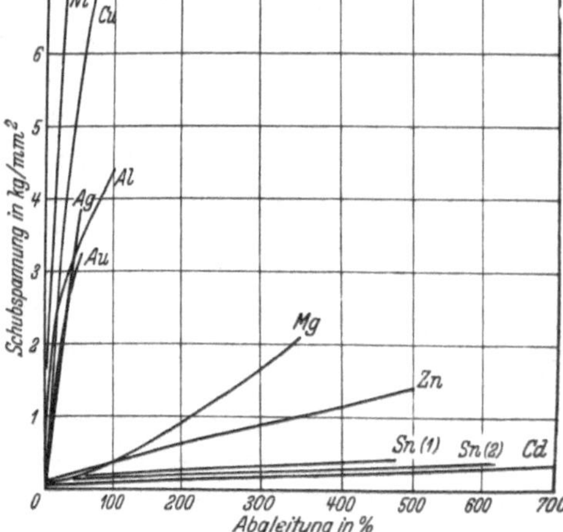

Abb. 11. Praktische Verfestigungskurven von Metallkristallen. Cu, Ag, Au nach Sachs und Weerts (1930, 2); Al nach Karnop und Sachs (1927, 1); Ni nach Osswald (1933, 1); Mg nach Schmid und G. Siebel (1931, 3); Zn nach Schmid (1926, 1); Cd nach Boas und Schmid (1929, 1); Sn nach Obinata und Schmid (1933, 1). Entnommen aus Schmid und Boas (1935, 1).

Entlasten wir einen verfestigten Kristall nach einer bestimmten Abgleitung a_1 bzw. Schubspannung σ_1, und nehmen mit ihm unmittelbar darauf[3] einen neuen Deh-

[1] Der obere Index Null kann hierbei weggelassen werden, da in der Definition der Streckgrenze enthalten ist, daß sie sich auf den Ausgangsquerschnitt bezieht.

[2] In der Literatur wird gelegentlich bemerkt, daß die plastische Verformung eigentlich gar nicht mit einer Verfestigung, sondern mit einer Entfestigung verbunden sei insofern, als die Spannungszunahme, bezogen auf die dazugehörige Dehnungszunahme, im plastischen Gebiet wesentlich kleiner sei als im vorausgehenden elastischen Gebiet. Die obige Bezeichnung Verfestigung, die allgemein verwandt wird, gibt einen ganz andern Sachverhalt, der sich nur auf das plastische Gebiet bezieht, wieder.

[3] Um eine Erholung zu vermeiden.

nungsversuch vor, so setzt eine ausgiebige plastische Verformung erst wieder ein, nachdem die Schubspannung den früheren Wert σ_1 angenommen hat, und die neue Verfestigungskurve bildet die Fortsetzung der alten. Die Verfestigung kann also als Erhöhung der kritischen Schubspannung aufgefaßt werden. Deuten wir die Schubspannung einer Verfestigungskurve in diesem Sinne, so sprechen wir von einer erhöhten kritischen Schubspannung[1].

d) Erholung und Rekristallisation. Ein verfestigter Kristall befindet sich nicht im thermodynamischen Gleichgewicht, die Verfestigung geht im Laufe der Zeit zurück. Man bezeichnet diese Erscheinung als Erholung[2]. Macht man also einen Dehnungsversuch an einem verformten Kristall erst nach längerer Zeit, so hat die neue kritische Schubspannung einen kleineren Wert als der frühere Endwert σ_1. Wartet man genügend lange, so wird sie schließlich gleich der (ursprünglichen) kritischen Schubspannung σ^*, d. h. der Kristall hat seine ursprünglichen Festigkeitseigenschaften wieder erhalten. Die Erholungsgeschwindigkeit nimmt mit der Temperatur zu. Innerhalb eines bestimmten, verhältnismäßig engen Temperaturgebiets (Erholungsintervall) nimmt sie sehr rasch zu, unterhalb dieses Gebiets besitzt sie so kleine Werte, daß innerhalb praktisch in Frage kommender Wartezeiten keine merkliche Erholung eintritt (Abb. 12). Die Erholungstemperatur (mittlere Temperatur des Erholungsintervalls) ist für die einzelnen Stoffe sehr verschieden, soweit sich übersehen läßt, steht sie in einem bestimmten Verhältnis zur Schmelztemperatur. Bei Zink, Zinn und ähnlichen Metallen z. B. liegt sie etwa bei Zimmertemperatur, wo vollständige Erholung nach etwa 24 Stunden eintritt. Bei 60° C ist das bereits nach einigen Minuten der Fall. Bei Eisen liegt sie bei etwa 400° C; bei Zimmertemperatur zeigt dieses Metall praktisch keine Erholung mehr.

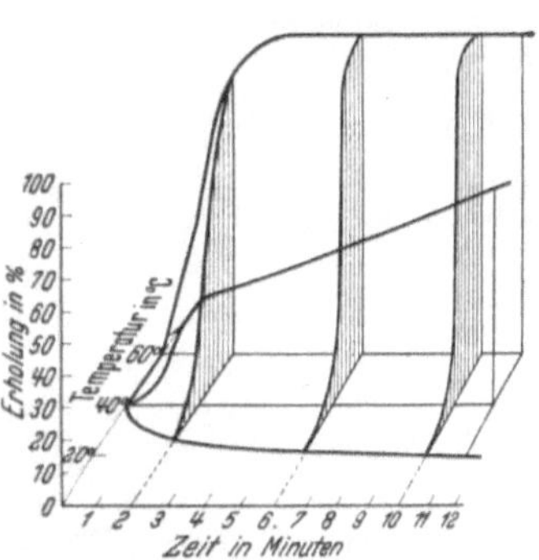

Abb. 12. Erholungsdiagramm von Zinnkristallen. Aus Haase und Schmid (1925, 1).

Die Rückbildung der früheren Eigenschaften erfolgt bei der Erholung stetig und ohne Änderung der Kristallorientierung. Sie unterscheidet sich dadurch scharf von der Rekristallisation, welche nahezu unstetig unter Kornneubildung erfolgt. Die Orientierung der neugebildeten Körner ist im allgemeinen in verschiedenen

---

[1] Die Bezeichnung kritische Schutzspannung ohne Zusatz verwenden wir nur bei einem unverformten Kristall.

[2] Unter Erholung verstehen wir die Rückbildung der ursprünglichen Festigkeitseigenschaften im unbelasteten Kristall. Vgl. Fußnote 1 auf S. 90.

Kristallbereichen verschieden, so daß auch aus einem Einkristall ein vielkristallines Material entsteht. Die Rekristallisationsgeschwindigkeit wird ebenfalls erst oberhalb eines bestimmten Temperaturgebiets merklich, das aber viel enger ist als das Erholungsintervall, so daß man praktisch von einer Rekristallisationstemperatur sprechen kann[1]. Sie liegt höher als die Erholungstemperatur und beträgt etwa das 0,4fache der Schmelztemperatur (in absoluten Temperaturwerten), bei Zink ∽290° C, bei Eisen ∽720° C [van Liempt (1935, 1)].

Abschließend bemerken wir noch, daß sich das über die Erholung Gesagte, insbesondere die völlige Erholungsfähigkeit, nur auf homogen verformte Einkristalle bezieht. Bei inhomogen verformten Einkristallen und Vielkristallen liegen die Verhältnisse etwas anders (**23a**, **25e**).

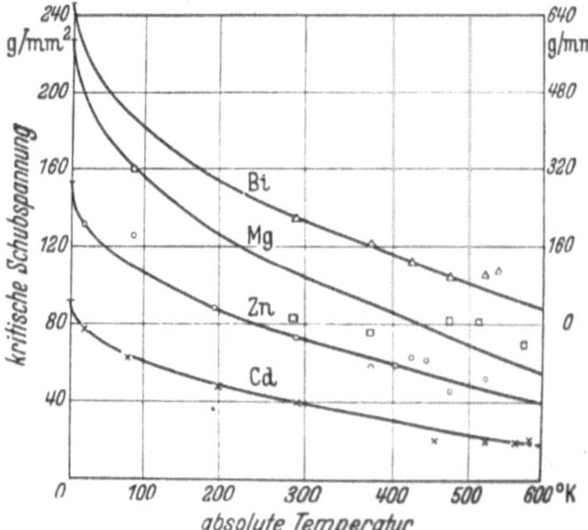

Abb. 13. Verlauf der praktischen kritischen Schubspannung von Metallkristallen mit der Temperatur. Meßwerte aus Schmid und Boas (1935, 1). Für Wismut gilt der rechte Schubspannungsmaßstab. Die Kurven sind nach (54) mit den Zahlwerten von Tabelle 2 berechnet.

e) Temperaturabhängigkeit der praktischen kritischen Schubspannung. In viel stärkerem Maße als von den sonstigen Versuchsbedingungen hängt die kritische Schubspannung von der Temperatur ab, so daß es für die Untersuchung ihrer Temperaturabhängigkeit genügt, die praktische kritische Schubspannung σ_0^* zugrunde zu legen. Einige Beispiele[2] zeigt Abb. 13. σ_0^* nimmt demnach im großen ganzen mit zunehmender Temperatur gleichmäßig ab. Bei höheren Temperaturen ist ihr Verlauf unregelmäßiger. Deutlich ist ausgeprägt, daß sie in der Nähe des Schmelzpunktes nahezu konstant bleibt oder sogar wieder zunimmt (Wismut). Der Abfall zum Wert Null im geschmolzenen Zustand muß daher ziemlich schroff erfolgen.

f) Temperaturabhängigkeit der praktischen Verfestigungskurve. Auch auf den Verlauf der Verfestigungskurven hat die Temperatur einen stärkeren Einfluß als die andern Versuchsbedingungen, so daß

[1] Allerdings besitzt auch die Rekristallisation unterhalb der eigentlichen Rekristallisationstemperatur ein Vorstadium, in dem sich bereits rekristallisationsähnliche (mit Orientierungsänderungen verbundene) Vorgänge in sehr kleinen Bereichen abspielen, ohne daß es zu einer mikroskopisch sichtbaren Neubildung von Körnern kommt. Vgl. **25f**.

[2] Die Kurven in den Abb. 13 und 14 sind auf Grund theoretischer Ergebnisse gezeichnet (**8**, **10b**).

zu ihrer Untersuchung die praktischen Verfestigungskurven ausreichen. Ihre Form ist für die verschiedenen Stoffe sehr unterschiedlich. Sie lassen sich jedoch deutlich in zwei Gruppen teilen: Bei den kubischen Metallen, den heteropolaren Salzen und bei Naphthalin sind sie näherungsweise Parabeln (Abb. 23a) und können durch ihren Parameterwert τ^2/a gekennzeichnet werden; bei den hexagonalen Metallen sind sie uneinheitlicher, aber in roher Näherung Geraden mit dem Parameterwert (Verfestigungskoeffizient) τ/a. Beispiele für den Temperaturverlauf dieser Kennwerte[1] zeigt Abb. 14. Qualitativ ist er in beiden Fällen derselbe und ist auch in den übrigen Fällen in dieser Weise beobachtet worden. Es ist zu beachten, daß sich bei

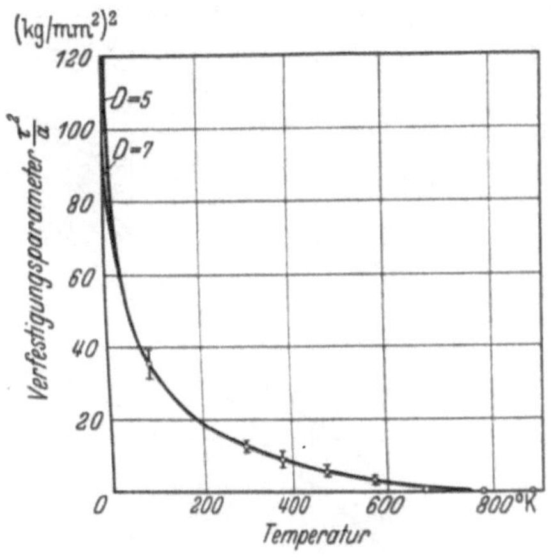

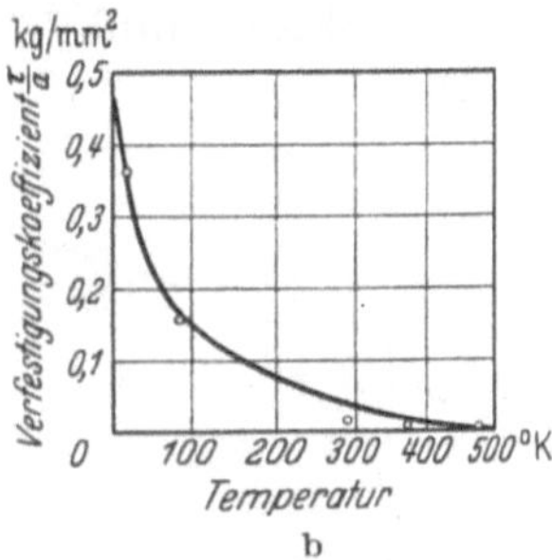

Abb. 14. Verlauf der Verfestigungsparameter der praktischen Verfestigungskurven mit der Temperatur. a) Aluminiumkristalle. Die senkrechten Striche geben die Bereiche an, innerhalb deren die Parameterwerte τ^2/a der Parabeln liegen, durch welche die experimentellen Verfestigungskurven bei Boas und Schmid (1931, 3) angenähert werden können [Zahlwerte bei Kochendörfer (1938, 1)]. Die Kurven sind nach (72a, b) berechnet. b) Kadmiumkristalle. Meßwerte aus Boas und Schmid (1930, 1). Die Kurve ist nach (72c) berechnet.

den linearen Verfestigungskurven die Parameterwerte stärker ändern als die Werte der Neigungswinkel der Kurven, so daß die Verfestigungskurven bei tiefen Temperaturen näher beisammen liegen, als die rasche Änderung ihrer Parameterwerte zunächst vermuten läßt.

g) Einfluß von Beimengungen. Einen merklichen Einfluß auf die Größe der kritischen Schubspannung und den Verlauf der Verfestigungskurven besitzen Beimengungen löslicher oder unlöslicher fremder Bestandteile. Aus Abb. 15 ist zu ersehen, wie außerordentlich groß er gerade im Gebiet kleinster Zusätze ist (vgl. auch Abb. 16 und 20). Der

[1] Die Verfestigungskurven von Kadmium bestehen unterhalb Zimmertemperatur aus zwei gegeneinander geneigten geraden Ästen. In Abb. 14b sind die Werte von τ/a für den weniger geneigten Anfangsast, der bei $-185°$ C etwa bis zur Abgleitung 1,5 reicht, aufgetragen. Bei Benutzung der mittleren Neigung beider Äste sind die τ/a-Werte für die zwei tiefsten Temperaturen größer als in Abb. 14b (etwa 2,1 kg/mm²) und liegen näher beisammen [Schmid (1930, 1)], der gesamte Temperaturverlauf ist aber qualitativ derselbe.

Verfestigungsanstieg zeigt gerade das umgekehrte Verhalten wie die kritische Schubspannung, er wird um so kleiner, je mehr letztere zunimmt (Abb. 15b; vgl. auch Abb. 23b, c).

Neben den verschiedenen Bestandteilen eines Kristalls ist ihre gegenseitige Atomanordnung von Bedeutung. So sinkt beim Übergang von der regellosen zur regelmäßigen Atomanordnung die kritische Schubspannung von $AuCu_3$ von 4,4 kg/mm² auf 2,3 kg/mm², während gleichzeitig der Verfestigungsanstieg beträchtlich zunimmt [Sachs und Weerts (1931, 1)]. Bei Ausscheidungsvorgängen übersättigter Mischkristalle nimmt die kritische Schubspannung mit der Entmischung anfänglich stark zu, ähnlich wie die Brinellhärte bei vielkristallinen Materialien [Karnop und Sachs (1928, 1); Schmid und G. Siebel (1934, 1)].

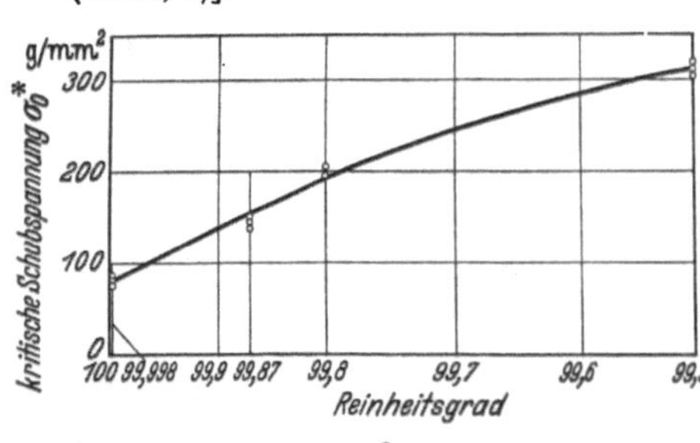

a

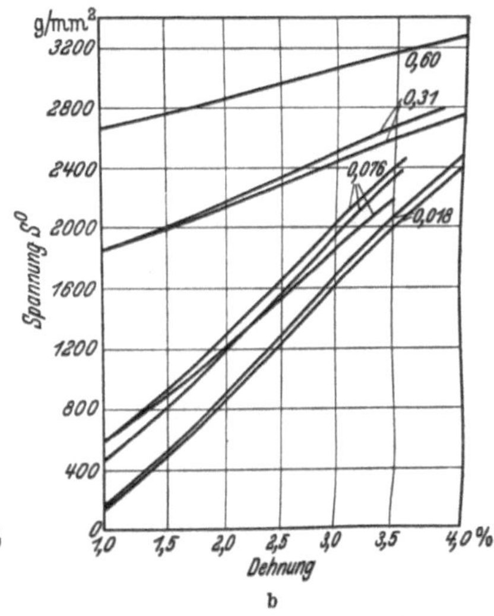

b

Abb. 15. Einfluß von Beimengungen auf die Größe der kritischen Schubspannung und auf den Verlauf der Verfestigungskurven. a) Rekristallisierte Aluminiumkristalle. Aus Dehlinger und Gisen (1934, 1). b) Zinkkristalle nahezu gleicher Orientierung mit Kadmiumzusätzen, deren Atomprozentgehalt angegeben ist. Aus Rosbaud und Schmid (1925, 1).

Obige Tatsachen zeigen eindringlich, daß beim Vergleich der Ergebnisse verschiedener Verfasser (neben den Versuchsbedingungen) sehr auf den Reinheitsgrad der Kristalle zu achten ist.

Auf den Einfluß von Beimengungen und den Herstellungsbedingungen der Kristalle auf den Verlauf der Verfestigungskurven unterhalb der praktischen kritischen Schubspannung kommen wir in 4c, d zu sprechen.

4. Der Einfluß der Versuchsbedingungen und des Kristallgefüges[1] auf den Beginn der plastischen Verformung.

a) Bedeutung des Einflusses der Versuchsbedingungen. Bei dem vorhergehenden Überblick über die Grundzüge der Verfestigungskurven

[1] Unter Gefüge verstehen wir den Inbegriff der Gitterstörungen, das sind die Abweichungen eines wirklichen Kristallgitters von einem idealen Gitter mit vollkommen regelmäßiger Atomanordnung (vgl. 7a, b).

haben wir von dem Einfluß der Versuchsbedingungen außer der Temperatur abgesehen, da er zahlenmäßig nicht so sehr ins Gewicht fällt. Er hat aber eine grundsätzliche Bedeutung, da er zunächst zeigt, daß Schubspannung und Abgleitung nicht die allein maßgebenden Größen für die plastische Verformung sind, denn sonst würde es für eine bestimmte Kristallart (bei einer bestimmten Temperatur) nur eine, von den Versuchsbedingungen unabhängige Verfestigungskurve geben. Mit andern Worten, σ und a würden den Verformungszustand eindeutig bestimmen und wären Zustandsgrößen, die Gleichung der Verfestigungskurve die Zustandsgleichung der plastischen Verformung.

Aus dieser negativen Feststellung ergibt sich die Aufgabe, den Einfluß dieser Versuchsbedingungen näher zu untersuchen, um auf diese Weise das Ziel der experimentellen Forschung zu erreichen, die wirklichen Zustandsgrößen und die zwischen ihnen bestehende Zustandsgleichung[1] aufzustellen. Dieser Aufgabe wenden wir uns jetzt zu.

b) Geschwindigkeitsabhängigkeit der kritischen Schubspannung. Ein Einfluß der Versuchsbedingungen besteht schon am Beginn der Gleitung. Führen wir einen dynamischen Versuch mit vorgegebener Gleitgeschwindigkeit u durch, so beobachten wir, daß das Gleiten mit dieser Geschwindigkeit erst einsetzt, nachdem die Schubspannung einen bestimmten Wert σ_0, der von u abhängt, angenommen hat. In den Registrierkurven wird der entsprechende Lastwert durch einen Knick angezeigt (Abb. 17). In **3c** haben wir den Wert der Schubspannung, bei dem ausgiebiges Gleiten einsetzt, ohne die Gleitgeschwindigkeit näher anzugeben, als praktische kritische Schubspannung bezeichnet. Obiges Ergebnis zeigt, daß wir den Begriff erweitern und die Abhängigkeit von u berücksichtigen müssen. Wir bezeichnen daher $\sigma_0 = \sigma_0(u)$ als die zu der betreffenden Gleitgeschwindigkeit gehörige kritische Schubspannung. Der Einfachheit halber lassen wir den Zusatz „zu der betreffenden Gleitgeschwindigkeit" weg, halten uns aber stets vor Augen, daß sie kein nur von den Materialeigenschaften abhängiger Wert, sondern auch eine Funktion der Gleitgeschwindigkeit ist.

Ihren Verlauf mit u bei dynamischer Versuchsführung haben Roscoe (1936, 1) an Kadmiumkristallen bei Dehnung, und Kochendörfer (1937, 1) an Naphthalinkristallen bei der Bausch-Anordnung bestimmt. Abb. **16** zeigt die Ergebnisse. Als Einheit der Gleitgeschwindigkeit, die wir im folgenden beibehalten, ist der normale Wert von Abgleitung 10/Stunde benutzt. Der mittlere Fehler für die Schubspannungswerte bei fester Gleitgeschwindigkeit beträgt bei Naphthalin

[1] Da es sich bei der plastischen Verformung durchweg um thermodynamische Nichtgleichgewichtszustände handelt, also mit der Zeit veränderliche Größen (z. B. Verfestigung) auftreten, so beziehen sich die Begriffe Zustandsgröße und Zustandsgleichung auf augenblickliche Zustände.

5%[1], Roscoe hat in seiner Veröffentlichung keine Fehlergrenzen angegeben.

Für die Kurven ist kennzeichnend, daß sie bei einer Schubspannung, die noch bei verhältnismäßig kleiner Gleitgeschwindigkeit liegt, rasch umbiegen, also einen mehr oder weniger ausgeprägten „Knick“ besitzen. Ihr genauer Verlauf bei Gleitgeschwindigkeiten unterhalb etwa $^1/_{10}$ kann bei dynamischer Versuchsführung nicht mehr festgestellt werden (siehe unten). Er ist auch für die Beurteilung des plastischen Verhaltens bei größeren Gleitgeschwindigkeiten, die wir anwenden müssen, wenn wir größere Abgleitungen in angemessener Zeit erzielen wollen, nicht erforderlich. Dagegen ist er für das Dauerstandsverhalten der Kristalle maßgebend.

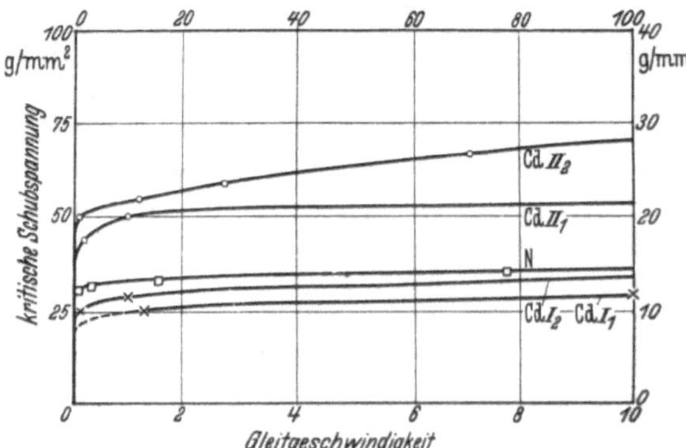

Abb. 16. Verlauf der kritischen Schubspannung mit der Gleitgeschwindigkeit. Meßpunkte: × für gedehnte Kadmiumkristalle sehr hoher Reinheit (weniger als 1 Teil Verunreinigungen auf 10^6 Teile Cd), ⊙ für gedehnte Kadmiumkristalle mit dem Reinheitsgrad 99,86%. Aus Roscoe (1936, 1). ⊡ für Naphthalinkristalle durch Schiebegleitung verformt. Aus Kochendörfer (1937, 1). Zu den Kurven Cd I1, Cd II1 und N gehört der untere, zu Cd I2 und Cd II2 der obere Maßstab für die Gleitgeschwindigkeit, zu N der rechte Maßstab für die kritische Schubspannung. Bei Cd I2 und Cd II2 liegen noch Meßpunkte bei höheren Gleitgeschwindigkeiten vor (Abb. 23).

Es ist zweckmäßig, diese beiden in ihrer praktischen und physikalischen Bedeutung ganz verschiedenen Gebiete durch eine Gleitgeschwindigkeit u_ε gegeneinander abzugrenzen, die mit normalen Hilfsmitteln schon meßbar, aber praktisch immer noch klein ist. Wir wählen $u_\varepsilon = {^1/_{100}}$ (Abgleitung 0,1/Stunde). Gleitgeschwindigkeiten $u \gg u_\varepsilon$ ($\gtrsim {^1/_{10}}$ = Abgleitung 1/Stunde) bezeichnen wir als „groß“, Gleitgeschwindigkeiten $u \ll u_\varepsilon$ ($\lesssim {^1/_{1000}}$ = Abgleitung 0,01/Stunde) als „klein“.

Die kritische Schubspannung nimmt bei „großen“ Gleitgeschwindigkeiten nur noch verhältnismäßig wenig mit u zu. Ihre untere Grenze $\sigma_0(u_\varepsilon)$ in diesem Gebiet bezeichnen wir als Knickwert $\bar{\sigma}_0$. Er gibt den Beginn des Knicks der (σ_0, u)-Kurven an, wenn der Maßstab für u so gewählt ist, daß entsprechend unserer Festsetzung u_ε durch eine

[1] Um die Streuungen der Meßwerte so klein zu halten, daß sie die Geschwindigkeitsabhängigkeit nicht überdecken, ist sorgfältig auf gleichen Reinheitsgrad, Herstellungsbedingungen und Behandlung der Kristalle zu achten (vgl. **3g**). In **5a** werden wir ein Verfahren zur Messung des Verlaufs von σ_0 mit u angeben, bei dem diese Einflüsse weitgehend ausgeschaltet sind.

schon meßbare, aber immer noch kleine Strecke dargestellt wird, wie es z. B. in Abb. 16 der Fall ist[1].

Infolge der Federdurchbiegung des Polanyi-Apparats ist der Anwendung des dynamischen Verfahrens zur Bestimmung der kritischen Schubspannung eine Grenze nach kleinen Gleitgeschwindigkeiten hin gesetzt. Ist die Gleitgeschwindigkeit „groß" ($u \gg u_\varepsilon$), so durchlaufen wir zu Beginn das Gebiet $u \leqq u_\varepsilon$ bzw. $\sigma \leqq \bar{\sigma}_0$. In ihm ist der Kristall nur sehr wenig verformbar, so daß zu der Federdurchbiegung eine geringe plastische Kristalldehnung hinzukommt und die Registrierkurve um einen kleinen, im allgemeinen nicht meßbaren Betrag von der elastischen Geraden abweicht. Das Gebiet zwischen $\bar{\sigma}_0$ und $\sigma_0(u)$ lassen wir zunächst außer Betracht. Bei σ_0 setzt das Gleiten mit der vorgegebenen Geschwindigkeit ein. Zu der nunmehr großen Kristalldehnung kommt eine, im allgemeinen kleine Federdurchbiegung infolge der Verfestigung hinzu. Die Registrierkurve besteht also aus zwei gegeneinander geneigten Ästen, deren Verbindung zwischen $\bar{\sigma}_0$ und σ_0 erfolgt. In diesem Gebiet ist die Gleitgeschwindigkeit vergleichbar mit der vorgegebenen Gleitgeschwindigkeit, so daß eine meßbare Verformung, d. h. ein Umbiegen der Kurve vor σ_0 eintritt, wenn es nicht rasch genug durchschritten wird. Die Verweilzeit hängt von der Federhärte ab, bei einer weichen Feder ist sie groß, bei einer harten Feder klein. Damit also die Kurve bei σ_0 unstetig, d. h. mit einem Knick[2], und bei der „richtigen" Schubspannung σ_0 umbiegt, müssen wir die Feder hinreichend hart wählen. Nach erfolgtem Versuch können wir feststellen, ob diese Bedingung erfüllt war: Die Registrierkurve muß einen scharfen Knick zeigen und darf vorher nicht von der elastischen Geraden abweichen.

Bei einem Polanyi-Apparat mit unendlich steifer Feder würde die Gleitgeschwindigkeit unmittelbar zu Beginn des Versuchs den verlangten Wert annehmen, der Knick wäre ideal scharf (*ideale dynamische Versuchsbedingungen*). Allerdings ginge damit die Möglichkeit der Lastanzeige verloren, denn diese setzt eine Federdurchbiegung voraus. Vielleicht kann man durch Verwendung eines piezoelektrischen Kristalls als Kraftmesser diesem Ziel nahekommen. Nach den Erfahrungen des Verfassers läßt sich in allen Fällen eine Federstärke wählen, bei welcher der Knick in der Registrierkurve scharf ausgebildet und gleichzeitig die Lastmessung hinreichend genau ist. Abb. 17 zeigt einige Beispiele. Die Bedingungen sind um so leichter zu erfüllen, je

[1] Wir werden sehen, daß die (σ_0, u)-Kurven bei jedem Maßstab bzw. jeder (ausgenommen sehr großer) Meßgenauigkeit für u einen „Knick" besitzen, der die Gebiete der jeweils gut meßbaren und der nicht mehr meßbaren Gleitgeschwindigkeiten trennt. $\bar{\sigma}_0$ kennzeichnet *den* „Knick", der die oben definierten (unter üblichen Bedingungen) „großen" und „kleinen" Gleitgeschwindigkeiten trennt.

[2] Dieser wirkliche Knick der aufgezeichneten Verformungskurven ist von dem „Knick" der (σ_0, u)-Kurven zu unterscheiden.

weniger σ_0 oberhalb $\bar{\sigma}_0$ ansteigt und je geringer der Verfestigungsanstieg ist, denn um so stärker sind die beiden Äste der Dehnungskurve gegeneinander geneigt. Selbst bei den in dieser Hinsicht ungünstigen Verhältnissen bei Aluminiumkristallen (vgl. **4e**) tritt bei richtig gewählten Versuchsbedingungen ein noch gut ausgeprägter Knick auf (Abb. **17c**), allerdings ist er nicht so scharf wie in den beiden anderen Fällen von Abb. 17. Die Geschwindigkeitsabhängigkeit von σ_0 kann dann durch Messung der Werte von σ_0 selbst nicht mehr hinreichend genau bestimmt werden, und es ist ein anderes geeignetes Verfahren (**5a**) anzuwenden.

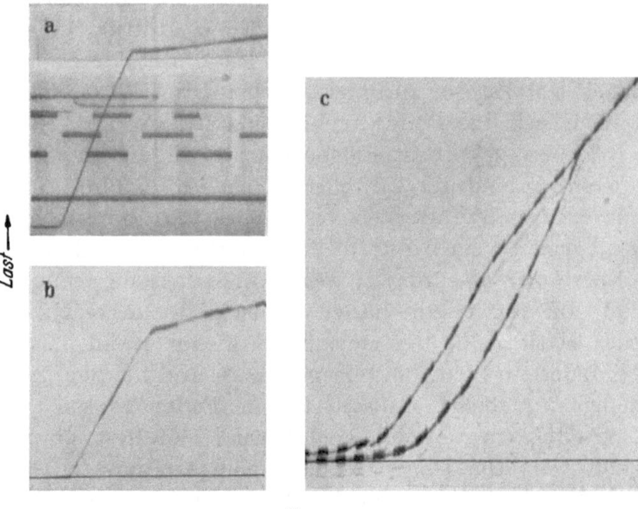

Abb. 17. Anfangsteile von Registrierkurven bei dynamischer Versuchsführung. a) Naphthalinkristall, Bausch-Anordnung. Aus Kochendörfer (1937, 1). b) Zinkkristall, Dehnung. Aus Held (1938, 1). c) Gegossener Aluminiumkristall, Dehnung. Die rechte Kurve ist die elastische „Gerade" des für die Dehnung eingerichteten Biegeapparats in Abb. 51. Aus Lörcher (1939, 1).

Bei „kleinen" Gleitgeschwindigkeiten können wir sinnvolle dynamische Versuche unter nichtidealen Bedingungen nicht ausführen. Denn wenn wir die erforderlichen kleinen Zuggeschwindigkeiten anwenden, so verweilen wir wegen der Federdurchbiegung lange Zeit im Gebiet der Gleitgeschwindigkeiten, die kleiner als die gewünschte sind. Dadurch treten schon vor σ_0 Abgleitungen auf, die gegenüber den beabsichtigten nicht mehr zu vernachlässigen sind, d. h. die beiden Äste der Registrierkurve gehen stetig ineinander über, ein Knick tritt nicht auf. Wesentlich ist ferner, daß wir, ebenfalls wegen der Federdurchbiegung, über die Gleitgeschwindigkeit gar nicht mehr verfügen können, so daß die erhaltenen Verfestigungskurven keine einfache Bedeutung mehr besitzen. Bis zu $u = u_\varepsilon$ herab sind die Versuche noch durchführbar.

Selbst beim idealen Polanyi-Apparat wird durch die unvermeidliche elastische Kristalldehnung eine untere Grenze für die Gleitgeschwindigkeit gesetzt, bis zu der sinnvolle Verfestigungskurven mit Knick dynamisch aufgenommen werden können. Aber diese liegt sehr tief, denn bei der Gleitgeschwindigkeit $^1/_{10\,000}$ benötigt man nur 3,6 Sekunden, bis die elastische Dehnung von etwa 10^{-5} bewirkt, und damit der Wert σ_0 ($^1/_{10\,000}$) erreicht ist[1]. Mit einem idealen Polanyi-Apparat könnten wir also bis weit unterhalb $u = u_\varepsilon$ bzw. $\sigma_0 = \bar{\sigma}_0$ messen.

Die Geschwindigkeitsabhängigkeit der kritischen Schubspannung kann auch bei statischer Versuchsführung bestimmt werden. Hierzu ist erforderlich, daß man nicht nur die Abgleitungszunahme nach einer bestimmten Zeit, sondern ihren gesamten zeitlichen Verlauf vom Zeitpunkt der Belastung an mißt[2]. Daraus kann dann die jeweilige Gleitgeschwindigkeit entnommen werden.

Während des Fließens wird die Gleitgeschwindigkeit durch viele Faktoren beeinflußt, sicher wirken die Verfestigung und die Erholung mit. Eine einfache physikalische Bedeutung hat daher nur die Anfangsgleitgeschwindigkeit bei der ersten Belastung eines vorher unverformten Kristalls. Dabei ist die angelegte Schubspannung offenbar die kritische Schubspannung, welche zu der gemessenen Anfangsgleitgeschwindigkeit gehört. Die Beschränkungen, welche für die dynamische Versuchsführung im Gebiet kleiner Gleitgeschwindigkeiten auftreten, fallen hier weg. Wie bei den dynamischen Versuchen ist auf gleiche Herstellungsbedingungen der Kristalle zu achten.

Dehnungsversuche an rekristallisierten Aluminiumkristallen bei mittleren Gleitgeschwindigkeiten wurden von Kornfeld (1936, 1) ausgeführt. Die Ausgangslänge der Kristalle betrug 10 mm, ihre Verlängerung wurde durch die Verschiebung eines Fadens, der an der unteren Fassung angebracht war, mit einem Mikroskop auf $^1/_{100}$ mm genau gemessen. Die erhaltenen Fließkurven bei Zimmertemperatur und bei 500° C zeigt Abb. 18. Die den Kurven beigefügten Zahlen geben die Schubspannungswerte in g/mm² an. Bei Zimmertemperatur (und bei Temperaturen unterhalb 500° C) erfolgt eine mehr oder weniger große Abgleitungszunahme a_s nach dem Anlegen der Last so rasch, daß sie Kornfeld als unstetige Zunahme (Deformationssprung) auffaßt. Ihre Größe in Abhängigkeit von der angelegten Spannung ist aus Abb. 19b zu entnehmen. Unterhalb 500° C verschwindet diese sehr

[1] Bei einer Stahlfeder wird diese Zeit um so viel größer, als die Federdurchbiegung bei der $\bar{\sigma}_0$ entsprechenden Last größer ist als die elastische Dehnung. Dieser Faktor hat mindestens den Wert 1000.

[2] Obwohl dann die Bezeichnung statische, d. h. ohne Berücksichtigung der Gleitgeschwindigkeit erfolgende Versuchsführung nicht mehr streng zutrifft, so behalten wir sie zur Unterscheidung von der dynamischen Versuchsführung, bei welcher die Gleitgeschwindigkeit unabhängig vorgebbar ist, bei.

rasche Dehnungszunahme, und die Anfangsgleitgeschwindigkeit ist definiert. Ihren Verlauf mit der angelegten (kritischen) Schubspannung σ_0 zeigt Abb. 19a.

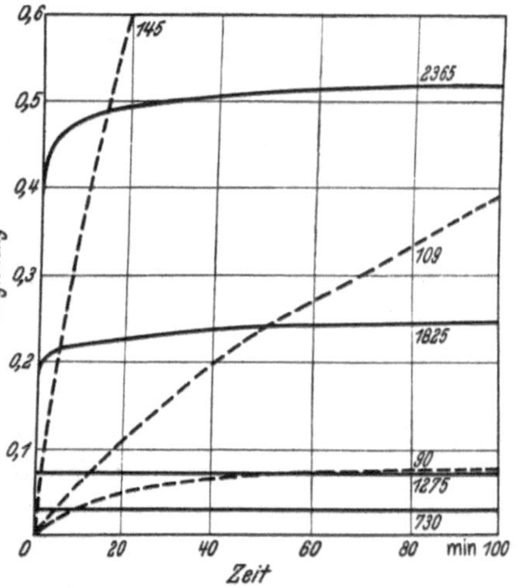

Abb. 18. Verlauf der Abgleitung von rekristallisierten Aluminiumkristallen mit der Zeit bei konstanter Schubspannung, deren Werte in g/mm² angeschrieben sind. Die ausgezogenen Kurven sind bei Zimmertemperatur, die gestrichelten bei 500 °C erhalten. Die Meßpunkte sind nicht eingezeichnet, sie liegen fast ohne Streuung auf den Kurven. Aus Kornfeld (1936, 1).

Die Auffassung von Kornfeld, daß die anfängliche Dehnungszunahme bei den tieferen Temperaturen sprunghaft erfolge, ist wohl darauf zurückzuführen, daß die dabei auftretenden Dehnungsgeschwindigkeiten sehr viel größer sind als bei höheren Temperaturen. Nehmen wir etwa an, die kleinste noch beobachtbare Verlängerung von $^2/_{100}$ mm erfolge in $^1/_{10}$ Sekunde, so würde das eine Dehnungsgeschwindigkeit von Dehnung $^1/_{50}$/sec und eine Gleitgeschwindigkeit von Abgleitung $^1/_{25}$/sec, also etwa 15 mit unserer Einheit gemessen, bedeuten. Bei größeren Sprüngen wäre sie entsprechend größer. Da diese großen Gleitgeschwindigkeiten bei dynamischer Versuchsführung üblich sind, so erfolgt sehr wahrscheinlich die anfängliche Dehnungszunahme nicht sprunghaft, sondern mit einer definierten, wenn auch sehr viel größeren Gleitgeschwindigkeit, als die anfängliche Dehnung bei höheren Temperaturen[1]. Da

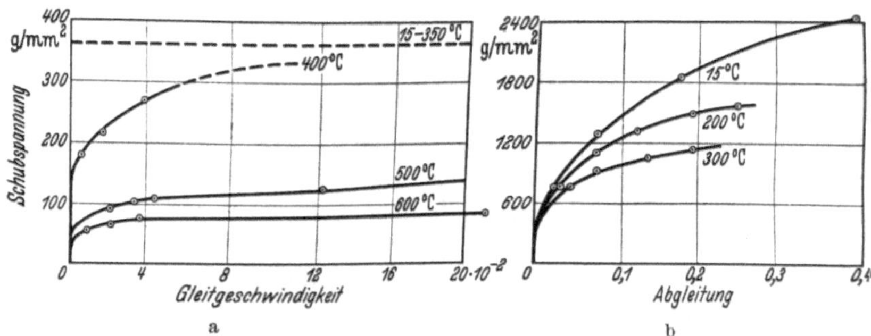

Abb. 19. a) Verlauf der kritischen Schubspannung mit der Gleitgeschwindigkeit. b) Größe der „sprunghaften" Abgleitung a_s als Funktion der angelegten Schubspannung von rekristallisierten Aluminiumkristallen bei verschiedenen Temperaturen, deren Werte angeschrieben sind. Aus Kornfeld (1936, 1).

[1] Es ist zu beachten, daß Gleitgeschwindigkeiten dieser Größe bei visueller Beobachtung der Fadenverschiebung zahlenmäßig nicht mehr genau bestimmt werden können.

die Größe des Sprungs nach Abb. 19b bei einer bestimmten Schubspannung nahezu Null wird, also praktisch keine Gleitung mehr stattfindet, so muß die (σ_0, u)-Kurve nahezu unstetig von der σ_0-Achse abbiegen, wie es in Abb. 19a durch die gestrichelte Kurve angedeutet ist. Ihr genauer Verlauf kann aus den vorliegenden Angaben nicht festgestellt werden.

Die Kurven in Abb. 19a stimmen bei Verwendung desselben Maßstabs für die Gleitgeschwindigkeit mit denen in Abb. 16 qualitativ überein. Zum Unterschied gegenüber den dynamischen Messungen erlauben die statischen Messungen, ihren Verlauf bei kleineren Gleitgeschwindigkeiten festzulegen. Dabei bleiben die Grundzüge der Kurven erhalten, d. h. bis zu einer bestimmten kritischen Schubspannung ist die Gleitgeschwindigkeit (im Hinblick auf die Meßgenauigkeit) sehr klein und nimmt dann in einem verhältnismäßig schmalen Schubspannungsgebiet rasch größere Werte an.

Auf weitere Einzelheiten der Ergebnisse von Kornfeld kommen wir in **4c** im Zusammenhang mit weiteren statischen Versuchsergebnissen an Aluminiumkristallen zu sprechen.

Statische Versuche bei sehr kleinen Gleitgeschwindigkeiten, die eine vollkommene Auflösung des Anfangsverlaufs der (σ_0, u)-Kurve in der Umgebung von $u = 0$ ermöglichen, hat Chalmers (1936, 1) an Zinnkristallen, die nach dem Verfahren von Bridgman im Vakuum hergestellt wurden, ausgeführt. Die Kristalldehnung wurde durch die gegenseitige Verschiebung zweier auf dem Kristall angebrachter Marken[1] mit Hilfe einer optischen Interferenzanordnung auf 10^{-7} cm pro cm Kristallänge genau gemessen.

Die Ergebnisse zeigt Abb. 20. Die von Chalmers angegebenen Werte der Spannungen und Dehnungsgeschwindigkeiten wurden nach (19) bzw. (14) mit $\sin\chi \cos\lambda = {}^1/_2$ in Schubspannungs- und Gleitgeschwindigkeitswerte umgerechnet[2].

Die Kurve II_2 hat in ihren Grundzügen denselben Verlauf wie die (σ_0, u)-Kurven bei geringerer Meßgenauigkeit, sie weist einen „Knick" auf. Zu ihrer Feststellung würde eine größenordnungsmäßig geringere Meßgenauigkeit genügen, als sie Chalmers erreichte.

Das so gewonnene Ergebnis, daß eine (σ_0, u)-Kurve unterhalb einer gewissen Genauigkeit unabhängig vom Maßstab für u einen „Knick" besitzt, weist darauf hin, daß u in diesem Gebiet exponentiell von σ_0 abhängt. Die genaue Form der Funktion von σ_0 im Exponenten kann aus den vorliegenden Messungen, die in verschiedenen Meßbereichen

[1] Dadurch werden Fehler, die durch unkontrollierbare Verschiebungen des Kristalls an den Einspannstellen entstehen könnten, vermieden.

[2] Die Orientierung war für alle Proben nahezu $\chi_0 = 45°$, $\lambda_0 = 45°$. Die Orientierungsbedingungen sind erfüllt.

und an verschiedenen Stoffen erfolgten, nicht entnommen werden (vgl. hierzu 8). Erst unterhalb einer Gleitgeschwindigkeit von etwa 10^{-5} hört die exponentielle Abhängigkeit (wenigstens für Zinnkristalle) auf,

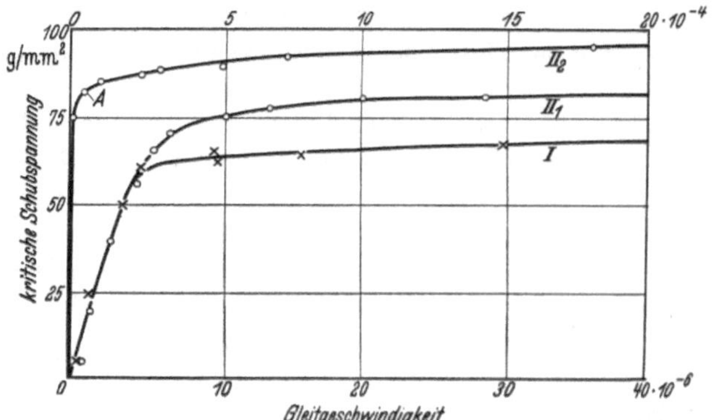

Abb. 20. Verlauf der kritischen Schubspannung mit der Gleitgeschwindigkeit von Zinnkristallen. Meßpunkte: × für Kristalle mit dem Reinheitsgrad 99,996%, ⊙ für Kristalle mit dem Reinheitsgrad 99,987%. (Aus Chalmers (1936, 1). Für die Kurven I und II_1 gilt der untere, für die Kurve II_2 der obere Maßstab für die Gleitgeschwindigkeit.

und σ_0 geht, wie die Kurven I und II_1 in Abb. 20 zeigen, nahezu linear mit u nach Null.

c) Einfluß des Kristallgefüges. Untersuchungen, die sich unmittelbar mit der Frage befassen, ob Unterschiede des Kristallgefüges infolge verschiedener Herstellungsbedingungen der Kristalle einen Einfluß auf den Verlauf der (σ_0, u)-Kurven besitzen, liegen noch nicht vor. Dagegen können aus andern vorhandenen Ergebnissen mittelbar wichtige Folgerungen in dieser Hinsicht gezogen werden.

Wir haben gesehen, daß bei idealer dynamischer Versuchsführung die Gleitung erst bei der kritischen Schubspannung, welche der vorgegebenen Gleitgeschwindigkeit entspricht, einsetzt. Die Verfestigungskurve hat also genau die in Abb. 10 gezeichnete Form mit scharf ausgebildeter kritischer Schubspannung. Bei statischer Versuchsführung wäre das nur der Fall, wenn unterhalb dieser Schubspannung überhaupt kein Gleiten stattfinden würde. Das trifft aber nach den Ergebnissen des vorhergehenden Abschnitts allgemein nicht zu, so daß wir einen stetigen Anfangsverlauf der statisch gemessenen Verfestigungskurven zu erwarten haben (vgl. 4e). Die Größe der erreichbaren Abgleitungen in diesem Gebiet hängt außer von der Verfestigung von der Anfangsgleitgeschwindigkeit bei den betreffenden Schubspannungen ab. Wir können daher durch Vergleich zweier Verfestigungskurven von Kristallen verschiedenen Gefüges, die unter gleichen Versuchsbedingungen (gleiche Meßgenauigkeit, gleiche Wartezeiten bei den Belastungsschritten) gewonnen wurden, wenigstens qualitativ angeben, ob und in welcher Weise ihre (σ_0, u)-Kurven voneinander abweichen.

Einen verschiedenen Anfangsverlauf der Verfestigungskurven von Aluminiumkristallen verschiedener Herstellung (aus der Schmelze, rekristallisiert) haben Dehlinger und Gisen (1933, 1) gefunden. Die Ergebnisse zeigt Abb. 21. An Stelle der Kristallverlängerung ist die größte Durchmesserabnahme (vgl. 2a) aufgetragen. Die Meßgenauigkeit beträgt $^1/_{1000}$ mm bei einem Ausgangsdurchmesser von etwa 5 mm. Die Meßgenauigkeit für die Dehnung[1] ist somit etwa $2 \cdot 10^{-4}$.

Der Unterschied der Verfestigungskurven bei den beiden Herstellungsarten tritt deutlich in Erscheinung: Die rekristallisierten Kristalle haben eine ausgeprägte Streckgrenze bzw. Anfangsschubspannung[2], bei den gegossenen Kristallen findet schon bei sehr viel kleineren Schubspannungen eine plastische Verformung statt, eine definierte Anfangsschubspannung ist nicht vorhanden. Doch erfolgt der Übergang von kleinen zu großen Abgleitungen in einem verhältnismäßig schmalen Schubspannungsgebiet; die Dehnungs- bzw. Verfestigungskurven bestehen aus zwei deutlich unterscheidbaren gegeneinander geneigten

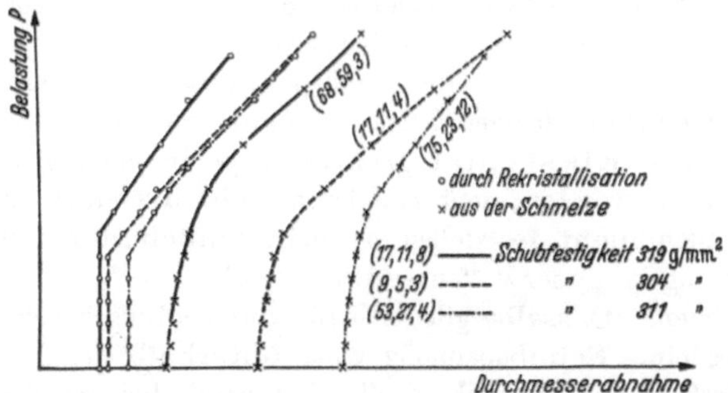

Abb. 21. Dehnungskurven gegossener und rekristallisierter Aluminiumkristalle bei statischer Versuchsführung. Aus Dehlinger und Gisen (1933, 1).

Ästen. Oberhalb des Übergangsgebietes stimmen die Kurven für die Kristalle beider Herstellungsarten überein, ihre Gefügeunterschiede spielen hier keine Rolle mehr.

Aus diesen Befunden ergibt sich, daß die (σ_0, u)-Kurven bei „kleinen" Gleitgeschwindigkeiten in beiden Fällen verschieden sind, bei großen Gleitgeschwindigkeiten aber zusammenfallen. Im ersten Gebiet ist u

[1] Die Maßzahl für die relative Änderung des Durchmessers ist ungefähr dieselbe wie für die Dehnung, da sich bei den hochsymmetrischen Kristallen im wesentlichen nur ein Durchmesser ändert, und das Volumen erhalten bleibt.

[2] Da die kritische Schubspannung als Funktion der Gleitgeschwindigkeit definiert ist, die bei statischer Versuchsführung nicht gemessen wird, so verwenden wir hier die Bezeichnung Anfangsschubspannung. Nimmt oberhalb derselben die Abgleitung bzw. Gleitgeschwindigkeit rasch gut meßbare Werte an, während sie vorher verschwindend klein ist, wie in obigem Beispiel, so stimmt sie offenbar mit dem Knickwert $\bar{\sigma}_0$ der kritischen Schubspannung praktisch überein.

bei gleichem σ_0 bei gegossenen Kristallen größer, die Umgebung des Knickwerts unschärfer als bei rekristallisierten Kristallen. Die kritische Schubspannung ist also bei „kleinen" Gleitgeschwindigkeiten keine Funktion der Gleitgeschwindigkeit allein, sondern hängt noch von den besonderen Eigenschaften des Kristallgefüges ab. Bei „großen" Gleitgeschwindigkeiten fällt, soweit sich heute übersehen läßt, dieser Einfluß fort. σ_0 und u sind hier die Zustandsgrößen, die durch die Kurven in Abb. **16**, **19a** oder **20** bestimmte Gleichung

$$\sigma_0 = \varphi(u) \tag{21}$$

die Zustandsgleichung für den Beginn der Gleitung[1].

Dehlinger und Gisen (1934, 1) konnten zeigen, daß ein grundlegender Unterschied der Kristalle beider Herstellungsarten in ihrer Mosaikstruktur (**7b**) besteht, auf deren Bedeutung für die plastische Verformung durch obige Ergebnisse unmittelbar hingewiesen wird.

Wie groß die Gleitgeschwindigkeit bei rekristallisierten Kristallen unterhalb des Knickwerts $\bar{\sigma}_0$ genau ist, läßt sich bei der vorhandenen Meßgenauigkeit nicht sagen. Möglicherweise ist sie überhaupt Null. Doch kann die Frage, ob es eine Schubspannung gibt, unterhalb deren auch nach unendlich langer Belastung keine plastische Verformung eintritt (strenge Elastizitätsgrenze), experimentell grundsätzlich nicht entschieden werden, denn man kann nicht unendlich lange beobachten und auch nicht feststellen, ob nicht schließlich die Meßinstrumente Änderungen unterworfen werden, welche die beobachteten Ergebnisse fälschen. Dasselbe gilt auch für die technisch sehr wichtige Frage, ob es eine Schubspannung gibt, unterhalb deren zwar eine plastische Verformung möglich ist, die aber auch bei unendlich langer Belastung nicht unbegrenzt zunimmt (wahre Kriechgrenze[2]). Wir kommen darauf in **12** und für die vielkristallinen Werkstoffe in **25f** zu sprechen.

Der stetige Anfangsverlauf der Verfestigungskurve bei statischen Versuchen tritt bei den meisten gegossenen Kristallen auf. Eine Ausnahme machen z. B. gegossene Nickelkristalle, die eine scharf ausgebildete kritische Schubspannung besitzen, wie rekristallisierte Aluminiumkristalle (Abb. 22).

---

[1] Das gilt bei konstanter Temperatur. Allgemein kommt diese als weitere Zustandsgröße hinzu und es ist $\varphi(u, T)$ an Stelle von $\varphi(u)$ zu schreiben. Da es uns hier aber nur darauf ankommt, die andern, nicht so unmittelbar in Erscheinung tretenden Zustandsgrößen zu ermitteln, so lassen wir T in den Formeln weg.

[2] Bezeichnung nach Dehlinger (1939, 3). Das Beiwort „wahre" soll anzeigen, daß es sich um die größte Schubspannung (bei bestimmter Temperatur) handelt, bei der die Fließgeschwindigkeit schließlich streng Null wird und nicht etwa nur sehr kleine, auch mit den feinsten Hilfsmitteln nicht mehr nachweisbare Werte annimmt.

Wir betrachten nun nochmals die Versuche von Kornfeld (4b) an rekristallisierten Aluminiumkristallen. Aus Abb. 18 ist zu ersehen, daß nach erfolgtem „Sprung" die Abgleitung nicht mehr wesentlich zunimmt. Die Größe a_s gibt also nahezu die zu der angelegten Schubspannung σ gehörige Abgleitungszunahme an, d. h. die (σ, a_s)-Kurven in Abb. 19b sind statisch aufgenommene Verfestigungskurven. Die Kurve für Zimmertemperatur muß also mit der von Dehlinger und Gisen an rekristallisierten Kristallen erhaltenen Kurve übereinstimmen. Genau läßt sich das durch Vergleich von Abb. 19b und 21 nicht entnehmen, doch ist in beiden Fällen die Anfangsschubspannung (Knickwert der kritischen Schubspannung) bei etwa 300 g/mm² deutlich ausgeprägt[1]. Nun sehen wir, daß der Grund für die „sprunghafte" Dehnung darin liegt, daß oberhalb $\bar{\sigma}_0$ die Gleitgeschwindigkeit bereits „groß" ist und bei der visuellen Ablesung von Kornfeld nicht mehr zahlenmäßig erfaßt werden kann. Bei gegossenen Kristallen hätte sich eine stetige Zunahme der Anfangsgleitgeschwindigkeit mit der Schubspannung ergeben, wie sie nach Abb. 19a auch bei rekristallisierten Kristallen bei höheren Temperaturen auftritt.

d) Einfluß des Reinheitsgrades der Kristalle. Neben Unterschieden im Kristallgefüge besitzen auch Unterschiede im Reinheitsgrad einen wesentlichen Einfluß auf den Anfangsverlauf der (σ_0, u)-Kurve. Messungen über das ganze Gebiet der lückenlosen Mischkristallreihe Kupfer-Nickel, nach demselben Meßverfahren und mit derselben Genauigkeit wie bei den Untersuchungen an Aluminium im vorhergehenden Abschnitt, hat Osswald (1933, 1) ausgeführt. Abb. 22 zeigt als Beispiel

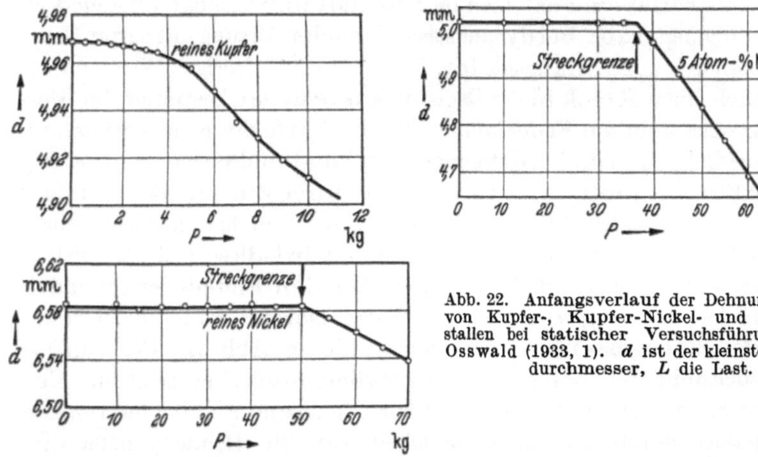

Abb. 22. Anfangsverlauf der Dehnungskurven von Kupfer-, Kupfer-Nickel- und Nickelkristallen bei statischer Versuchsführung. Aus Osswald (1933, 1). *d* ist der kleinste Kristalldurchmesser, *L* die Last.

[1] Ihre Größe hängt allerdings stark vom Reinheitsgrad der Kristalle ab, über den Kornfeld keine Angaben macht. Obiger Wert gilt nach Abb. 15a für das handelsübliche 99,5proz. Aluminium.

drei Dehnungskurven. Schon durch geringe Zusätze von Nickel geht also der stetige Anfangsverlauf der Verfestigungskurve des reinen bzw. nur wenig verunreinigten Kupfers in einen (innerhalb der Meßgenauigkeit) unstetigen Verlauf mit ausgeprägter Anfangsschubspannung über. Diese Tatsache wird auch bei geringerer Meßgenauigkeit allgemein beobachtet. Den Einfluß des Reinheitsgrades auf die Größe der kritischen Schubspannung haben wir bereits in **3g** angegeben.

e) Die praktische kritische Schubspannung. Die bisherigen Ergebnisse zeigen, wie sehr der Anfangsverlauf einer Verfestigungskurve durch die Versuchsführung beeinflußt wird. Für die Erforschung der atomistischen Grundlagen der Kristallplastizität sind diese Erscheinungen sehr wichtig geworden. In der Praxis besitzen sie, wenn es sich um größere Verformungen handelt, nur eine untergeordnete Bedeutung. Der Verlauf von σ_0 bei „kleinen" Werten von u ist ganz nebensächlich. Auch von der Geschwindigkeitsabhängigkeit von σ_0 im Gebiet „großer" Gleitgeschwindigkeiten kann man absehen, da sie meist durch die Streuungen der Einzelmeßwerte überdeckt wird. In diesem Sinne gibt es eine bestimmte Schubspannung, bei der erst ausgiebige plastische Verformung einsetzt, die praktische kritische Schubspannung, wie wir sie in **3c** eingeführt haben. Sie ist um so genauer festgelegt, je schärfer der „Knick" der (σ_0, u)-Kurven ist. Welchen Wert innerhalb dieses „Unschärfebereichs" man im Einzelfall mißt, hängt von den Versuchsbedingungen ab: Bei dynamischer Versuchsführung mit harter Feder erhält man den zur Anfangsgleitgeschwindigkeit gehörigen Wert von σ_0, er ist durch einen Knick in der Registrierkurve genau bestimmt. Bei Verwendung einer weichen Feder kommt die Unschärfe des Knicks der (σ_0, u)-Kurve zur Geltung: Die Verfestigungskurve biegt mehr oder weniger stetig um, der Einzelmeßwert wird entsprechend unbestimmt. Bei statischer Versuchsführung schließlich, wo das Gleiten auch bei „kleinen" Gleitgeschwindigkeiten zur Auswirkung kommt, wird diese Unbestimmtheit noch verstärkt[1]. Anschauliche Beispiele über den Einfluß der Unschärfe des „Knicks" der (σ_0, u)-Kurve geben die Dehnungskurven für rekristallisierte und gegossene Aluminiumkristalle in Abb. 21. Den Einfluß der Versuchsführung bei gleichen Kristalleigenschaften zeigt ein Vergleich der Kurven in Abb. 17c und 21 für gegossene Aluminiumkristalle.

Schließlich spielt die Meßgenauigkeit für die Dehnung noch eine Rolle. Ist sie z. B. bei Aluminiumkristallen eine Größenordnung geringer ($\sim 10^{-3}$) als in Abb. 21, so wird der Neigungsunterschied der Kurvenäste für gegossene und rekristallisierte Kristalle so gering[2], daß

---

[1] Ein dynamischer Versuch mit sehr weicher Feder ist gleichbedeutend mit einem statischen Versuch bei hinreichend kleinen Belastungsschritten.

[2] Entsprechend der Verringerung der Meßgenauigkeit muß der Dehnungsmaßstab verkleinert werden.

auch eine von Null verschiedene praktische kritische Schubspannung nicht mehr mit Sicherheit festgestellt werden kann, wenn man, wie bei statischer Versuchsführung, nur einzelne Meßpunkte zur Verfügung hat[1]. Demgegenüber ist bei gleicher Meßgenauigkeit bei dynamischer Versuchsführung das Abbiegen der fortlaufend aufgenommenen Registrierkurve von der elastischen Geraden bei einer verhältnismäßig genau bestimmten kritischen Schubspannung deutlich erkennbar (Abb. 17c).

5. Die Zustandsgleichung für den Verlauf der plastischen Verformung.

a) Zustandsgrößen und Zustandsgleichung. Auch im weiteren Verlauf der plastischen Verformung, wo die Verfestigung als neue Erscheinung hinzukommt, ist ein Einfluß der Versuchsführung vorhanden.

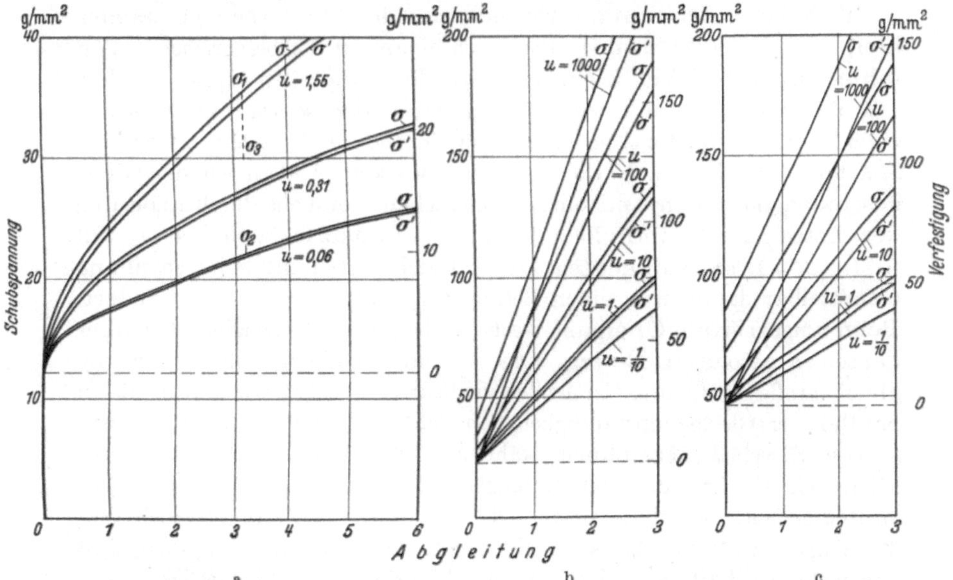

Abb. 23. Verlauf der σ-Kurven (Verfestigungskurven) und σ'-Kurven bei konstanter Gleitgeschwindigkeit, deren Werte angeschrieben sind. Die linken Ordinatenmaßstäbe gelten für die Schubspannung, die rechten für die Verfestigung. a) Für Naphthalinkristalle. Aus Kochendörfer (1937, 1; 1938, 2). b) Für Kadmiumkristalle des Reinheitsgrades I. c) Für Kadmiumkristalle des Reinheitsgrades II (vgl. Unterschrift zu Abb. 16). Aus Roscoe (1936, 1). In Teilbild a gibt σ_3 die Schubspannung an, bei der die Gleitung in einem Kristall, der bis zur Schubspannung σ_1 verformt wurde, nach 24 Stunden Erholungspause wieder einsetzt.

Bei dynamischen Versuchen besteht er darin, daß die Verfestigungskurven bei höheren Gleitgeschwindigkeiten bei höheren Schubspannungswerten verlaufen. Abb. 23 zeigt drei Beispiele[2].

[1] Den Aluminiumkristallen wird daher häufig die praktische kritische Schubspannung Null zugeschrieben.

[2] Bei Roscoe sind nur die Werte von σ_0 und die Endwerte von σ für die Abgleitung 3 angegeben. Durch diese Punkte wurden in Abb. 23a, b gerade Verfestigungskurven gelegt (vgl. **3f**).

Da wir die jeweilige Schubspannung einer Verfestigungskurve als erhöhte kritische Schubspannung auffassen können[1], so erhebt sich die Frage, ob auch diese von der Gleitgeschwindigkeit abhängt. Sie wurde von Kochendörfer (1937, 1) an Naphthalinkristallen bei der Bausch-Anordnung untersucht. Das Ergebnis lautet: Die kritische Schubspannung σ des verfestigten Kristalls besitzt bei „großen" Gleitgeschwindigkeiten die gleiche Abhängigkeit von der Gleitgeschwindigkeit wie die kritische Schubspannung σ_0 des unverfestigten Kristalls, ihr Knickwert $\bar{\sigma}$ ist gerade um den Betrag τ der Verfestigung gegenüber dem Knickwert $\bar{\sigma}_0$ erhöht. Es gilt also:

$$\sigma - \tau = \varphi(u) \quad \text{für} \quad u \gtrapprox u_\varepsilon, \tag{22}$$

wo $\varphi(u)$ dieselbe Funktion von u wie in (21) ist[2].

Wäre keine Erholung vorhanden, also der Wert von τ unveränderlich, so könnte (22) unmittelbar nach einem in **4b** beschriebenen Verfahren bis zu beliebig kleinen Gleitgeschwindigkeiten geprüft werden. Da die Erholung aber stets wirksam ist, τ also seinen Wert zwischen zwei Messungen ändert, so müssen wir ein anderes Verfahren anwenden. Als brauchbar hat sich das folgende erwiesen: Ändern wir die Gleitgeschwindigkeit während eines dynamischen Versuchs durch Änderung der Antriebsgeschwindigkeit des Polanyi-Apparats rasch von u_1 auf u_2 ($u_1 > u_2$), so beobachten wir, daß sich dabei die Schubspannung unmittelbar damit um einen Betrag $\Delta\sigma_{12} = \sigma_1 - \sigma_2$ ($\sigma_1 > \sigma_2$) ändert. Beim umgekehrten Übergang wechselt $\Delta\sigma_{12}$ sein Vorzeichen, hat aber denselben absoluten Betrag. Das ist sehr wesentlich, denn erst die gleich große Änderung in beiden Richtungen zeigt einen reversiblen Einfluß der Gleitgeschwindigkeit „an sich" an, den wir als dynamischen Einfluß bezeichnen, während eine einseitige Verminderung allein, als ein irreversibler, anfänglich besonders starker Erholungseinfluß gedeutet werden müßte. Die Größe von $\Delta\sigma_{12}$ könnte noch von der Vorgeschichte des Kristalls abhängen. Die Messungen ergeben, daß das nicht der Fall ist: $\Delta\sigma_{12}$ ist, unabhängig davon, bei welcher Abgleitung wir messen, d. h. wie der Kristall vorher mit oder ohne Erholungspausen (homogen) verformt wurde, allein durch die Werte von u_1 und u_2 bestimmt, läßt sich also in der Form

$$\Delta\sigma_{12} = \sigma_1 - \sigma_2 = \varphi(u_1) - \varphi(u_2) \tag{23a}$$

oder

$$\sigma_1 - \varphi(u_1) = \sigma_2 - \varphi(u_2) \tag{23b}$$

schreiben, wo $\varphi(u)$ dieselbe Funktion wie in (21) ist, da (23) auch für den Beginn der Gleitung gilt[3]. (23) besagt, daß die Gleitgeschwindigkeit

[1] Vgl. Fußnote 1, S. 27.

[2] Auf die Bedingung $u \gtrapprox u_\varepsilon$ kommen wir gleich zu sprechen.

[3] Durch die Meßwerte von $\Delta\sigma$ ist $\varphi(u)$ nur bis auf eine additive Konstante bestimmt. Wir wählen diese so, daß die Funktion für den Beginn der Gleitung unmittelbar den Verlauf der kritischen Schubspannung angibt.

eine Zustandsgröße für die dynamische Schubspannungsänderung $\Delta\sigma$ ist.

Setzen wir (21) in (23b) ein, so erhalten wir:

$$\sigma_1(u_1) - \sigma_0(u_1) = \sigma_2(u_2) - \sigma_0(u_2) = \tau \tag{24}$$

Nach (24) ist die Verfestigung eindeutig bestimmt als die Differenz der Schubspannungswerte des verfestigten und unverfestigten Kristalls bezogen auf dieselbe Gleitgeschwindigkeit. Aus (24) und (21) ergibt sich (22), wenn wir an Stelle von σ_1 und u_1 allgemein σ und u schreiben.

Mit einem idealen Polanyi-Apparat könnten wir in dieser Weise bis zu sehr kleinen Gleitgeschwindigkeiten herab verfahren, da hier die Schubspannungsänderung ohne begleitende Federdurchbiegung, also augenblicklich mit der Änderung der Gleitgeschwindigkeit erfolgt, so daß sich die Verfestigung dabei nicht ändert. Bei einem Polanyi-Apparat mit Stahlfeder dagegen muß diese bei der Schubspannungsänderung etwas weiter durchbiegen oder zurückbiegen. Im letzteren Fall, also bei einer Verkleinerung der Gleitgeschwindigkeit, fließt dabei der Kristall um denselben Betrag[1]. Dieser Vorgang erfordert eine gewisse Zeit Δt, deren Größe von u_1 und u_2 abhängt. Sind beide Gleitgeschwindigkeiten „groß", so erfolgt das Fließen so rasch, daß die Registrierkurve zwei Knicke aufweist (Abb. 24), deren Spannungsdifferenz $\Delta\sigma$ angibt. Dabei ändert sich die Verfestigung praktisch nicht. Mit kleiner werdendem u_2 wird Δt jedoch immer größer, so daß infolge der Erholung die gemessene Schubspannungsabnahme nicht allein vom dynamischen Einfluß herrührt. Unter nichtidealen Bedingungen kann daher (22) nicht ganz bis zum Knickwert $\bar{\sigma}_0$ bestätigt werden[2]. Für die Messung der Verfestigung ist das nicht erforderlich, da auch höhere Gleitgeschwindigkeiten, etwa $u = 1$, zugrunde gelegt werden können. Es besteht aber kein Grund, (22) nicht bis zum Knickwert als erfüllt anzusehen, so daß wir die Bedingung $u \geqq u_s$ bestehen lassen können.

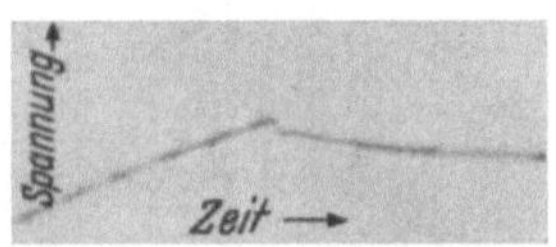

Abb. 24. Registrierkurve eines Naphthalinkristalls bei Änderung der Gleitgeschwindigkeit von 1,55 auf 0,31. Aus Kochendörfer (1937, 1).

Damit ist experimentell nachgewiesen, daß bei „großen" Gleitgeschwindigkeiten σ, u und τ Zustandsgrößen der plastischen

[1] Unter Fließen verstehen wir ein Gleiten unter konstanter oder abnehmender Schubspannung. Das Fließen infolge des dynamischen Einflusses bezeichnen wir als dynamisches Fließen, im Gegensatz zum Erholungsfließen, das auftritt, wenn in einem belasteten Kristall die Verfestigung infolge der Erholung abnimmt. Vgl. hierzu Fußnote 1 auf S. 90.

[2] Bei Naphthalin konnte bei Zimmertemperatur bis zu $u \sim 0{,}05$ heruntergegangen werden.

Verformung sind, die durch die Zustandsgleichung (22) miteinander in Beziehung stehen.

Bei unverfestigten Kristallen können wir unmittelbar nach Überschreiten der kritischen Schubspannung den Polanyi-Apparat abstellen und den Kristall unter der Federeinwirkung bis zu Gleitgeschwindigkeiten der Größe $^1/_{100}$ fließen lassen. Der noch vorhandene geringe Einfluß der Erholung ist bis zu diesem Wert nicht störend.

Durch Messung der dynamischen Schubspannungsänderung in dieser Weise ist es möglich, die Geschwindigkeitsabhängigkeit der kritischen Schubspannung, also die Funktion $\varphi(u)$, genauer zu bestimmen, als

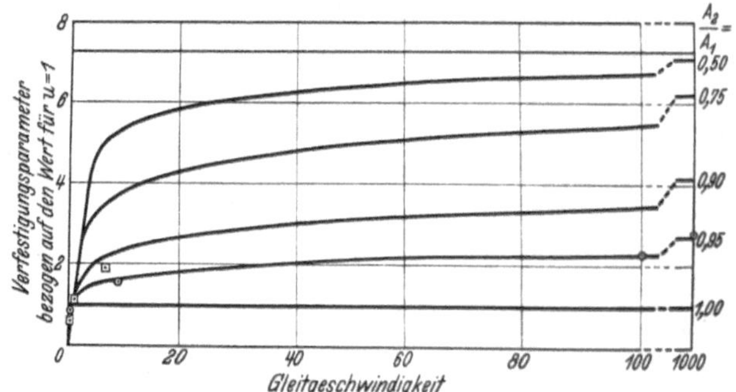

Abb. 25. Verlauf der Verfestigungsparameter mit der Gleitgeschwindigkeit. Meßpunkte: ⊙ Für die Parameterwerte τ/a von Kadmiumkristallen (Mittelwerte für die beiden Reinheitsgrade) aus Abb. 23. ⊡ Für die Parameterwerte ι^2/a von Naphthalinkristallen aus Abb. 23. Die Kurven sind nach (71) mit den Zahlwerten von Tabelle 3 berechnet.

durch unmittelbare Messung von σ_0 bei verschiedenen Gleitgeschwindigkeiten selbst, da dabei der prozentuale Fehler für $\Delta\sigma$ nicht größer ist als für σ_0.

In Abb. 23 sind die zahlenmäßigen Verhältnisse für Kadmium und Naphthalin veranschaulicht. Da die Gleitgeschwindigkeit bei jeder Verfestigungskurve konstant ist, so ist die Verfestigung unmittelbar gegeben durch den Unterschied zwischen der gemessenen Schubspannung σ und der zu der betreffenden Gleitgeschwindigkeit gehörigen kritischen Schubspannung σ_0. Wir können aber auch in jedem Punkt der Verfestigungskurven die dynamische Schubspannungsabnahme $\Delta\sigma(u_1, u_2)$ für eine feste Endgeschwindigkeit u_2 abziehen und erhalten dann zu ihnen parallele Kurven mit den Schubspannungswerten $\sigma' = \sigma - \Delta\sigma(u_1, u_2)$, welche alle dieselbe kritische Schubspannung $\sigma_0(u_2)$ besitzen. Die Verfestigung ist dann gegeben durch den Unterschied von σ' und dem festen Wert $\sigma_0(u_2)$. Sie stimmt natürlich mit der in der ersten Weise gemessenen Verfestigung überein, da eben nach (23a) σ' bei allen Abgleitungen gegenüber σ um denselben Betrag erhöht ist wie $\sigma_0(u)$ gegenüber $\sigma_0(u_2)$. Für die σ'-Kurven in Abb. 23 ist $u_2 = {}^1/_{10}$ (Kadmium) bzw. $u_2 = {}^1/_{100}$ (Naphthalin). Sie geben, gemessen mit den rechten Ordinatenmaßstäben, deren Nullpunkte bei $\sigma_0(u_2)$ liegen, die Werte der Verfestigung an.

In Abb. 25 ist der Verlauf der Verfestigungsparameter τ/a für Kadmium und τ^2/a für Naphthalin (vgl. **3f**) mit der Gleitgeschwindigkeit eingezeichnet[1].

b) Die Bestimmungsgleichung für die Verfestigung. Bisher haben wir die Verfestigung als bekannt vorausgesetzt. Die Beziehung (22) läßt es offen, durch welche Größen sie selbst bestimmt ist. Dieser Frage wenden wir uns nun zu.

Zunächst ist aus Abb. 23 die wichtige Tatsache zu erkennen, daß die σ'-Kurven nicht mit der Verfestigungskurve[2] übereinstimmen, welche bei der konstanten Gleitgeschwindigkeit u_2 erhalten wird[3]. Für Kadmium ist diese Kurve für $u = u_2 = {}^1/_{10}$ eingezeichnet, für Naphthalin mit $u_2 = {}^1/_{100}$ liegt sie tiefer als die Kurve für $u = {}^1/_5$. Die Geschwindigkeitsabhängigkeit der Verfestigungskurven kann also nicht durch den dynamischen Einfluß allein erklärt werden. Würde das zutreffen, so hätte die Verfestigung für jede σ-Kurve, unabhängig von der Versuchsgeschwindigkeit u, denselben Wert $\tau = f(a)$, der nur von der Abgleitung a abhängt[4], und (22) ließe sich in der Form

$$\sigma = F(a, u) \tag{25}$$

schreiben. Damit wäre unser früheres Ergebnis dahin zu erweitern, daß die Abgleitung a eine Zustandsgröße für die Verfestigung, und σ, a und u Zustandsgrößen für die plastische Verformung mit der Zustandsgleichung (25) wären. Diese Annahme entspricht der rein dynamischen Auffassung der Kristallplastizität[5] [Orowan (1934, 1; 1935, 1)]. Wie Abb. 23 zeigt, ist sie nicht vollständig; die Geschwindigkeitsabhängigkeit der Verfestigungskurven beruht nur insoweit auf dem dynamischen Einfluß, als die σ-Kurven bei verschiedener Gleitgeschwindigkeit verschieden hoch über die σ'-Kurven verlaufen. Zum größeren Teil kommt sie daher, daß die Verfestigung τ selbst von der Gleitgeschwindigkeit abhängt.

---

[1] Die Kurven sind auf Grund theoretischer Ergebnisse (**10b**) gezeichnet.

[2] Unter Verfestigungskurven (σ-Kurven) verstehen wir stets die unmittelbar gemessenen Kurven. Die zu ihnen gehörige Gleitgeschwindigkeit u ist für die Verfestigung maßgebend, nicht die zu den σ'-Kurven gehörige Endgleitgeschwindigkeit.

[3] In der Veröffentlichung (1938, 2) des Verfassers wurden die σ'-Kurven als diejenigen Kurven bezeichnet, für welche $u_2 = 0$ ist. Das ist nicht richtig, u_2 hat zwar einen praktisch kleinen, aber von Null verschiedenen Wert. Die übrigen Ergebnisse dieser Arbeit werden davon nicht berührt.

[4] Von dem Einfluß der Erholung ist dabei abgesehen. Das ist keine wesentliche Vernachlässigung, da seine Berücksichtigung die Verhältnisse nicht grundsätzlich ändert.

[5] Vgl. hierzu Fußnote 1 auf S. 50.

Diese Abhängigkeit besteht sicher nicht darin, daß τ selbst eine Funktion von a und u ist, denn sonst würde sich wieder eine Zustandsgleichung der Form (25) ergeben. Es ist möglich, daß sie durch die Erholung bedingt ist, denn diese wirkt im Sinne der Beobachtungen. Danach ist die Abnahme der Verfestigung mit abnehmender Gleitgeschwindigkeit eine Folge der längeren Einwirkungsdauer der Erholung bis zu einer bestimmten Abgleitung und beruht unmittelbar auf einem Zeiteinfluß und nicht auf einem Einfluß der Gleitgeschwindigkeit an sich[1]. Folgender Versuch zeigt, daß diese Annahme nicht richtig ist: Bei den Verfestigungskurven für $u = 1{,}55$ bzw. 0,06 in Abb. 23a hat man bis zur Abgleitung 3,2 mit den zugehörigen Schubspannungen σ_1 und σ_2 bei $u = 0{,}06$ etwa 15 Stunden länger zu verformen als bei $u = 1{,}55$. Während dieser Zeit müßte der mit $u = 1{,}55$ verformte Kristall durch Erholung so entfestigt werden, daß bei nunmehriger Verformung mit $u = 0{,}06$ die Gleitung bei der kritischen Schubspannung σ_2 einsetzt. In Wirklichkeit ist das nach 24 Stunden Erholungsdauer erst bei der Schubspannung σ_3 der Fall. Die Erholung ist also, wenn nur die Zeitdauer ihrer Einwirkung maßgebend ist, zu klein, um die beobachtete Geschwindigkeitsabhängigkeit bewirken zu können[2].

Einige Versuchsergebnisse von Kochendörfer (1937, 1) weisen darauf hin, daß der Verfestigungsanstieg $d\tau/da$ und damit $d\tau/dt = u \cdot d\tau/da$ eindeutig durch τ, a und u bestimmt ist, also der Ansatz

$$\frac{d\tau}{dt} = f(\tau, a, u) \tag{26}$$

besteht. Demnach dürften sich zwei Verfestigungskurven, die bei beliebiger Versuchsführung erhalten wurden, nicht in einem Punkt schneiden, in dem für beide die Gleitgeschwindigkeit dieselbe ist, denn sonst würden in den beiden Schnittpunkten im Gegensatz zu (26) zwei verschiedene Werte von $d\tau/dt$ bei gleichen Werten von τ, a und u bestehen. Die untersuchten Kristalle zeigten bis auf einen das (26) entsprechende Verhalten. Man darf daher annehmen, daß in diesem Ausnahmefall besondere Änderungen der Kristalleigenschaften vorlagen[3], und der

[1] Nach der sog. statischen Auffassung [Polanyi und Schmid (1929, 1)] ist nicht nur die Geschwindigkeitsabhängigkeit von τ, sondern auch die der Verfestigungskurven überhaupt durch die Erholung bedingt. Sie ist unvollständig, weil sie den dynamischen Einfluß nicht berücksichtigt, und weil die Erholung allein nicht zur Erklärung des Geschwindigkeitseinflusses auf die Verfestigung genügt.

[2] Orowan (1934, 1; 1935, 1) hat das an vielen weiteren Beispielen zahlenmäßig belegt.

[3] In Anbetracht des niedrigen Schmelzpunktes von Naphthalin ist es wohl möglich, daß während der langen Ruhepause, welcher der Kristall ausgesetzt war, Rekristallisation eingetreten ist.

Ansatz (26) nicht grundsätzlich in Frage gestellt ist. Für ihn spricht, daß er in Übereinstimmung mit der Erfahrung bei gegebenem Anfangswert von τ (z. B. $= 0$ für unverfestigte Kristalle) eine einparametrige Schar von Verfestigungskurven konstanter Gleitgeschwindigkeit mit u als Parameter liefert. Auf rein experimentellem Wege ist es heute noch nicht möglich, genauere Angaben darüber zu erhalten, durch welche Größen und in welcher Weise die Verfestigung bestimmt ist, dagegen gelingt die Lösung dieser Frage unter Hinzunahme theoretischer Ergebnisse (**10**).

Bei Berücksichtigung einer nur durch die Dauer ihrer Einwirkung bestimmten Erholung ergibt sich für τ ebenfalls eine Differentialgleichung erster Ordnung, in der aber τ nicht in Verbindung mit u auftritt, wie in (26). Die letztere Beziehung ist daher so zu deuten, daß die Erholung während der Verformung von der ruhenden Erholung verschieden ist, und so einen andern Einfluß auf die Verfestigung ausübt. Wir werden diese Ansicht in **10b** bestätigen können[1].

c) Die praktische Verfestigungskurve. Wie der Einfluß der Versuchsführung auf die kritische Schubspannung, so ist auch der auf die Verfestigung in erster Linie für die tiefere Erforschung der Kristallplastizität wichtig, praktisch besitzt er innerhalb der üblichen Verformungsgeschwindigkeiten keine besondere Bedeutung. Man kann dann von ihm absehen und mit dieser Näherung von einer der praktischen Verfestigungskurve sprechen. Ihr Unschärfebereich ist in erster Linie durch die Geschwindigkeitsabhängigkeit von τ selbst bestimmt, der dynamische Einfluß hat nur einen geringen Anteil. Er bewirkt, daß bei einer, unter nicht näher bezeichneten Versuchsbedingungen gewonnenen Verfestigungskurve, die Verfestigung nicht genau angebbar ist, da ja hierzu die jeweilige Schubspannung und die kritische Schubspannung auf denselben Wert der Gleitgeschwindigkeit bezogen werden müssen. Ist z. B. die Gleitgeschwindigkeit bei einer gemessenen Schubspannung σ_1 größer als bei σ_0, so ist $\sigma_1 - \sigma_0$ größer als die „wahre" Verfestigung. Die im Laufe des Versuchs erfolgte Erhöhung der Gleitgeschwindigkeit täuscht infolge des dynamischen Einflusses eine „scheinbare" Verfestigung vor. Wie die Ausführungen des vorhergehenden Abschnitts gezeigt haben, sind die dadurch möglichen Fehler gering. Nur bei dynamischen Versuchen mit sehr weicher Feder, wo die Registrierkurve schon von der elastischen Geraden abweicht, ehe die vorgegebene Gleitgeschwindigkeit erreicht ist, und die so festgelegte kritische Schubspannung sich somit auf eine kleinere Gleitgeschwindigkeit bezieht als die folgenden Schubspannungen, kann der dynamische Einfluß die Meßwerte der Verfestigung, solange sie noch klein ist,

[1] Vgl. S. 90.

wesentlich fälschen[1] (wenn auf die Gleitgeschwindigkeit keine Rücksicht genommen wird). Bei statischer Versuchsführung, wo bei jedem Schritt sehr kleine Endgleitgeschwindigkeiten abgewartet werden, spielt der dynamische Einfluß gar keine Rolle mehr. Hierbei können merkliche Unterschiede von Einzelmessungen durch verschieden große Belastungsschritte bewirkt werden, denn je größer diese sind, um so größer sind die anfänglichen „großen" Gleitgeschwindigkeiten und um so größer wird die Verfestigung.

Versuche mit stetiger Gewichtsbelastung nehmen eine Mittelstellung zwischen dynamischen und statischen Versuchen ein. Die Gleitgeschwindigkeit ändert sich dabei je nach dem Verfestigungsanstieg mehr oder weniger im Laufe der Versuche, so daß sie trotz ihrer leichten Ausführbarkeit physikalisch keineswegs einfach sind.

Bei Aluminium, wo die Geschwindigkeitsabhängigkeit der Verfestigung außergewöhnlich gering ist[2], wird der Einfluß der Versuchsführung nahezu unmerklich. Darauf ist es zurückzuführen, daß die unter den verschiedensten Bedingungen erhaltenen Verfestigungskurven hier so gut übereinstimmen.

d) Vergleich der homogenen Verformungsarten. Die bisherigen Ausführungen haben gezeigt, daß die Gleitgeschwindigkeit für das plastische Verhalten eine maßgebende Rolle spielt. Um sie als Zustandsgröße nachweisen und ihren Einfluß experimentell genau untersuchen zu können, ist es mindestens erforderlich, daß sie während eines Versuchs unabhängig vorgegeben werden kann. Wir haben bereits mehrfach darauf hingewiesen, unter welchen Bedingungen eine solche dynamische Versuchsführung möglich ist. Hier stellen wir nochmals die drei homogenen Verformungsarten unter diesem Gesichtspunkt einander gegenüber.

Die Stauchung scheidet aus, da bei ihr wegen der notwendigen Schmierung nur statische Versuche möglich sind.

Bei der Dehnung werden die Gebiete in der Nähe der Einspannungen inhomogen verformt. Ihr Dehnungsbeitrag nimmt im Laufe der Verformung in unbestimmter Weise zu, so daß aus der gemessenen Dehnungsgeschwindigkeit die Gleitgeschwindigkeit im homogen verformten

[1] Diesen Ausnahmefall hat Orowan (1934, 1; 1935, 1) unzulässig verallgemeinert. Würde die rein dynamische Auffassung zutreffen, also die gesamte Geschwindigkeitsabhängigkeit der Verfestigung auf dem dynamischen Einfluß beruhen, so könnten allerdings ohne Kenntnis der jeweiligen Gleitgeschwindigkeit keine brauchbaren Angaben über die Größe der „wahren" Verfestigung gemacht werden.

[2] Bei 23000facher Erhöhung der Gleitgeschwindigkeit verläuft die Verfestigungskurve bei um etwa 16% höheren Schubspannungswerten [Weerts (1929, 1)].

Teil nicht genau berechnet werden kann[1]. Selbst wenn die dadurch bedingten Fehler bei hinreichend langen und dünnen Kristallen vernachlässigt werden können, so ist wegen der mit der Gleitung verbundenen Orientierungsänderung die Abgleitung keine einfache Funktion der Dehnung, so daß es aus diesem Grund nur in engen Grenzen (solange die Orientierungsbedingungen erfüllt sind) möglich ist, die Gleitgeschwindigkeit beliebig vorzugeben.

Die Bausch-Anordnung besitzt diese Mängel nicht. Wegen der geringen Dicke der gleitenden Schicht ist die Gleitung im allgemeinen sehr gleichmäßig, gröbere Unregelmäßigkeiten treten kaum auf. Bei Metallen sind die Gleitlinien sehr fein, bei Naphthalin sind im allgemeinen trotz der großen Abgleitungen keine Gleitlinien zu beobachten, die Mantellinien des zylindrischen Bandes, in das ein Kristall ausgezogen wird, erscheinen bei mikroskopischer Beobachtung vollkommen gerade (Abb. 26). Aus diesem Grunde hat die Gleitgeschwindigkeit längs der ganzen gleitenden Schicht denselben Wert. Da sie aus rein geometrischen Gründen proportional zur Dehnungsgeschwindigkeit ist, so kann sie auch in beliebiger Weise vorgegeben werden.

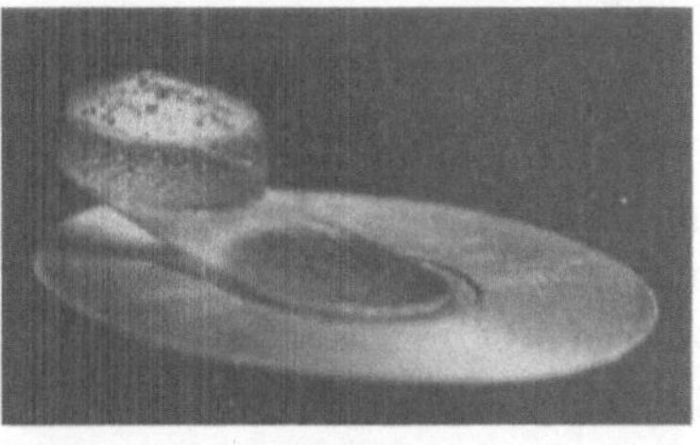

Abb. 26. Durch Schiebegleitung verformter Naphthalinkristall. Seitenansicht des durch Auskratzen des eingegossenen Naphthalins aus einer Fassung freigelegten Kristalls. Aus Kochendörfer (1937, 1).

Eine geringe Abweichung von dieser Proportionalität ist bei einem nichtlinearen Verfestigungsanstieg durch die veränderliche Federdurchbiegung des Polanyi-Apparats bedingt. Nach den Erfahrungen des Verfassers läßt sich jedoch in jedem Falle eine solche Feder wählen, daß die Änderungen der Gleitgeschwindigkeit bei konstanter Zuggeschwindigkeit auch bei starken Krümmungen der Verfestigungskurven (wie z. B. im Anfangsteil der Kurven in Abb. 23a) weniger als 10% ihres Mittelwertes betragen, also den Verlauf der Kurven bedeutend weniger beeinflussen, als die Streuungen durch die unvermeidlichen Unterschiede in den der Kristalleigenschaften betragen.

Die Bausch-Anordnung ist also vor den beiden andern „homogenen" Verformungsarten nicht nur dadurch ausgezeichnet, daß bei ihr das Gleiten ungestörter (reiner) verläuft (kein Laue-Asterismus), sondern auch dadurch, daß bei ihr allein einwandfreie dynamische Versuche

[1] Vorrichtungen, wie etwa das Martensche Spiegelgerät, die es gestatten, die Dehnung im homogen verformten Teil laufend, also ohne Versuchsunterbrechung, abzulesen, sind bei Einkristallen nicht anwendbar, da sie an ihren Befestigungsstellen den Gleitvorgang stören. Bei Vielkristallen ist diese Störung wegen ihrer bedeutend größeren Härte zu vernachlässigen.

möglich sind. Wir haben gesehen, daß diese Versuche zu wertvollen Ergebnissen führen, welche die Bedeutung der Gleitgeschwindigkeit klarstellen und die Aufstellung der Zustandsgleichung erlauben, und später eine wichtige Stütze für die theoretischen Vorstellungen bilden werden.

Durch diese Feststellung wird der Wert der grundlegenden Ergebnisse, welche Dehnungs- und Stauchversuche geliefert haben (lange, ehe die ersten Schiebegleitungsversuche angestellt wurden), nicht geschmälert. Wichtige Gesetze, wie z. B. das Schmidsche Schubspannungsgesetz, die es erst ermöglichen, die Zustandsgleichung auf beliebige Verformungen von Ein- und Vielkristallen anzuwenden und so ihre quantitative Behandlung erlauben, können bei der Bausch-Anordnung nicht gewonnen werden und unterstreichen die Bedeutung der Dehnungs- und Stauchversuche.

6. Gleiten nach mehreren Gleitsystemen.

a) Geometrie der Doppelgleitung. Wir haben bisher nur das Gleiten nach einem Gleitsystem betrachtet. Im allgemeinen besitzt ein Kristall mehrere kristallographisch gleichwertige (bei höherer Kristallsymmetrie) oder ungleichwertige Systeme[1], die unter geeigneten Bedingungen (**6b**) gleichzeitig oder abwechselnd in Tätigkeit treten können.

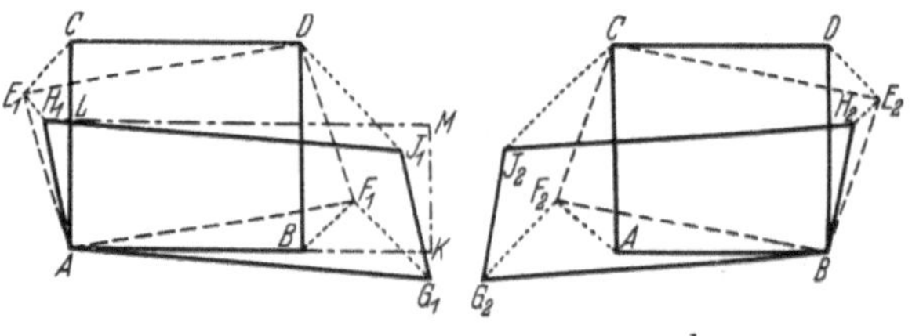

Abb. 27. Verschiedene Verformung eines Kristalls bei Vertauschung der Reihenfolge von endlichen Einzelabgleitungen nach zwei Gleitsystemen.

Wir behandeln hier nur das Gleiten nach zwei Systemen, da die Verhältnisse bei mehreren Systemen ähnlich liegen. Bei abwechselndem Gleiten mit endlichen Abgleitungen hängt der Endzustand des Kristalls im allgemeinen (über die Ausnahmefälle s. unten) von der Reihenfolge der Betätigung der Systeme ab. Wir sehen das an dem einfachen Beispiel der Abb. 27, die einen auf Druck beanspruchten Kristall ($ABCD$)

[1] Ob es überhaupt Kristalle mit nur einem einzigen Gleitsystem gibt, ist unseres Wissens noch nicht eindeutig festgestellt worden. Solche Kristalle können nur dem triklinen oder monoklinen System angehören (höchstens eine Symmetrieebene und zweizählige Drehachse), denn in allen übrigen Fällen gibt es mehrere kristallographisch gleichwertige Gleitebenen oder -richtungen oder beides. Bei monoklinen Naphthalinkristallen ist zwar das System (001), [010] einfach, aber es gibt daneben noch ein System mit der Gleitebene (010).

mit zwei aufeinander senkrechten Gleitebenen (AD) und (BC) (senkrecht zur Zeichenebene) und Gleitrichtungen $[AD]$ und $[BC]$ (in der Zeichenebene) zeigt. Das System (AD), $[AD]$ bezeichnen wir mit I, das System (BC), $[BC]$ mit II. Verformen wir in der Reihenfolge I—II je bis zur Abgleitung $a_{\mathrm{I}} = a_{\mathrm{II}} = \frac{1}{2}$ (Teilbild a), so nimmt der Kristall über (AF_1E_1D) die Form $(AG_1H_1J_1)$ an[1], in der Reihenfolge II—I (Teilbild b) über (F_2BCE_2) die Form $(G_2BJ_2H_2)$. Wir sehen, daß sich in beiden Fällen die Orientierung gegenüber der Ausgangsorientierung in verschiedener (spiegelbildlicher) Weise geändert hat, dasselbe gilt für die Form der Kristalle.

Diese Unterschiede werden um so geringer, je kleiner die Abgleitungen sind, und im Grenzfall beliebig kleiner Abgleitungen da_{I} und da_{II} verschwinden sie. Die Reihenfolge der Betätigung der Systeme spielt dann keine Rolle mehr, Orientierung und Kristallform stimmen in beiden Fällen überein. Durch Ausführung beliebig vieler solcher Schritte, die geometrisch gleichbedeutend mit einer gleichzeitigen Betätigung beider Systeme mit den Gleitgeschwindigkeiten da_{I}/dt und da_{II}/dt ist, können wir endliche Verformungen erzielen.

Im Beispiel von Abb. 27 nimmt der Kristall bei gleich großen unendlich kleinen Gleitschritten $\frac{1}{2}\,da = da_{\mathrm{I}} = da_{\mathrm{II}}$ bzw. bei gleichen Gleitgeschwindigkeiten $da_{\mathrm{I}}/dt = da_{\mathrm{II}}/dt$ nach den Abgleitungen $\frac{1}{2}\,a = \int da_{\mathrm{I}} = \int da_{\mathrm{II}} = \frac{1}{2}$ die Form $(AKLM)$ an; sie ist die Mittelform zwischen den beiden andern, bei abwechselnder Betätigung der beiden Systeme je bis zur Abgleitung $\frac{1}{2}$, erhaltenen Formen. Die Größe der Stauchung läßt sich in diesem Falle leicht berechnen. Nach (8) ist für beliebige, aber für beide Systeme gleich große Werte von χ und λ: $dD_{\mathrm{I}} = dD_{\mathrm{II}} = \frac{1}{2}\sin\chi\cos\lambda\cdot da$, also $dD = dD_{\mathrm{I}} + dD_{\mathrm{II}} = -dl/l = \sin\chi\cos\lambda\cdot da$. Da die Orientierung sich nicht ändert, können wir integrieren und erhalten:

$$\ln\frac{l^0}{l} = \sin\chi\cos\lambda\cdot a\,.$$

Für die Werte in Abb. 27: $\chi = \lambda = 45°$ und $a = 1$ wird $l = 0{,}606\,l^0$, wie es auch die geometrische Konstruktion ergibt.

Bei den bisher durchgeführten Berechnungen der Doppelgleitung bei Dehnung [v. Göler und Sachs (1927, 1; 2); P. P. Ewald (1929, 1)] und Stauchung [Taylor (1927, 1; 2)] sind stets unendlich kleine, gleich große Gleitschritte bzw. gleiche Gleitgeschwindigkeit in beiden Systemen und gleichberechtigte Lage der Gleitsysteme zur Zugrichtung angenommen worden. Für die Dehnung ergibt sich dann, daß die Zugrichtung in der Symmetrieebene der beiden Gleitebenen, in der sie zu Anfang

[1] Im Gegensatz zu Abb. 5 haben wir hier zur besseren Veranschaulichung der Gleitvorgänge nicht die Druckrichtung, sondern die Kristallachsen räumlich fest gelassen. Die Druckflächen sind die jeweiligen Kristalloberflächen.

liegt, bleibt (wie man auch unmittelbar anschaulich erkennt) und sich der „resultierenden" Gleitrichtung[1] nach demselben Gesetz (7a) wie bei einfacher Gleitung zubewegt, wenn man für λ_0 und λ die Winkelwerte zwischen der Zugrichtung und der resultierenden Gleitrichtung einsetzt. Fallen beide Richtungen schon im Ausgangszustand zusammen (wie z. B. in Abb. 27), so bleibt ihre Lage, wie die ganze Kristallorientierung ungeändert. Trotz dieses gleichen Verhaltens von Gleitrichtung und resultierender Gleitrichtung bei Einfach- bzw. Doppelgleitung sind diese grundsätzlich verschieden, denn die Doppelgleitung läßt sich nicht durch einen einfachen Gleitvorgang ersetzen, d. h. es gibt keine resultierende Gleitebene, in der die resultierende Gleitrichtung liegt[2] [vgl. insbesondere P. P. Ewald (1929, 1)], es sei denn, daß die Gleitebenen und Gleitrichtungen[3] zusammenfallen. Dann und nur dann führen auch endliche Einzelabgleitungen unabhängig von ihrer Reihenfolge zum gleichen Endergebnis. Im ersten Fall (z. B. zwei [110]-Richtungen in einer (111)-Ebene) ist das unmittelbar ersichtlich. Ist die resultierende Gleitrichtung vorgegeben, so ist es auch immer möglich, die Doppelgleitung durch zwei geeignete Gleitungen nach zwei beliebigen in der Gleitebene liegenden Gleitrichtungen zusammenzusetzen. Bei gemeinsamer Gleitrichtung [Schmid und Boas (1935, 1)], die dann in der Schnittgeraden der beiden Gleitebenen liegt, müssen die Abgleitungen nach beiden Gleitebenen gleich groß sein, damit die Doppelgleitung durch eine einfache Gleitung dargestellt werden kann. Die resultierende Gleitebene ist dann eine der beiden Symmetrieebenen der Gleitebenen.

b) Verlauf der Verfestigungskurve bei Doppelgleitung. Wir wenden uns nun den Bedingungen zu, unter denen Doppelgleitung eintritt. Wir beschränken uns dabei auf kristallographisch gleichwertige Gleitsysteme. Bei allgemeiner Ausgangsorientierung ist eines von ihnen durch den größten Wert der Schubspannung ausgezeichnet. Wird mit zunehmender Belastung der Knickwert $\bar{\sigma}_0$ der kritischen Schubspannung in diesem System überschritten, so tritt es mit „großer" Gleitgeschwindigkeit in Tätigkeit. Zu diesem Zeitpunkt liegt die Schubspannung in den übrigen Systemen im allgemeinen noch so weit unterhalb des Knickwerts, daß ihre Gleitgeschwindigkeit praktisch verschwindend

---

[1] Bei gleich großen Gleitschritten bzw. Gleitgeschwindigkeiten ist sie eine der Mittelrichtungen der beiden Gleitrichtungen und liegt in einer der Symmetrieebenen der Gleitebenen. Welche Mittelrichtung bzw. Symmetrieebene das im Einzelfall ist, hängt von dem Vorzeichen ($\rightleftarrows$ oder $\leftrightarrows$) der beiden Gleitungen ab.

[2] Der Unterschied wird besonders dadurch deutlich, daß ein Kristall, dessen resultierende Gleitrichtung in die Zugrichtung fällt, durch Doppelgleitung beliebig verformbar ist, dagegen ein Kristall, für dessen einfache Gleitrichtung das zutrifft, gar nicht (wenn sonst kein weiteres Gleitsystem mehr vorhanden ist).

[3] In diesem Falle nur bei gleich großen Abgleitungen in beiden Ebenen.

klein ist und vernachlässigt werden kann. Für kubisch-flächenzentrierte Kristalle zeigt Abb. 28 das jeweils zuerst wirksame, durch die größte Schubspannung ausgezeichnete, Gleitsystem für jede Lage der Zug- bzw. Druckrichtung $\mathfrak{z}$.

Befindet sich $\mathfrak{z}$ im Punkt A, so tritt das System 4 I in Tätigkeit, und $\mathfrak{z}$ bewegt sich im Laufe einer Dehnung längs des Großkreises A I auf I zu[1] (vgl. 2f). Dabei tritt die Verfestigung τ in Erscheinung. Nach der Zustandsgleichung (22) ist dann nicht mehr die Schubspannung σ, sondern $\sigma - \tau$ für die Gleitgeschwindigkeit maßgebend. Nehmen wir an, daß τ in allen, also auch den zunächst nichtbetätigten, „latenten" Gleitsystemen denselben Wert hat, so bleibt das System 4 I allein (mit „großer" Gleitgeschwindigkeit) in Tätigkeit, bis $\mathfrak{z}$ den Punkt B auf der Grenzlinie 2, 3 der Bereiche für die Gleitsysteme 4 I und 1 III erreicht hat. Von da an treten dann beide Systeme mit gleicher Gleitgeschwindigkeit in Tätigkeit, es findet Doppelgleitung unter den Voraussetzungen des vorhergehenden Abschnitts statt (immer unter der Annahme, daß τ in allen Systemen denselben Wert besitzt). $\mathfrak{z}$ bewegt sich dann längs 2, 3 auf die resultierende Gleitrichtung in C (eine [112]-Richtung) zu. Die Verfestigungskurve von Beginn der Doppelgleichung an erhält man, wenn man $a = \int da(4\,\mathrm{I}) + \int da(1\,\mathrm{III})$ gegen die gemessene Schubspannung aufträgt[2]. Sie stimmt mit der bei einfacher Gleitung erhaltenen Verfestigungskurve überein.

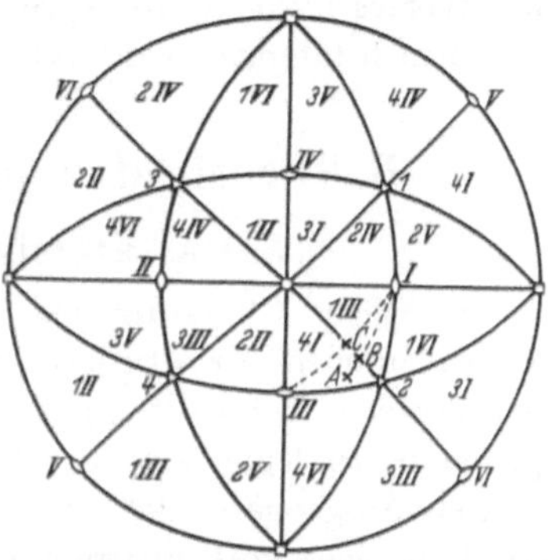

Abb. 28. Wirksame Gleitsysteme von kubischen Kristallen mit Oktaedergleitung für jede Lage der Zug- bzw. Druckrichtung. *1*–*4* Gleitebenenpole, *I*–*VI* Gleitrichtungen. Befindet sich bei Dehnung die Zugrichtung zu Beginn in A, so bewegt sie sich über B auf die resultierende Gleitrichtung in C zu. Längs AB erfolgt Einfachgleitung, längs BC Doppelgleitung.

Zahlreiche experimentelle Untersuchungen an kubisch-flächenzentrierten Metallen bei Dehnung [Taylor und Elam (1925, 1) Aluminium; Elam (1926, 1) Gold, Silber, Kupfer; Karnop und Sachs (1927, 1) Aluminium] und Stauchung [Taylor (1927, 1; 2) Aluminium] haben gezeigt, daß obige Annahme zwar nicht ganz streng, aber doch mit guter Näherung zutrifft. Die Zugrichtung bewegt sich nicht genau auf der Grenzlinie der beiden Gleitsysteme, sondern beschreibt eine Zickzacklinie, wobei sie die Grenzlinie immer wieder etwas überschreitet. D. h. das latente Gleitsystem wird immer etwas stärker verfestigt als

[1] Wie in Abb. 27 ist hier die Orientierung festgehalten.

[2] Nicht nur $\int da(4\,\mathrm{I})$ oder $\int da(1\,\mathrm{III})$, denn während einer kleinen Abgleitungszunahme $da(4\,\mathrm{I})$ [oder $da(1\,\mathrm{III})$] soll ja die Verfestigung in beiden Gleitsystemen um denselben Wert $d\tau$ zunehmen.

das jeweils wirksame. Die unter Zugrundelegung der Gesamtabgleitung $a = \int da_{\mathrm{I}} + \int da_{\mathrm{II}}$ erhaltene Verfestigungskurve stimmt in allen Fällen gut mit der bei einfacher Gleitung erhaltenen überein. Auf dieses Ergebnis werden wir bei der Untersuchung der plastischen Eigenschaften der vielkristallinen Werkstoffe noch zu sprechen kommen (25d).

Bei Legierungskristallen dagegen überschreitet die Zickzackkurve die Grenzlinie nach beiden Seiten so stark [Elam (1927, 2) Kupfer-Zink; (1927, 3) Kupfer-Aluminium; Masima und Sachs (1928, 1) Kupfer-Zink], daß man von einer Doppelgleitung im eigentlichen Sinne des Wortes nicht mehr sprechen kann. Der Verfestigungsunterschied zwischen betätigtem und latenten Gleitsystem ist hier sehr bedeutend.

B. Theorie der homogenen Verformungen[1].

7. Das atomistische Bild der Gleitung.

a) Örtliche Gleitschritte. Nachdem wir einen Überblick über die experimentellen Ergebnisse gewonnen haben, wenden wir uns der theoretischen Behandlung der reinen Gleitung bei reiner Schubbeanspruchung zu, legen also die Bausch-Anordnung nach Abb. 4 zugrunde[2].

Den Ausgangspunkt der Untersuchungen bildet die Tatsache, daß das Bild eines vollkommen regelmäßig gebauten Kristalls, eines sog. Idealkristalls, das sich für viele Zwecke als Näherung sehr gut bewährt hat, für die Erklärung der plastischen Kristalleigenschaften vollkommen unzureichend ist. Ein solcher Kristall würde sich bis zu seiner Schubfestigkeitsgrenze, der sog. theoretischen Schubspannung, deren Größe in verschiedener Weise berechnet werden kann [Polanyi und Schmid (1929, 1); Dehlinger (1939, 4)] und sich zu etwa 100 kg/mm² ergibt[3], rein elastisch verhalten und dabei Schiebungen bis zu 50% erfahren, danach aber schon bei geringen äußeren Schubspannungen unbegrenzt weitergleiten. Das Gitter bliebe bei dem ganzen Vorgang ideal, lediglich die Gleitebenen würden schrittweise um Vielfache des Atomabstandes gegeneinander verschoben werden. Die Energieverhältnisse wären ähnlich wie bei einer Kugel, die reibungslos über ein Wellblech bewegt wird.

---

[1] Siehe die in Fußnote 1 auf S. 1 zitierten Darstellungen von Smekal, Schmid und Boas, J. M. und W. G. Burgers.

[2] Die Verhältnisse sind dabei besonders einfach zu übersehen. Man erkennt nachträglich leicht, daß die für das Gleiten maßgebenden atomistischen Vorgänge nur durch die Schubspannung σ, nicht aber durch die übrigen Spannungskomponenten beeinflußt werden, also dem Schmidschen Schubspannungsgesetz (in seiner erweiterten Fassung) Genüge leisten.

[3] Von derselben Größenordnung ist die Bruchfestigkeitsgrenze eines Idealkristalls, die sog. „theoretische Reißfestigkeit" [Polanyi (1921, 1); Zwicky (1923, 1)], die ebenfalls wesentlich größer ist als die beobachtete Reißfestigkeit.

Dieses Verhalten steht in scharfem Widerspruch zu den in IA beschriebenen experimentellen Beobachtungen. Die Folgerung, daß der Gitterbau der Realkristalle Abweichungen vom idealen Gitterbau zeigen muß, die wir zunächst allgemein als Fehlstellen bezeichnen, ist unbestritten und darf als gesichert angesehen werden.

Über die Natur dieser Abweichungen und ihrer Wirkung hinsichtlich des plastischen Verhaltens wurden jedoch sehr unterschiedliche Vorstellungen entwickelt, die aber vielfach nicht klar genug ausgesprochen wurden oder wechselnde Darstellungen erfahren haben, so daß es oft schwer ist, die Meinung eines Verfassers genau zu erkennen. Das Sonderheft der Zeitschrift für Kristallographie (1934, 1) mit den folgenden Diskussionsbemerkungen[1,2] (1936, 1) zeigt, welche Bedeutung diese Frage besitzt, aber auch wie hart die Meinungen aufeinanderstoßen. Man wird wohl sagen können, daß alle vertretenen Ansichten richtige Punkte aufweisen, daß sie aber andererseits einzeln nicht zur Erklärung aller Erscheinungen, die überhaupt mit den Fehlstellen im Zusammenhang stehen, geeignet sind. Die Abgrenzung der Gültigkeitsbereiche scheint nicht immer richtig gewürdigt zu werden.

Die Frage, welche Fehlstellen die niedrige Schubfestigkeit der Kristalle verursachen, bedarf daher sorgfältiger Prüfung. Zweifellos gehört von allen Versuchsergebnissen, die einen Hinweis darauf geben, denjenigen, die das bereits tun, ehe der Kristall verformt wurde, der Vorzug vor denen, die erst durchführbar sind, wenn der Kristall schon verformt ist. Denn es ist ja keineswegs sicher, ob die so festgestellten Änderungen nicht Folgeerscheinungen der Verformung sind, die selbst keinen oder keinen wesentlichen Einfluß auf sie besitzen[3]. Solche Ergebnisse liegen vor (Dehlinger und Gisen **4c**), wurden jedoch bisher bei den Erörterungen nicht berücksichtigt. Wir werden in **12** auf Grund neuer thermodynamischer Berechnungen, welche unter anderm mit diesen Befunden in Einklang stehen, nachweisen, daß sich die Frage unter Berücksichtigung aller Umstände eindeutig beantworten läßt. Zunächst sind genaue Vorstellungen über die Natur der plastisch wirksamen Fehlstellen nicht erforderlich.

Die Tatsache, daß die plastische Verformung nicht in einer homogenen Deformation des ganzen Gitters besteht, wie es bei einem Idealkristall der Fall wäre, besagt, daß sie zunächst in mehr oder weniger großen Teilbereichen einsetzt. Diese Bereiche können nicht ideal sein, da sonst die äußere Schubspannung gleich der theoretischen Schub-

[1] Im Literaturverzeichnis unter Zeitschrift angegeben.

[2] Die Beiträge, die sich unmittelbar mit den plastischen Eigenschaften und den Festigkeitseigenschaften der Kristalle befassen, stammen von Orowan, Smekal und Taylor.

[3] Wie das z. B. nach **2d** für die durch den Laue-Asterismus angezeigten Gitterverzerrungen zutrifft.

spannung sein müßte. Für die in einem Bereich befindlichen Atome gibt es also mindestens zwei stabile Lagen mit je einem relativen Energieminimum, die dadurch auseinander hervorgehen, daß die in benachbarten Netzebenen liegenden Atome um gewisse Beträge gegeneinander verschoben werden. Diese Verschiebung nimmt nach dem Rand des Bereichs hin ab, da ja außerhalb noch keine plastische Verformung stattgefunden hat. Ist v die maximale Verschiebung im Bereich, so hat die potentielle Energie A einen Verlauf mit v, wie er in Abb. 29 gezeichnet ist. Die Energie A_1 von der Ausgangslage bis zur labilen Lage bei $v = v_1$ bezeichnen wir als Bildungsenergie. Sie muß auf irgendeine Art und Weise aufgebracht werden, damit ein „örtlicher Gleitschritt", das ist eine im Bereich bleibende Verformung, eintreten kann. Die nach $v = v_1$ freiwerdende Energie A_1' ist zur „Rückbildung", d. h. zur Wiederherstellung des ursprünglichen Zustandes, erforderlich. Wir bezeichnen sie als Rückbildungsenergie[1].

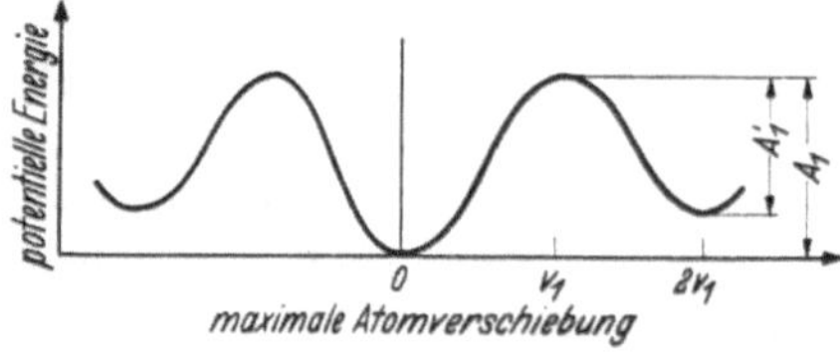

Abb. 29. Verlauf der potentiellen Energie A mit der maximalen Atomverschiebung v in einem Bereich, in dem ein örtlicher Gleitschritt erfolgt.

Die Energie eines Kristalls mit Gleitschritt ist um den Betrag

$$A_1 - A_1' = O + E \tag{27}$$

gegenüber seiner ursprünglichen Energie erhöht. O bezeichnet dabei die Zunahme der inneren Energie (z. B. Energie innerer Oberflächen), E die Energie der mit dem Gleitschritt verbundenen elastischen Gitterverzerrungen.

Ihre Werte können aus Meßwerten berechnet werden (**7c**, **8**). Sie stimmen in den bisher untersuchten Fällen nahezu überein. Ihre Mittelwerte sind[2,3]:

$$A_1/k = 25000, \tag{28}$$

$$A_1'/A_1 = 0{,}85; \quad E/A_1 = 0{,}05; \quad O/A_1 = 0{,}1. \tag{29}$$

k ist die Boltzmannsche Konstante ($\sim$2 cal/pro Mol Grad).

Obiger Wert von A_1 stimmt mit dem Mittelwert der Schwellenenergie bei Diffusionsvorgängen in Substitutionsmischkristallen überein, während die Schwellenenergie bei allotropen Umwandlungen höchstens 4000 k beträgt [Jost (1937, 1); Seith (1939, 1); Dehlinger (1939, 4)].

---

[1] Allgemein bezeichnet man A_1 und A_1' als Schwellenenergien oder Aktivierungswärmen.

[2] Wir sehen A_1/k als reine Zahl an, fassen es also als Verhältnis der Energien A_1 und kT für $T = 1°$ K auf. Als absolute Größe hat A_1/k die Bedeutung einer absoluten Temperatur. Sein Zahlenwert ist in beiden Fällen derselbe.

[3] Der Wert von O/A_1 ist Kochendörfer (1938, 3) entnommen.

Das ist verständlich, da bei letzteren die Atome an freie Gitterplätze gelangen, bei den Gleitschritten und bei den Platzwechseln in Substitutionsmischkristallen dagegen an Plätze, an denen oder in deren Nähe sich vorher Atome befunden haben, die erst weggedrängt werden mußten.

Einfache Ansätze für die bei der Bildung aufzuwendende Arbeit A und die nach Überschreiten der labilen Lage freiwerdende Energie A', welche den Verlauf der Kurve in Abb. 29 richtig wiedergeben, sind:

$$A = \frac{A_1}{2}\left(1 - \cos\frac{\pi v}{v_1}\right), \qquad 0 \leqq v \leqq v_1 \tag{30}$$

$$A' = \frac{A_1'}{2}\left(1 + \cos\frac{\pi v}{v_1}\right). \qquad v_1 \leqq v \leqq 2v_1 \tag{31a}$$

Setzen wir in (31a)

$$v' = v - v_1, \tag{32}$$

so wird:

$$A' = \frac{A_1'}{2}\left(1 - \cos\frac{\pi v'}{v_1}\right). \qquad 0 \leqq v' \leqq v_1 \tag{31b}$$

Mit einem Gleitschritt kann ein Elementarvorgang zu Ende sein, es kann sich aber auch von diesem aus die plastische Verformung weiter ausbreiten. Diese Frage bleibt zunächst offen. Die makroskopische Gleitgeschwindigkeit ist bestimmt durch die Häufigkeit, mit der Gleitschritte im Kristall erfolgen (Bildungsgeschwindigkeit) und durch die Geschwindigkeit, mit der sie sich ausbreiten (Wanderungsgeschwindigkeit). Umgekehrt erfordert eine bestimmte makroskopische Gleitgeschwindigkeit eine bestimmte Größe dieser beiden Geschwindigkeiten.

Nach diesen allgemeinen, aus experimentellen Erfahrungen folgenden Ergebnissen erhebt sich die Frage, wie die lokalen Gleitschritte hervorgerufen werden, d. h. die Schwellenenergie A_1 aufgebracht wird. Um sie beantworten zu können, müssen wir über die Fehlstellen selbst bestimmte Vorstellungen gewinnen. Wie zuerst Voigt (1919, 1) bemerkt hat, sind hierbei thermische und strukturelle Inhomogenitäten in Betracht zu ziehen[1]. Wir wenden uns zunächst ersteren zu.

Bekanntlich führen die Atome eines Kristallgitters thermische Schwingungen um ihre Gleichgewichtslagen aus. Wenn man gemeinhin von einem Kristallgitter spricht, so sieht man von diesen Schwingungen

---

[1] Beide Annahmen sind Gegenstand eingehender Untersuchungen geworden. Die strukturellen Inhomogenitäten bilden die Grundlage der Lockerstellentheorie von Smekal (1931, 1; 1933, 1), die thermischen Inhomogenitäten der Theorie von Becker (1925, 1), die dann von Orowan (1934, 1; 1935, 1) unter gleichzeitiger Heranziehung struktureller Inhomogenitäten (Fehlstellen), weiter ausgebaut wurde. Seine Darstellung des Beginns der Gleitung stimmt mit unserer in den Grundzügen überein, enthält jedoch keine bestimmten Vorstellungen über die Lage der plastisch wirksamen Fehlstellen.

ab und betrachtet die Atome als ruhend an diese Gleichgewichtslagen gebunden. Diese Idealisierung ist in vielen Fällen berechtigt; z. B. werden Lage und Breite der Röntgeninterferenzen von den thermischen Schwingungen nicht beeinflußt, sondern nur ihre Intensität, die häufig keine Rolle spielt. Wäre die Schwingungsamplitude eines Atoms zeitlich konstant, so könnten sie auch für die Plastizität keine maßgebende Rolle spielen, denn ihre Energie wäre viel zu klein, um einen Gleitschritt bewirken zu können.

Sie können aber dadurch bedeutungsvoll werden, daß ihre Energie nach den Gesetzen der Statistik im Laufe der Zeit lokalen Schwankungen unterworfen ist. Die Wahrscheinlichkeit, daß in einem ins Auge gefaßten Bereich während einer Beobachtungszeit t eine Schwankung der Mindestgröße ΔE eintritt, ist

$$W = \text{const}\, e^{-\frac{\Delta E}{kT}} \cdot t. \tag{33}$$

Die Zahl der in dieser Zeit in einem großen Kristall wirklich auftretenden Schwankungen ΔE ist ebenfalls durch eine Beziehung (33) gegeben, wenn die Schwankungen unabhängig voneinander erfolgen (const ist dann proportional zum Gesamtvolumen).

Aus (33) sieht man, daß, außer am absoluten Nullpunkt[1], stets eine von Null verschiedene Wahrscheinlichkeit für die erforderlichen Schwankungen der Größe A_1 besteht, so daß die thermischen Schwingungen in der Tat plastisch wirksam werden können.

Man erkennt aber leicht, daß außerdem noch weitere Fehlstellen vorhanden sein müssen. Denn wäre der Gitterbau sonst ideal, so könnten die in Wirklichkeit angewandten Schubspannungen, die im Vergleich zur theoretischen Schubspannung sehr klein sind, keinen merklichen Beitrag zu A_1 liefern. Die Zahl der in der Zeit- und Volumeinheit auftretenden Gleitschritte wäre dann im wesentlichen schon durch (33) mit $t = 1$ gegeben. Damit könnte aber die experimentelle Tatsache, daß die Kristalle bis zu den tiefsten Temperaturen mit denselben Geschwindigkeiten verformt werden können, wie bei höheren Temperaturen, ohne daß die Schubspannungen größenordnungsmäßig

[1] Nach der Quantentheorie besteht auch am absoluten Nullpunkt eine von Null verschiedene Aufenthaltswahrscheinlichkeit für ein Atom, das wie ein harmonischer Oszillator gebunden ist, außerhalb $v = 0$. Eckstein (1939, 1) hat berechnet, daß sie bei Metallen mit der „klassischen" Aufenthaltswahrscheinlichkeit für $T \sim 100 - 150°$ K übereinstimmt. Da bei diesen Temperaturen letztere bereits sehr klein ist, so ist die Nullpunktsenergie praktisch ohne wesentlichen Einfluß. Sie bedingt nur einen flacheren Verlauf der Temperaturkurven der kritischen Schubspannung und der Verfestigung in der Umgebung des absoluten Nullpunkts als in Abb. 13 und 14. Auch der quantenmechanische Tunneleffekt dürfte wegen der großen Masse der Atome und „Länge" $v_1 = \lambda/2$ [nach (35)] der Potentialschwelle keine Rolle spielen. Vgl. Eucken (1938, 1), S. 235.

erhöht werden müssen, auch nicht annähernd erklärt werden. Somit müssen neben den thermischen Schwingungen noch tiefergehende Abweichungen vom idealen Gitterbau in den Kristallen vorhanden sein.

Wie wir bereits bemerkten, zeigen die Versuche von Dehlinger und Gisen einen unmittelbaren Zusammenhang zwischen den plastischen Eigenschaften und der sog. Mosaikstruktur auf. Mit dieser wollen wir uns daher zunächst befassen.

b) Die Mosaikstruktur der Kristalle. Das wichtigste Hilfsmittel, den Feinbau der Kristalle, soweit er unter der optischen Auflösbarkeitsgrenze liegt, zu untersuchen, bieten die Röntgenstrahlen. In einem großen idealen Kristall kommen die Röntgenreflexe dadurch zustande, daß die von den einzelnen Atomen ausgehenden Streuwellen bestimmte, keinerlei Schwankungen unterworfene Phasendifferenzen besitzen, denen zufolge sie sich in den meisten Streurichtungen durch Interferenz gegenseitig auslöschen und nur in einigen wenigen, scharf definierten Richtungen verstärken. Wenn der Kristall kleiner als 10^{-5} cm wird, so genügen die verhältnismäßig wenigen Streustrahlen nicht mehr, um sich in der Umgebung der obengenannten Richtungen vollkommen auszulöschen; es tritt die Linienverbreiterung infolge Teilchenkleinheit auf. Die strengen Phasenbeziehungen kommen daher, daß die streng regelmäßigen Gitterkraftfelder durch die ankommende Röntgenwelle an gleichwertigen Punkten in genau derselben Weise beeinflußt werden.

Störungen in der regelmäßigen Atomanordnung haben Störungen der Phasenbeziehungen zur Folge, und damit Änderungen der Breite oder Intensität (oder von beiden) der Reflexe. Übersteigen die Störungen nach Stärke und Ausdehnung ein bestimmtes Maß, so verhalten sich die von ihnen eingeschlossenen idealen Bereiche hinsichtlich der Röntgeninterferenzen genau so, wie voneinander getrennte Teilchen derselben Größe: Die Phasenbeziehungen bilden sich in ihnen unabhängig voneinander aus. Man bezeichnet die regelmäßige Aufeinanderfolge der Gitterpunkte als Kohärenz, die Bereiche dementsprechend als kohärente Bereiche. Bei der Untersuchung der Linienverbreiterung spricht man allgemein von Teilchen und Teilchengröße.

Wie nun Darwin (1922, 1), W. L. Bragg (1926, 1) und James (1934, 1) sowie P. P. Ewald (1933, 1; 1934, 1; 1940, 1) und Renninger (1934, 1; 1938, 1) experimentell und theoretisch nachgewiesen haben, zeigen Breite und insbesondere Intensität der Reflexe von Einkristallen verschiedener Herstellungsweise Unterschiede, die nur so gedeutet werden können, daß die Kristalle in solche „Teilchen", die sog. Mosaikblöcke, unterteilt sind, deren Größe in den verschiedenen Fällen verschieden ist. An den Grenzen der Blöcke ist die regelmäßige Atomanordnung gestört, sie können außerdem noch um kleine Beträge gegeneinander verschoben und verdreht sein. Ihre Größe beträgt bei natürlichen Steinsalzkristallen etwa 10^{-5} cm; bei künstlich aus der Schmelze gezüchteten Stücken hat Renninger (1934, 1) Werte bis zu 10^{-1} cm festgestellt. Für Metalle liegen zahlenmäßige Angaben noch nicht vor. Messungen von Dehlinger und Gisen (1934, 1) haben ergeben, daß die Mosaikgröße an rekristallisierten Kristallen kleiner ist als an gegossenen[1]. Viele Untersuchungen über optisch beobachtbare Erscheinungen (Liniensysteme, Ätzfiguren, Kristallindividuen beim Kristallwachstum) lassen darauf schließen, daß auch bei Metallen die untere Grenze bei 10^{-4} bis 10^{-5} cm liegt [vgl. Z. Kristallogr. (1934, 1)]. Eine Berechnung der Mosaikgröße von rekristallisierten Aluminiumkristallen unter Benutzung des Meßwertes für die während der Verformung erfolgte Zunahme der inneren Energie [Kochendörfer (1938, 3)] ergab in Übereinstimmung damit einen Wert von $0{,}8 \cdot 10^{-4}$ cm.

Ein wirklicher Kristall ist also nicht mit einem einheitlichen Baukörper zu vergleichen wie ein Idealkristall, sondern mit einem Mauerwerk, dessen Backsteine und Mörtelschicht den Mosaikblöcken bzw. deren Grenzschichten entsprechen.

Über die Beschaffenheit des Gitters an den Mosaikgrenzen ist noch wenig bekannt, insbesondere sind die thermodynamischen Stabilitätsverhältnisse noch nicht geklärt. [Vgl. W. L. Bragg (1940, 1).] Für uns sind hierüber genauere Vorstellungen nicht erforderlich. Sie dürften jedoch für eine Behandlung der Rekristallisation wichtig werden. Da sich die Mosaikstruktur bei verschiedener Behandlung desselben Materials verschieden ausbildet, so kann sie nicht im thermodynamischen Gleichgewicht sein. Nach den bisherigen Erfahrungen ist sie unterhalb der Rekristallisationstemperatur praktisch stabil[2].

c) Bildung, Wanderung und Auflösung von Versetzungen. Wir wenden uns nunmehr der Frage zu, wie die Mosaikstruktur plastisch wirksam werden kann.

Es ist kaum anzunehmen, daß sich die Mosaikblöcke so regelmäßig aneinanderfügen, daß ihre Grenzen glatt durchgehende Flächen bilden, sie werden vielmehr abgestuft verlaufen. Schon aus diesem Grunde erscheint die Annahme, daß die Mosaikgrenzen selbst Träger der Gleitung sind, nicht wahrscheinlich[3] [vgl. Taylor (1934, 1)]. Sie widerspricht aber unmittelbar der Tatsache, daß Kristalle mit kleinen Mosaikblöcken bis zu ihrem Knickwert praktisch keine Gleitung zeigen, Kristalle

---

[1] Das gilt auch für vielkristallines Material.

[2] Es sprechen keine Gründe dagegen, den idealen Gitterzustand als den wirklichen thermodynamischen Gleichgewichtszustand, d. h. den Zustand mit der kleinsten freien Energie, anzusehen, wenn auch die Bedingungen, unter denen er zustande kommt, noch nicht verwirklicht werden konnten [vgl. Lennard-Jones (1940, 1)].

[3] Geringe begrenzte Verschiebungen der Blöcke als Ganzes erscheinen wohl möglich (vgl. Fußnote 2 auf S. 80).

mit großen Mosaikblöcken dagegen schon bei sehr kleinen Schubspannungen, denn bei ihrer Gültigkeit wären gerade umgekehrte Verhältnisse zu erwarten. Es gibt eine Reihe anderer experimenteller Ergebnisse, die gegen diese Annahme sprechen, wenn sie auch jetzt noch nicht als streng beweiskräftig angesehen werden dürfen, da die Versuche nicht unter diesem Gesichtspunkt angestellt wurden und Vergleichsmessungen der Mosaikgröße fehlen. Die Gleitlamellendicke müßte dann mindestens gleich der Mosaikgröße sein, also von der Größenordnung 10^{-4} cm bei rekristallisierten, und 10^{-2} cm bei gegossenen Kristallen (und zwar bei Ein- und Vielkristallen). Nun haben aber die in **2a** erwähnten Messungen der Linienverbreiterung von Dehlinger und Kochendörfer ergeben, daß die „Teilchengröße" bei Kaltverformung (Walzen und Dehnen) kleiner wird ($5 \cdot 10^{-6}$ cm bei rekristallisierten Kupferblechen), so daß die ursprünglichen Mosaikblöcke durch das Gleiten mehr oder weniger stark unterteilt werden müssen. Das zeigen auch die Beobachtungen, nach denen in den optisch auflösbaren Gleitschichten von etwa 10^{-4} cm Dicke auch noch Gleitung stattgefunden hat.

Es bleibt somit nur die Möglichkeit übrig, daß die Gleitschritte an den Mosaikgrenzen selbst hervorgerufen werden und die plastische Verformung von ihnen aus durch die Mosaikblöcke hindurch fortschreitet[1]. Die letzte Aussage ergibt sich zwangsläufig, da sich ein Gleitschritt wegen der geringen erforderlichen Schubspannungen nicht über einen ganzen (idealen) Mosaikblock erstrecken kann.

Legen wir an einem Kristall mit Mosaikstruktur eine Schubspannung an, so kann diese keinen homogenen Spannungszustand im Innern bewirken, wie es bei einem Idealkristall der Fall wäre, in der Umgebung der Mosaikgrenzen wird dieser vielmehr inhomogen. An den Stellen, an denen dabei die Schubspannung gegenüber der äußeren Schubspannung erhöht ist, wird die Bildung eines Gleitschrittes begünstigt. Auf Grund der beobachteten Tieftemperaturplastizität müssen wir annehmen, daß am absoluten Nullpunkt, wo die thermischen Schwingungen keinen Beitrag liefern, die Bildung allein durch die Spannungserhöhung bewirkt werden kann. Dazu muß aber mindestens an einer Stelle die theoretische Schubspannung, also der 100- bis 1000fache Betrag der äußeren Schubspannung, erreicht werden.

In der Technik sind starke Spannungsüberhöhungen, wenn auch nicht in diesem Ausmaß, an Konstruktionsstücken mit Kerben, das sind Stellen großer Oberflächenkrümmung, bekannt. Die technisch wichtigen Fälle können mit den Formeln der klassischen Elastizitäts-

[1] Wir werden in **11** sehen, daß diese Ausbreitung unter gewissen Bedingungen als Kettenreaktion vor sich gehen kann, d. h. (neben der Aufwendung der Bildungsenergie) keine weitere Energiezufuhr mehr erfordert.

theorie in Übereinstimmung mit der Erfahrung berechnet werden [siehe z. B. Neuber (1937, 1)]. Das gelingt deshalb, weil dort die notwendige Voraussetzung, daß die Körper, die in Wirklichkeit eine atomistische Struktur besitzen, als kontinuierlich angesehen werden dürfen, hinreichend gut erfüllt ist: Die Kerbkrümmungen und damit die Spannungen sind innerhalb atomistischer Dimensionen nahezu homogen. In unserem Fall, wo sich die Gitterstörungen nur über wenige Atomabstände erstrecken, ist diese Voraussetzung nicht erfüllt, und die Formeln der klassischen Theorie können nicht mehr benutzt werden. Eine Theorie, welche die atomistische Struktur berücksichtigt, gibt es noch nicht, so daß man zunächst noch keine zahlenmäßigen Angaben über die Größe der Kerbwirkung bestimmter atomistischer Kerbformen machen kann. Die Anwendung der Ergebnisse von Inglis für elliptische Kerben hat zu unmöglichen Folgerungen geführt [vgl. Schmid-Boas (1935, 1)] und gezeigt, daß man atomistische Kerben auf diese Weise durch Grenzübergang zu sehr kleinen Krümmungshalbmessern nicht beschreiben kann. Man wird wohl grundsätzlich neue Ansätze benötigen.

Für unsere Zwecke sind Vorstellungen über die Beschaffenheit der Kerben nicht erforderlich. Als Maß ihrer Kerbwirkung nehmen wir den Kerbwirkungsfaktor q, der angibt, um welchen Betrag die Höchstspannung der Kerbe gegenüber der äußeren Spannung erhöht wird.

Ein Ergebnis der klassischen Theorie hat allgemeine Gültigkeit. Es besagt, daß in der Umgebung der Kerben eine Verminderung der Spannung gegenüber der äußeren Spannung eintritt, und zwar um so stärker, je höher die Spannungsspitze ist (Abklinggesetz). Daraus ergibt sich, daß zwei benachbarte Kerben ihre Wirkung gegenseitig herabsetzen (Entlastungskerben). Soll also bei einer bestimmten Kerbform die größtmöglichste Wirkung erzielt werden, so dürfen die Kerben nicht zu nahe beieinander liegen.

Auf unseren Fall angewandt besagt das Abklinggesetz, daß die plastisch wirksamen Kerben, für die wir von nun an ausschließlich die Bezeichnung Fehlstellen benutzen, einen bestimmten Mindestabstand besitzen müssen. Aus diesem Grund kann nicht in jeder Gleitebene ein Gleitschritt stattfinden, so daß sich Gleitlamellen ausbilden. In Wirklichkeit werden die durch Wachstumsunregelmäßigkeiten verursachten Fehlstellen statistisch unregelmäßig längs der Mosaikgrenzen verteilt sein und ihr mittlerer Abstand größer sein als der Mindestabstand, bei dem sie sich gegenseitig noch nicht merklich beeinflussen. Da die Gleitlamellen wahrscheinlich mit den „Teilchen“ identisch sind, welche die Linienverbreiterung verursachen, so beträgt ihr mittlerer Abstand nach den oben angeführten Meßergebnissen rund 100 Atomabstände.

Die beobachteten Unterschiede in der Stärke der Gleitlinien weisen darauf hin, daß die Größe der Kerbwirkung örtlichen Schwankungen im Kristall unterworfen ist. Wir legen zunächst einen konstanten Kerbwirkungsfaktor zugrunde und kommen auf die durch seine Veränderlichkeit bedingten Besonderheiten in **14b** zu sprechen. Wir werden im folgenden zeigen, daß sich mit diesen Annahmen das plastische Verhalten der Einkristalle quantitativ beschreiben läßt. Für viele Zwecke wäre es dabei nicht erforderlich, die Fehlstellen gerade in die Mosaikgrenzen zu verlegen, vielmehr würden beliebige Fehlstellen mit genügend großer Kerbwirkung dasselbe leisten[1]. Um aber die Ergebnisse von Dehlinger und Gisen erklären zu können, muß man auf die Mosaikgrenzen zurückgreifen (**12**).

Wir betrachten nunmehr einen Gleitschritt genauer. Da sich an die nur wenige Atomschichten umfassenden Mosaikgrenzen ideale Gebiete anschließen und die Kerbwirkung so außerordentlich groß ist, so müssen nach dem Abklinggesetz die Schubspannung bzw. die Atomverschiebungen in der Umgebung der Fehlstelle sehr rasch abnehmen. Der Bereich, in dem mit zunehmender Schubspannung schließlich die theoretische Schubfestigkeit überwunden wird, kann also nur wenige Atompaare umfassen. Seine Größe können wir abschätzen. Sie ist größer, aber von derselben Größenordnung, als die Größe V des Bereichs, in dem bei homogener Verformung bis zur theoretischen Schubspannung σ_R die Bildungsarbeit A_1 geleistet werden müßte. Diese Arbeit ist aber $= V\sigma_R^2/2G$ (G Schubmodul). Also gilt:

$$V = \frac{2GA_1}{\sigma_R^2}. \tag{34}$$

Mit den Zahlwerten: $\sigma_R = 500\ \mathrm{kg/mm^2}$; $G = 2500\ \mathrm{kg/mm^2}$; $A_1 = 50000/6 \cdot 10^{23}\ \mathrm{cal}$ [nach (28)] $= 3{,}5 \cdot 10^{-17}\ \mathrm{mm \cdot kg}$ wird

$$V = 7 \cdot 10^{-22}\ \mathrm{cm^3}$$

und damit die Linearausdehnung:

$$\sqrt[3]{V} \sim 9 \cdot 10^{-8}\ \mathrm{cm}.$$

Sie ist also tatsächlich von der Größenordnung einiger Atomabstände. Für die weiteren Betrachtungen spielt die genaue Zahl der Atome, welche die theoretische Schubfestigkeit überwinden (Bildungsatome), keine Rolle.

In Abb. 30b ist in einem zweidimensionalen Gitter[2] die Atomanordnung unmittelbar nach erfolgtem Gleitschritt dargestellt. Die beiden Bildungsatome sind um je einen halben Atomabstand gegenüber

---

[1] Vgl. Fußnote 1 auf S. 59.

[2] Wir beschränken uns zunächst auf zweidimensionale Gitter, da genaue Rechnungen für dreidimensionale Gitter noch nicht durchgeführt werden können. In **14** werden wir dann zeigen, daß die Verhältnisse in beiden Fällen grundsätzlich dieselben sind.

ihrer Ausgangslage verschoben, relativ zueinander also um einen Atomabstand λ. In Abb. 29 ist somit

$$v_1 = \lambda/2\,. \tag{35}$$

Die übrigen Atome werden dabei durch elastische Kopplung mitgenommen, ihre Verschiebung ist kleiner als $\lambda/2$ und nimmt mit der Entfernung von der Fehlstelle ab. In Abb. 30 sind diese elastischen Verzerrungen der Einfachheit halber nicht gezeichnet, sondern nur die Atomverschiebungen innerhalb des gestrichelt umrandeten Bereichs, die dort gleichmäßig auf die Atome verteilt wurden. Diese Anordnung ist also nicht ganz stabil.

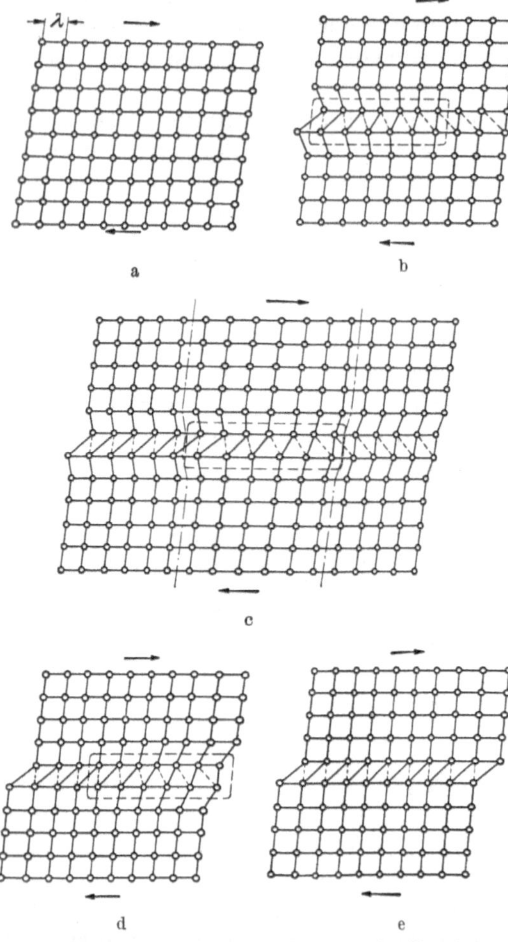

Abb. 30. Bildung, Wanderung und Auflösung einer Versetzung in einem zweidimensionalen Gitter. In den Teilbildern b—d ist die Versetzung durch eine gestrichelte Linie umrandet. a) Homogene Verformung eines idealen Gitterbereichs. b) Versetzung von 6 + 7 Atomen unmittelbar nach der Bildung. c) die Versetzung ist bis zur Mitte des Kristalls gewandert, die gegenseitige Verschiebung der beiden Gitterhälften beträgt $^1/_2$ Gitterabstand. d) Die Versetzung ist am rechten Rand angelangt, die Gitterhälften sind um einen Atomabstand gegeneinander verschoben. e) Die Versetzung ist aufgelöst worden. Aus Kochendörfer (1938, 3).

Die Atomanordnung ist dadurch gekennzeichnet, daß den 7 Atomen in der oberen Gitterreihe (Gleitrichtung) 6 Atome in der unteren gegenüberstehen (positive Anordnung). Diese sind auf $6^1/_2$ Atomabstände zusammengepreßt bzw. auseinandergezogen. Bei einem Gleitschritt, der an der rechten Mosaikgrenze erfolgt (vgl. Abb. 36), befindet sich unten ein Atom mehr als oben (negative Anordnung). Solche Anordnungen, bei welchen allgemein n Atomen in einer Gitterreihe $(n \pm 1)$ Atome in einer benachbarten gegenüberstehen, werden als Versetzungen[1] be-

[1] Versetzungen wurden zuerst in der Theorie der

zeichnet, wie wir die Gleitschritte von nun an auch nennen. Die Unterscheidung in positive und negative Versetzungen erfolgt wie oben.

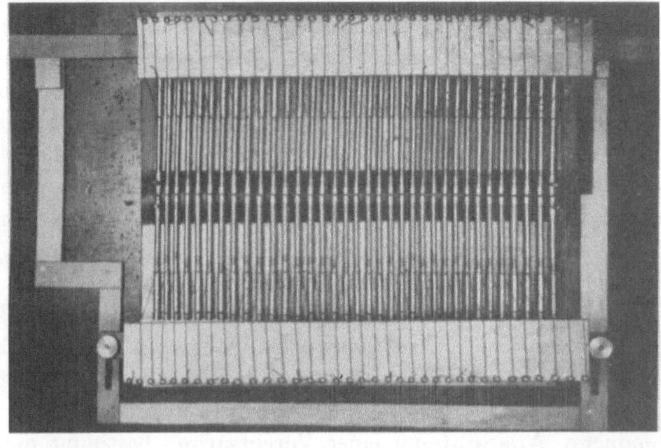

a

b

Abb. 31. Modell zur Veranschaulichung der Bildung von Versetzungen. a) Versetzungsfreier Ausgangszustand. b) Durch gegenseitige Verschiebung der beiden Modellhälften wurde rechts eine positive, links eine negative Versetzung erzeugt. Nach Renninger.

Die Bildung von Versetzungen an einem Modell[1] zeigt Abb. 31. Die Atome sind durch Magnete dargestellt, die an einem Ende (in Messinghülsen befestigt) drehbar gelagert sind. Durch Fäden werden

elastischen Hysteresis von Prandtl (1928, 1) und der Rekristallisation von Dehlinger (1929, 1) (als Verhakungen bezeichnet) untersucht. Auf ihre Bedeutung für die Plastizität haben zuerst Polanyi (1934, 1) und Taylor (1934, 1; 2) hingewiesen.

[1] Das Modell wurde von Herrn Dr. habil. M. Renninger entworfen.

sie in horizontaler Lage gehalten. Die Art der Aufhängung bewirkt, daß bei einer Bewegung der Magnete aus ihrer Mittellage eine rücktreibende Kraft auf sie ausgeübt wird, die gegen die Anziehungskraft der Pole einer Reihe wirkt, so daß jede Reihe für sich mit parallel gestellten Magneten im Gleichgewicht ist. Beide Reihen stehen einander mit entgegengesetzten Polen gegenüber und wirken so mit periodischen Potentialen aufeinander. Den Ausgangszustand zeigt Teilbild a. Die Fehlstellen im Modell kommen dadurch zustande, daß die Magnete nicht alle gleich stark magnetisiert sind. Bewegt man nun eine Reihe gegen die andere, legt also eine Schubspannung an den „Kristall" an, so bewirken die Fehlstellen schon bald sichtbare inhomogene „Atomverschiebungen", die schließlich zur Bildung von Versetzungen führen (Teilbild b). Alle im folgenden beschriebenen Erscheinungen können an dem Modell sehr schön beobachtet werden, insbesondere der Einfluß der Temperaturschwankungen, die durch leichtes unregelmäßiges Erschüttern des Apparats hervorgerufen werden können.

Eine endliche Ausdehnung einer Versetzung, bestimmt durch die Zahl n, haben wir dadurch erhalten, daß wir die Atomverschiebungen von ihrem Mittelpunkt aus gleichmäßig verkleinerten[1]. In Wirklichkeit bewirkt sie im ganzen Kristall elastische Verzerrungen bzw. Spannungen. Diese Spannungen können ohne äußere Kräfte bestehen und gehören zu der Klasse der Eigenspannungen[2]. Diesen ist gemeinsam, daß sie nicht durch eindeutige Funktionen beschrieben werden können, sondern nur durch solche mit singulären Stellen, an denen sie unbestimmt werden. Für eine Versetzung in einem zweidimensionalen Gitter z. B. ist ihr Mittelpunkt ein Verzweigungspunkt, in dem die Spannungsfunktion unendlich vieldeutig wird. Diese singulären Stellen stabilisieren die inneren Spannungen; demgegenüber kann ein eindeutig beschreibbarer Spannungszustand nur bei Anwesenheit von äußeren Kräften von Null verschieden sein. Berechnungen von Versetzungsspannungen unter Benutzung der Formeln der klassischen Elastizitätstheorie wurden

[1] Neuere Berechnungen von Frenkel und Kontorova (1939, 1) (vgl. **11**) und Peierls (1940, 1) haben ergeben, daß die Atomverschiebung v mit der Entfernung x vom Mittelpunkt der Versetzung anfänglich rasch abnimmt. Nähert man zur Festlegung von n den Anfangsteil der (v, x)-Kurve durch eine Gerade an, so erhält man nach Peierls eine Ausdehnung der Versetzung von einigen Atomabständen, wie in Abb. 30 angenommen ist. In früheren Veröffentlichungen [Polanyi (1934, 1); Kochendörfer (1938, 2; 3)] wurde n auf Grund der Tatsache, daß eine Versetzung bei den üblichen, gegenüber der theoretischen Schubspannung kleinen Schubspannungen wandert, gefolgert, daß v bis zu etwa 100 bis 1000 Atomabständen gleichmäßig abnimmt. Diese Schlußweise ist auf Grund obiger Ergebnisse nicht zulässig. Wie Peierls gezeigt hat, bleibt die Wanderungsschubspannung trotzdem größenordnungsmäßig kleiner als die theoretische Schubspannung.

[2] Über die Klassifizierung und Messung von Eigenspannungen siehe **23a**.

zuerst von G. J. Taylor (**1934**, 1; 2) durchgeführt (**12**, **13**), später für allgemeinere Fälle und unter Berücksichtigung der Kristallanisotropie von J. M. Burgers (1939, 1; 2; 3). Sie sind für das Bestehen einer Kriechgrenze (**12**) und für die Verfestigung (**13**) maßgebend.

Wir haben bis jetzt zwei plastisch wirksame Faktoren festgestellt: Die thermischen Schwankungen und die Kerbwirkung der Fehlstellen. Grundsätzlich könnten noch Änderungen der chemischen Natur der Atome, also Veränderungen ihrer Elektronenhülle, von Einfluß sein; hierauf kommen wir in **13** zu sprechen. Zunächst wollen wir untersuchen, ob die beiden ersten Faktoren zu einer Beschreibung des plastischen Verhaltens ausreichen. Bei einer von Null verschiedenen Temperatur wirken beide zusammen. Von der äußeren Schubspannung wird ein Teil der Schwellenenergie A_1 bereits geleistet, so daß nur noch der Rest A_T von den thermischen Schwankungen aufzubringen ist. Die Wahrscheinlichkeit W_B, daß in der Volum- und Zeiteinheit eine Versetzung gebildet wird, ist gegeben durch (33) mit $\varDelta E = A_T$ und $t = 1$:

$$W_B = \text{const}\, e^{-\frac{A_T}{kT}}. \tag{36}$$

A_T ist eine Funktion der Schwellenenergie A_1, der äußeren Schubspannung σ und des Kerbwirkungsfaktors q. Um diese zu erhalten, haben wir die maximale Verschiebung v durch die maximale Schubspannung $q\sigma$ auszudrücken. Da die Spannungsverhältnisse in der Umgebung der Mosaikgrenzen nicht genau bekannt sind, so machen wir die sicher näherungsweise zutreffende Annahme, daß die Verformung dort homogen ist und dem Hookeschen Gesetz folgt. Dann sind v und $q\sigma$ zueinander proportional: $v = v(\sigma) = cq\sigma$; $v_1 = 2c\sigma_R$ (c eine Konstante, σ_R die theoretische Schubspannung). Also wird:

$$\frac{v(\sigma)}{v_1} = \frac{q\sigma}{2\sigma_R}. \tag{37}$$

Den Anfangsteil der kosinusförmigen Kurve in Abb. 29 haben wir dementsprechend durch zwei Parabelbögen zu ersetzen[1]:

$$A = \frac{A_1}{2}\left(\frac{2v}{v_1}\right)^2 \quad \text{für} \quad 0 \leqq v \leqq v_1/2, \tag{38a}$$

$$= A_1\left\{1 - 2\left(1 - \frac{v}{v_1}\right)^2\right\} \quad \text{für} \quad v_1/2 \leqq v \leqq v_1. \tag{38b}$$

Ist v_T die Amplitude der nun um $v = v(\sigma)$ erfolgenden thermischen Schwingungen, so ist ihre Energie A_T gegeben durch (38a) mit $v = v_T$. Damit eine Versetzung gebildet wird, muß v_T mindestens so groß sein,

[1] Wir erhalten diese Gleichungen, wenn wir in (30) $\cos\alpha$ durch $1 - \alpha^2/2$ und $\pi^2/2$ durch 4 ersetzen. Der Unterschied zwischen den Beziehungen (30) und (38a, b) ist nur gering. Es ist eine Frage der Zweckmäßigkeit, die eine oder die andere von ihnen zu benutzen. Bei der Berechnung der Kriechgrenze in **12** benutzen wir (30).

daß die in der Umgebung der Bildungsstelle liegenden Atome um so viel über die „steilste" Lage bei $v = v_1/2$ hinausschwingen, wie sie in ihrer Nullage bei $v(\sigma)$ davorliegen, denn dann genügt wieder die durch die Kerbwirkung verstärkte äußere Schubspannung, um sie vollends bis zur labilen Lage bei $v = v_1$ weiter zu bewegen. Also ist A_T gleich der doppelten Arbeit, die von $v = 0$ bis $v = v_T/2 = v_1/2 - v(\sigma)$ zu leisten ist. Sie wird unter Berücksichtigung von (37) nach (38a):

$$A_T = A_1\left(1 - \frac{q\,\sigma}{\sigma_R}\right)^2. \tag{39}$$

Bei der Anwendung von (39) ist folgendes zu beachten: Die Verschiebung v und die Schubspannung σ sind gerichtete Größen. Wir bezeichnen mit Taylor die Richtung $\rightleftarrows$ als positiv, die Gegenrichtung $\leftrightarrows$ als negativ. Positiven σ und v entspricht nach Abb. 29 die rechte Potentialschwelle, bei ihr ist auch σ_R positiv. A_T ist dann die Arbeit, die bei positivem σ geleistet werden muß, um die Atome vollends über die rechte Potentialschwelle zu bringen. Dieselbe Arbeit ist aber auch erforderlich, damit bei negativem σ die linke Potentialschwelle, bei der auch σ_R negativ ist, überwunden wird. In der Tat bleibt (39) ungeändert, wenn wir σ und σ_R durch $-\sigma$ bzw. $-\sigma_R$ ersetzen.

Mit dem Begriff theoretische Schubspannung verbindet man im allgemeinen nur die Vorstellung ihres Betrags $|\sigma_R|$, nicht aber ihrer Richtung. Diese Vorstellung ist zulässig, wenn man folgerichtig auch σ stets als positiv ansieht, wie wir es bisher getan haben. Um Mißverständnisse, die bei einer späteren Erweiterung von (39) leicht eintreten können, auszuschließen, verwenden wir an Stelle von (39) die ohne Einschränkung gültige Beziehung:

$$A_T^{\sigma} = A_1\left(1 - \frac{q\,|\sigma|}{|\sigma_R|}\right)^2. \tag{40}$$

Der obere Index σ soll andeuten, daß A_T^{σ} die in Richtung von σ zu leistende Arbeit ist.

Neben den σ begünstigenden thermischen Schwankungen können auch so starke Schwankungen in der Gegenrichtung von σ (Gegenschwankungen) auftreten, daß die jenseits der Potentialmulde gelegene Schwelle überschritten wird. Die hierfür erforderliche Arbeit $A_T^{-\sigma}$ ist:

$$A_T^{-\sigma} = A_1\left(1 + \frac{q\,|\sigma|}{|\sigma_R|}\right)^2. \tag{41}$$

Ihr Wert ist größer als der Schwellenwert A_1 und nimmt mit σ zu, der Wert von A_T^{σ} dagegen ab, so daß die Wahrscheinlichkeit $W_B^{-\sigma}$ nach (36) klein ist gegenüber der Wahrscheinlichkeit W_B^{σ}, wenn σ nicht gar zu klein ist.

Wie wir bereits bemerkten, muß sich die Gleitung durch die Mosaikblöcke hindurch ausbreiten. Diesem Vorgang wenden wir uns jetzt zu.

Polanyi (1934, 1) und Taylor (1934, 1; 2) haben zuerst darauf hingewiesen, daß die Atome einer Versetzung nur relativ schwach an ihre Gleichgewichtslage gebunden sind. Aus Abb. **32**, in der eine Versetzung in zwei benachbarten Lagen gezeichnet ist, erkennt man, daß jedes Atom in einer Lage gegenüber seiner andern Lage im Mittel um $\lambda/2n$ verschoben ist. Peierls (1940, 1) hat gezeigt, daß bei einer Schub-

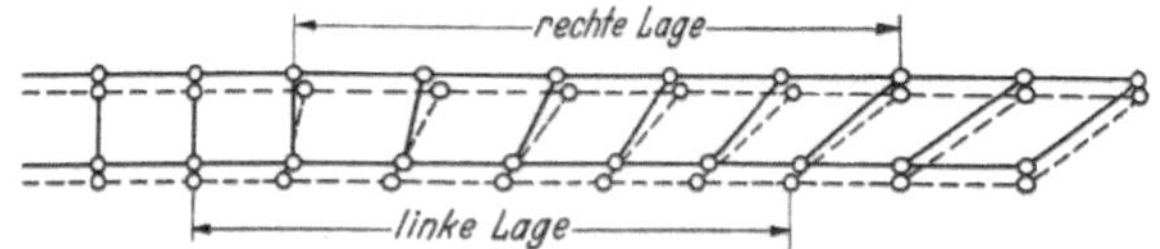

Abb. 32. Benachbarte Lagen einer Versetzung von 6 + 7 Atomen (schematisch). Die ausgezogenen Gittergeraden gehören zu der rechten, die gestrichelten zu der linken Lage. Zur besseren Übersicht ist die linke Lage etwas tiefer gezeichnet. Die Abbildung stellt zwei Momentaufnahmen einer von rechts nach links wandernden Versetzung dar, wobei zwischen den beiden Aufnahmen der Film etwas nach oben verschoben wurde. Aus Kochendörfer (1938, 2).

spannung σ_w, die größenordnungsmäßig kleiner ist als die theoretische Schubspannung, alle Atome der Versetzung die zwischen beiden stabilen Lagen befindliche labile Lage überschreiten, und die Versetzung „wandert". Dabei werden die in ihrer Wanderungsrichtung gelegenen Atome nacheinander in ihren Verband aufgenommen und ebenso viele Atome hinter ihr nehmen eine neue, gegenüber der ursprünglichen um einen Atomabstand λ verschobene, ungestörte Lage ein.

Man sieht leicht, daß unter dem Einfluß einer positiven Schubspannung positive Versetzungen nach rechts, negative Versetzungen nach links wandern und umgekehrt bei einer negativen Schubspannung.

Ist die äußere Schubspannung $\sigma < \sigma_w$, so erfolgt das Wandern einer Versetzung, ähnlich wie ihre Bildung, unter dem Einfluß der thermischen Schwankungen. Wir erhalten für die Wahrscheinlichkeit W_w, daß sie von einer Lage in die Nachbarlage gelangt, entsprechend (36) und (40) bzw. (41):

$$W_w^{\pm\sigma} = \text{const}\, e^{-B_T^{\pm\sigma}/kT}, \tag{42}$$

$$B_T^{\pm\sigma} = B_w\left(1 \mp \frac{|\sigma|}{|\sigma_w|}\right)^2. \tag{43}$$

Wenn $\sigma > \sigma_w$ ist, so haben die thermischen Schwankungen keinen wesentlichen Einfluß mehr, und die Wanderungsgeschwindigkeit wird beträchtlich größer als bei thermischer Mitwirkung ($\sigma < \sigma_w$).

In einem unendlich großen idealen Kristall ist jede Lage einer Versetzung in ihrer Gitterreihe gleichberechtigt; das Wandern bewirkt lediglich, daß sich der mit der Versetzung verbundene Spannungszustand verschiebt. In einem endlichen Kristall sind die Verhältnisse jedoch anders: Mit dem Wandern ist eine stetige Verschiebung der durch ihre Gleitebene bestimmten Kristallhälften verbunden, wie es Abb. **30** veranschaulicht. Wir erkennen das, wenn wir uns in Teilbild c den durch

die strichpunktierte Linie bezeichneten Mittelteil mit der Versetzung herausgeschnitten denken. Er verändert sich dabei nicht, während die Seitenteile die gezeichnete Form, in der sie verspannt sind, nicht beibehalten können; sie gehen in ihre ursprüngliche (vor Bildung der Versetzung) unverzerrte Form zurück. Dabei verschiebt sich im rechten Teil die obere Hälfte nach links gegenüber der unteren, im linken Teil erfolgt die Verschiebung mit derselben Größe in umgekehrter Richtung. Wollen wir nun umgekehrt den Kristall mit Versetzung wieder zusammenbauen, so müssen wir die Seitenteile entsprechend rückwärts verschieben. Da sie gleich groß sind, so erfordert das dieselben Kräfte, die sich im Endzustand das Gleichgewicht halten. Dabei wird die obere Kristallhälfte genau um einen halben Atomabstand gegenüber der unteren verschoben (Mittellage). Sind aber die Seitenteile nicht gleich groß, wie es bei einer Versetzung, die sich nicht in der Mitte befindet, der Fall ist, so erfordert ihre gleiche Verschiebung ungleiche Kräfte, so daß sie nicht mit dem unverzerrten Mittelteil zusammengebaut werden können. Wir müssen vielmehr alle drei Teile so stark verschieben (geringer als vorhin die beiden Seitenteile), daß der kleinere und der mittlere Teil dem größeren das Gleichgewicht halten. Die Verschiebung von der Mittellage erfolgt dabei in Richtung des kleineren Seitenteils und ist näherungsweise proportional zu dem relativen Unterschied der Größe beider Teile[1]. Mit andern Worten besagt dies, daß die beiden Kristallhälften proportional zu der Wanderungsstrecke x der Versetzung gegeneinander verschoben werden. Da die Verschiebung s einen Atomabstand λ beträgt, wenn die Versetzung durch den ganzen Kristall mit der Länge b wandert, so ist:

$$s = \frac{x\lambda}{b}. \qquad (44)$$

Beträgt die Höhe des Kristalls h, so wird die entsprechende Abgleitung:

$$a = \frac{s}{h} = \frac{x\lambda}{b\,h}. \qquad (45)$$

Damit ist die Frage, auf welche Weise in einem wirklichen Kristall die Gleitung zustande kommt, geklärt. In zwei wesentlichen Punkten unterscheidet sich der Mechanismus von dem des Idealkristalls (homogene Verformung): Bei der Bildung einer Versetzung müssen nur wenige Atome gleichzeitig die theoretische Schubfestigkeit überwinden, und bei der Wanderung erfolgt die gegenseitige Verschiebung zweier Atome um einen Atomabstand nicht auf einmal, sondern in n Schritten. Eine Versetzung bewirkt also eine räumliche und zeitliche Auflösung des großen Energiebetrags, der bei der homogenen Verformung auf einmal

---

[1] In einem unendlich großen Kristall sind beide Teile stets gleich groß, und daher die Verschiebung aus der Mittellage Null.

aufgebracht werden müßte, und ermöglicht es dadurch, daß bereits bei Schubspannungen, die wesentlich kleiner sind als die theoretische Schubspannung, die plastische Verformung einsetzen kann.

Wir haben bisher das Wandern einer Versetzung in einem idealen Kristall oder was dasselbe ist, in einem herausgegriffenen Mosaikblock betrachtet. In einem Kristall mit Mosaikstruktur wird das Wandern gestört, sobald die Versetzung wieder an eine Fehlstelle gelangt, denn die oben beschriebenen Verhältnisse treffen offenbar nur in einem idealen Gebiet zu. Wie Kochendörfer (1938, 1) zuerst bemerkt hat, sind die energetischen Verhältnisse in einem Gitter, in dem eine Versetzung eben gebildet wurde, und in dem sie bis zur folgenden Fehlstelle gewandert ist, vollkommen gleichwertig. Während beim Wandern die Energieschwelle, welche das einzelne Atom überschreiten muß, gering ist, müssen an den Fehlstellen in kleinen Bereichen große Energiebeträge aufgebracht werden. Die Wanderung hört dort auf, und es tritt ein der Bildung entgegengesetzter Vorgang, die Auflösung, ein[1], nach der, bis auf die stattgefundene Verschiebung der beiden Gleitebenen um einen Gitterschritt, die ursprüngliche Gitteranordnung wiederhergestellt ist (Abb. 30e).

Da dieser Vorgang unter Mitwirkung der thermischen Schwankungen (und der Kerbwirkung) erfolgt, so verstreicht eine bestimmte Zeit, bis er wirklich eintritt: Die Versetzung bleibt solange gebunden. Für die Wahrscheinlichkeit der Auflösung erhalten wir (36) und (39) entsprechende Beziehungen[2]:

$$W_A = \mathrm{const}\, e^{-A_T^*/kT}, \tag{46}$$

$$A_T^* = A_2\left(1 - \frac{q_2\sigma}{\sigma_R^*}\right)^2. \tag{47}$$

Die Bedeutung der Auflösung liegt darin, daß der mit einer Versetzung verbundene Spannungszustand, der für die Verfestigung maßgebend ist, verschwindet.

Nach Kochendörfer (1938, 3) ist:

$$A_1 - A_2 = E. \tag{48}$$

Durch Vergleich mit Meßwerten (10b) erhält man im Mittel:

$$A_2/A_1 = 0{,}95. \tag{49}$$

Daraus und aus (27) ergeben sich für E und A_1' die Werte (29).

---

[1] Die Auflösung unterscheidet sich von der Rückbildung dadurch, daß sie nach der Wanderung durch den Mosaikblock an der andern Mosaikgrenze erfolgt.

[2] Eine Auflösung in der Gegenrichtung von σ gibt es nicht, Gegenschwankungen können höchstens ein Rückwandern der Versetzungen von der Auflösungsstelle weg bewirken. Wir lassen daher den Index σ bei A_T^* weg.

8. Temperatur- und Geschwindigkeitsabhängigkeit der kritischen Schubspannung.

Wir haben bisher die Bildung, Wanderung und Auflösung einer einzelnen Versetzung betrachtet. Um zu praktisch anwendbaren Formeln zu gelangen, müssen wir die Gesamtheit dieser Vorgänge, die sich neben- und nacheinander im Kristall abspielen, untersuchen. Wegen des mit einer Versetzung verbundenen Spannungsfeldes können sie nicht unabhängig voneinander erfolgen. Es ist zu vermuten, daß diese Wechselwirkungen den Einfluß des Kristallgefüges (4c) bedingen. Da dieser bei „großen" Gleitgeschwindigkeiten unmerklich wird, so ist anzunehmen, daß wir sie zur Beschreibung der plastischen Eigenschaften in diesem Gebiet vernachlässigen können. Dann ist die Zahl $d_1 N^\sigma$ der in der Volumeinheit in einem Zeitelement dt gebildeten Versetzungen proportional zu der Zahl der Fehlstellen in der Volumeinheit, die selbst umgekehrt proportional zur Mosaikgröße L ist (zweidimensionales Gitter!), und zur Bildungswahrscheinlichkeit W_B^σ nach (36) und (40):

$$d_1 N^\sigma = \frac{\alpha_1}{L}\, e^{-\frac{A_1}{kT}\left(1-\frac{|\sigma|}{|\sigma_{01}|}\right)^2} \cdot dt; \qquad \sigma_{01} = \frac{\sigma_R}{q}. \tag{50}$$

α_1 ist eine Konstante. Die Wahrscheinlichkeit, daß eine Versetzung in der Gegenrichtung von σ gebildet wird, ist in diesem Gebiet (außer bei hohen Temperaturen) so klein, daß wir $d_1 N^{-\sigma}$ neben $d_1 N^\sigma$ vernachlässigen können[1]. Bei „kleinen" Gleitgeschwindigkeiten wird dieser Einfluß jedoch merklich (12).

Diese $d_1 N$-Versetzungen ergeben, nachdem sie die Mosaikgröße L durchwandert haben, nach (45) die Abgleitungszunahme (bh ist das Volumen des zweidimensionalen Gitters)

$$da = \lambda L\, d_1 N. \tag{51}$$

Ihr Wert ist unabhängig davon, ob die Versetzungen „rasch" oder „langsam" wandern. (Die genaue Festlegung dieser Begriffe erfolgt in 11.) Hier machen wir die für die Rechnung zunächst einfachste Annahme, daß die Versetzungen in verschwindend kleiner Zeit durch die Mosaikblöcke wandern. In 11 werden wir dann zeigen, daß ihre Wanderungsgeschwindigkeit in Wirklichkeit so groß ist, daß die damit erhaltenen Formeln bestehen bleiben. Bei obiger Annahme darf (51) nach der Zeit differenziert werden (da sich $d_1 N$ und da auf dasselbe

---

[1] Wir lassen daher der Einfachheit halber im folgenden [mit Ausnahme von (52)], solange keine Mißverständnisse zu befürchten sind, den Index σ und die Absolutzeichen weg. σ und σ_{01} sind dann stets positiv zu rechnen.

Zeitelement dt beziehen), und wir erhalten für die Gleitgeschwindigkeit $u = da/dt$ die Beziehung

$$u^\sigma = \frac{da^\sigma}{dt} = \lambda L \frac{d_1 N^\sigma}{dt} = \alpha_1 \lambda e^{-\frac{A_1}{kT}\left(1 - \frac{|\sigma|}{|\sigma_{01}|}\right)^2}. \quad (52)$$

Sie wurde zuerst von Becker und Orowan[1] mit A_1 nach (34) abgeleitet.

Da sie die Verfestigung nicht enthält, so bezieht sie sich auf den Gleitbeginn, muß also den Temperatur- und Geschwindigkeitsverlauf der kritischen Schubspannung wiedergeben. Zunächst liefert sie überhaupt für ein vorgegebenes u eine bestimmte Anfangsschubspannung σ_0, eben die kritische Schubspannung. Durch Auflösen von (52) erhalten wir σ_0 als Funktion von u und T:

$$\sigma_0 = \varphi(u, T) = \sigma_{01}\left(1 - \sqrt{\left(\ln \frac{\alpha_1 \lambda}{u}\right) \Big/ \frac{A_1}{k}}\, \sqrt{T}\right). \quad (53)$$

Damit haben wir die Zustandsgleichung für den Beginn der Gleitung (bei „großen" Gleitgeschwindigkeiten) in Übereinstimmung mit der experimentell geforderten allgemeinen Form (21)[2] gewonnen. Die das Gefüge kennzeichnende Mosaikgröße L kommt, wie es sein muß, in (53) nicht mehr vor.

Vor der experimentellen Prüfung von (53) im einzelnen sei folgende Bemerkung vorausgeschickt: Die Versuche, deren Ergebnisse zur Bestimmung der Konstanten in (53) dienen, erfolgten teilweise unter nicht genau bestimmten Versuchsbedingungen. Die mit ihnen allein feststellbare praktische kritische Schubspannung σ_0^* ist mit einer gewissen Ungenauigkeit behaftet (vgl. **4e**) und dementsprechend können auch die Konstanten nur mit einer gewissen Unbestimmtheit berechnet werden, da sie in Verbindung mit der Gleitgeschwindigkeit auftreten. Es zeigt sich aber, daß ihre Werte nahezu unabhängig davon sind, welchen Wert der Gleitgeschwindigkeit, solange er nur innerhalb der üblichen Grenzen liegt, wir den Meßwerten der praktischen kritischen Schubspannung zuschreiben. Damit trägt offenbar (53) der grundlegenden Erfahrungstatsache Rechnung, daß innerhalb der üblichen Versuchsbedingungen der Einfluß der Gleitgeschwindigkeit nicht größer ist, als die Streuungen der Meßwerte betragen. Wir können daher, ohne einen merklichen Fehler zu begehen, für die praktische kritische Schubspannung σ_0^* die Gleitgeschwindigkeit $u = 1$ zugrunde legen.

Damit erhalten wir aus (53) für ihren Temperaturverlauf:

$$\sigma_0^* = \sigma_{01}(1 - \beta\sqrt{T}); \qquad \beta = \sqrt{(\ln \alpha_1 \lambda)/A_1/k}. \quad (54)$$

Die durch (54) gegebene Parabel ist durch zwei Meßpunkte bestimmt, sie liefern die Zahlwerte von σ_{01} und β. In Abb. **13** sind die Parabeln, die sich den Meßpunkten am besten anpassen, eingezeichnet. Wie man

---

[1] Vgl. Fußnote 1 auf S. 59. [2] Vgl. Fußnote 1 auf S. 40.

sieht, ist die Übereinstimmung gut[1], nur bei höheren Temperaturen treten systematische Abweichungen auf, auf die wir gleich zu sprechen kommen. Die erhaltenen Werte von σ_{01}, der kritischen Schubspannung am absoluten Nullpunkt, sind auf der Ordinatenachse durch kleine Querstriche gekennzeichnet. Aus ihnen und den berechneten Werten der theoretischen Schubspannung erhält man für den Kerbwirkungsfaktor q die früher angegebenen Werte zwischen 100 und 1000.

Tabelle 2. Berechnete Werte der Konstanten in (54).

	$\beta=\sqrt{\frac{\ln\alpha_1\lambda}{A_1/k}}$	$\frac{\sigma_{01}}{\sigma_0^*(291)}$	$\ln\alpha_1\lambda = \frac{A_{291}(\sigma_0^*)}{291\,k}$	$A_{291}(\sigma_0^*)/k$	A_1/k	$\frac{\sigma_{01}}{\sigma_0^*(291)}$
Zink	0,030	2,06	29,0[2]	8450	31900	2,06
Kadmium . . .	0,033	2,29	26,2[3]	7620	24100	2,28
Wismut	0,039	2,97	34,4[3]	9950	22800	2,94
Zinn	—	—	29,5[3]	8590	—	—
Wolfram	0,035	2,50	29,9[3]	8700	24200	2,50
Mittelwert . . .	0,034	2,46	29,8	8660	25750	—
Berechnet aus dem (den)	Temperaturverlauf von σ_0^* in Abb. 13		Meßwerten $\frac{du}{dT}(291)$ nach (57)	Werten von Spalte 3	Werten von Spalte 1 und 3	Werten von Spalte 4 und 5 nach (57)

Die Werte von β sowie die dadurch bestimmten Werte des Verhältnisses der kritischen Schubspannung σ_{01} am absoluten Nullpunkt zu der $\sigma_0^*(291)$ bei Zimmertemperatur sind in Tabelle 2 angegeben. Sie stimmen für die angeführten Metalle nahezu überein, ihre Mittelwerte[4] sind:

$$\beta = \sqrt{(\ln\alpha_1\lambda)/A_1/k} = 0{,}034; \qquad \sigma_{01}/\sigma_0^*(291) = 2{,}4. \tag{55}$$

Das Konstantwerden bzw. den Anstieg der kritischen Schubspannung in der Nähe des Schmelzpunktes bei einigen Metallen gibt die Beziehung (54) nicht wieder. Außerdem wird sie bei einer bestimmten Temperatur, oberhalb deren σ_0^* sehr klein und schließlich negativ wird, also die Wirkung einer Reibung annimmt, grundsätzlich ungültig. Das kommt daher, daß wir die Temperaturschwankungen in der Gegenrichtung von σ_0^* vernachlässigt haben. In 9 werden wir zeigen, in welcher Weise (54) für hohe Temperaturen zu erweitern ist.

---

[1] Für Kadmium und Zink hat das zuerst Orowan (1934, 1) nachgewiesen.

[2] Aus Boas und Schmid (1936, 1). [3] Aus Becker (1925, 1).

[4] Die unter (28), (55) und (58) angegebenen (abgerundeten) Werte sind etwas von den berechneten Mittelwerten in Tabelle 2 verschieden. Sie wurden der schon früher durchgeführten etwas langwierigen Rechnung [Kochendörfer (1938, 1)] zugrunde gelegt und daher beibehalten.

Mit Hilfe des Temperaturkoeffizienten der Gleitgeschwindigkeit bei konstanter Schubspannung können wir die Faktoren von β einzeln berechnen. Durch Differentation von (52) nach T ergibt sich:

$$\ln\frac{\alpha_1\lambda}{u} = \frac{A_1}{kT}\left(1 - \frac{\sigma}{\sigma_{01}}\right)^2 = \frac{A_T}{kT} = \frac{T}{u}\frac{du}{dT}. \tag{56}$$

Messen wir die Anfangsgleitgeschwindigkeiten u und $u + du$ bei zwei benachbarten Temperaturen T und $T + dT$, so können wir mit Hilfe von (56) A_T und $\ln\alpha_1\lambda/u$ berechnen. Solche Messungen wurden von Becker (1925, 1) und Boas und Schmid (1936, 1) ausgeführt. Die Meßgenauigkeit war die übliche, d. h. die angelegte Schubspannung lag innerhalb der Streuungsbereiche der praktischen kritischen Schubspannung, bei der die Gleitgeschwindigkeit schon bequem meßbare Werte besitzt[1]. Auf Grund der oben gemachten Bemerkungen können wir daher ohne einen experimentell feststellbaren Fehler zu begehen, in $(\ln\alpha_1\lambda/u)$ $u = 1$ und in A_T $\sigma = \sigma_0^*$ setzen. Damit wird:

$$\ln\alpha_1\lambda = \frac{A_1}{kT}\left(1 - \frac{\sigma_0^*}{\sigma_{01}}\right)^2 = \frac{A_T(\sigma_0^*)}{kT} = \frac{T}{u}\frac{du}{dT}. \tag{57}$$

Die bei Zimmertemperatur durchgeführten Messungen ergaben gut reproduzierbare Werte für die Anfangsgleitgeschwindigkeit, mit denen nach (57) die in Tabelle 2 angegebenen Werte von $\ln\alpha_1\lambda$ und $A_{291}(\sigma_0^*)/k$ erhalten werden. Auch sie stimmen in allen Fällen nahezu überein. Sie ergeben die Mittelwerte:

$$\alpha_1\lambda = 4{,}8\cdot 10^{12};\ A_{291}(\sigma_0^*)/k = 8500. \tag{58}$$

Mit den Werten (55) und (58) von β und $\alpha_1\lambda$ ergibt sich der Wert[2] (28) für A_1/k.

Die bei der Temperatur der flüssigen Luft von Boas und Schmid durchgeführten Versuche ergaben sehr unterschiedliche Werte für die Anfangsgeschwindigkeit, da hier die Kristallunregelmäßigkeiten und die Verfestigung stärker in Erscheinung treten als bei Zimmertemperatur. Zu einer zusätzlichen Prüfung von (53) können unter diesen Umständen die Ergebnisse nicht benutzt werden; Orowan (1936, 2) hat gezeigt, daß (53) zumindest nicht in Widerspruch mit ihnen steht.

Zur Berechnung der Konstanten von (53) waren zwei Meßwerte der praktischen kritischen Schubspannung bei zwei Temperaturen und der Wert des Temperaturkoeffizienten der Gleitgeschwindigkeit bei

[1] Die absoluten Werte der Schubspannung und Gleitgeschwindigkeit sind in den genannten Arbeiten nicht angegeben, sondern nur die zu ihnen proportionalen unmittelbaren Meßwerte der Last und die Bewegungsgeschwindigkeit des Lichtzeigers für die Dehnung. Wir können gerade an diesem Beispiel sehen, daß bereits die ungefähre Kenntnis der Gleitgeschwindigkeit zur Berechnung der Konstanten ausreicht, denn sie sind durch diese Messungen zusammen mit den Messungen des Temperaturverlaufs der kritischen Schubspannung überbestimmt und die möglichen Berechnungsarten miteinander in Einklang (s. weiter unten).

[2] Die Einzelwerte sind in Spalte 5 von Tabelle 2 angegeben.

Zimmertemperatur erforderlich. Noch nicht benutzt haben wir, daß sich mit letzterem nach (57) auch der Wert von $A_{291}(\sigma_0^*)$ berechnen läßt. Dieser liefert seinerseits den Wert von $\sigma_{01}/\sigma_0^*(291)$, den wir bereits aus dem Temperaturverlauf von σ_0^* gewonnen haben. Beide Werte müssen, wenn die Beziehung (53) die Verhältnisse richtig wiedergibt, übereinstimmen. Wie vorzüglich das der Fall ist, zeigt der Vergleich der Spalten 2 und 6 von Tabelle 2.

Eine weitere Möglichkeit zur Prüfung von (53) gibt die Geschwindigkeitsabhängigkeit der kritischen Schubspannung. Einen Überblick über die Größe des dynamischen Einflusses $\Delta\sigma(100,1)$ (5a) für alle Temperaturen, berechnet nach (53) mit den erhaltenen Zahlwerten für die Konstanten, gibt Abb. 33. Man erkennt aus dieser Abbildung, wie die Änderungen von σ mit T bei konstantem u, von u mit T bei konstantem σ und von σ mit u bei konstantem T miteinander zusammenhängen. Durch je zwei von ihnen, die zur Berechnung der Konstanten in (53) dienen können, ist die dritte bestimmt. Genaue Messungen dieser Änderungen über genügend große Geschwindigkeits- und Temperaturgebiete fehlen, so daß die in Abb. 33 gezeichneten Kurven zur Zeit experimentell noch nicht in vollem Umfange geprüft werden können. Qualitativ entsprechen sie den Beobachtungen.

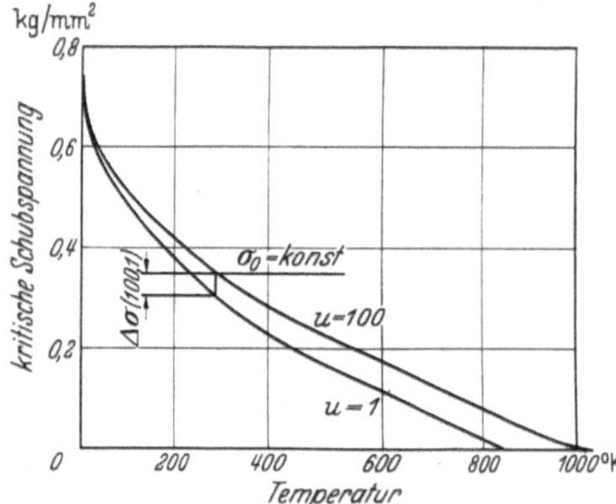

Abb. 33. Temperaturverlauf der kritischen Schubspannung für die Gleitgeschwindigkeiten 1 und 100 berechnet nach (53): $\sigma_0(1) = 0{,}74(1 - 0{,}034\sqrt{T})$; $\sigma_0(100) = 0{,}74(1 - 0{,}031\sqrt{T})$ kg/mm².

Wir gehen nun zur Prüfung von (53) an Hand der vorliegenden Messungen der Geschwindigkeitsabhängigkeit der kritischen Schubspannung bei Zimmertemperatur über. Am besten erkennen wir die Verhältnisse, wenn wir die Schubspannung gegen den Logarithmus der Gleitgeschwindigkeit auftragen. In Abb. 34 ist die nach (53) für Zimmertemperatur ($T = 291\,°$ K) berechnete Kurve gezeichnet. Damit die Meßpunkte für alle Kristalle mit sehr unterschiedlichen Schubspannungswerten eingetragen werden können, wurden die σ_0-Werte so umgerechnet, daß der Wert für $u = 1$ mit dem berechneten Wert übereinstimmt. Für Zinn, wo bei dieser Geschwindigkeit keine Messungen von Chalmers vorliegen, wurde der von Bausch (1935, 1) an Kristallen etwa gleicher Reinheit gemessene Wert von 105 g/mm² zugrunde gelegt[1].

[1] Mittelwert der Meßwerte von 100 g/mm² und 110 g/mm² für die Gleitsysteme [001], (110) und [001], (100).

Die Meßwerte von Naphthalin fügen sich dem Verlauf der Kurve gut ein, worauf Kochendörfer (1938, 1) bereits hingewiesen hat.

Für die Meßwerte von Roscoe an Kadmiumkristallen trifft das auch nicht annähernd zu. Um den Kernpunkt der Unstimmigkeit zu erkennen, schreiben wir (53) in der Form, die der Verwendung logarithmischer Koordinaten für u entspricht:

$$\mathfrak{Log}\, u = \mathfrak{Log}\, \alpha_1 \lambda - \frac{0{,}434\, A_1}{k T}\left(1 - \frac{\sigma_0}{\sigma_{01}}\right)^2. \tag{59a}$$

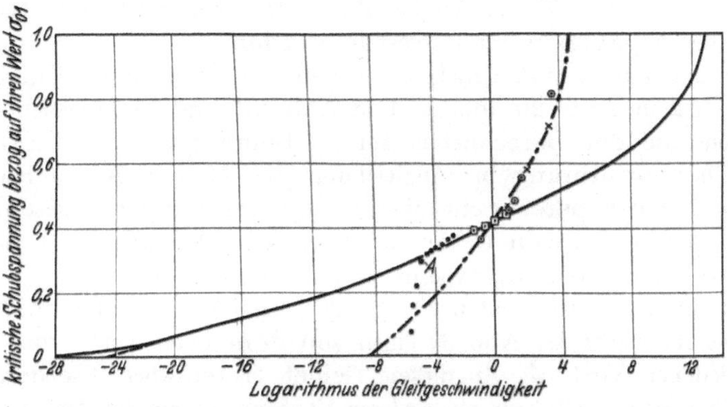

Abb. 34. Verlauf der kritischen Schubspannung (bezogen auf ihren Wert σ_{01}) mit dem Logarithmus der Gleitgeschwindigkeit, berechnet nach (59b) (ausgezogene Kurve) und (59c) (strichpunktierte Kurve). Meßpunkte: ⊡ von Naphthalinkristallen aus Abb. 16; ×⊙ von Kadmiumkristallen aus Abb. 16; • von Zinnkristallen des Reinheitsgrades 99,987% aus Abb. 20.

Mit den erhaltenen Zahlwerten für die Konstanten und $T = 291°$ K wird (59a):

$$\mathfrak{Log}\, u = 12{,}68 - 37{,}28\left(1 - \frac{\sigma_0}{\sigma_{01}}\right)^2. \tag{59b}$$

Der größte Schubspannungswert $\sigma_0 = \sigma_{01} = 2{,}4\, \sigma_0(u = 1)$ wird bei der Gleitgeschwindigkeit $u = \alpha_1 \lambda = 4{,}8 \cdot 10^{12}$ angenommen[1]. Von da an nimmt σ_0 mit annehmendem u ab und wird schließlich Null und negativ[2] (gestricheltes Ende der Kurve in Abb. 34). Der Abfall erfolgt um so größer, je größer A_1 ist. Auch die Meßwerte von Roscoe liegen auf einer Kurve, die (59a) genügt, wie bereits Andrade und Roscoe (1937, 2) bemerkt haben. Zahlenmäßig erhält man für die in Abb. 34 strichpunktiert gezeichnete Kurve:

$$\mathfrak{Log}\, u = 4{,}4 - 12{,}65\left(1 - \frac{\sigma_0}{\sigma_{01}}\right)^2. \tag{59c}$$

[1] Dabei werden die Versetzungen bereits ohne Mitwirkung der thermischen Schwankungen gebildet. Für $\sigma_0 > \sigma_{01}$ hat also die (52) zugrunde gelegte Wahrscheinlichkeitsbetrachtung keinen Sinn mehr.

[2] Dieses Verhalten hat, wie in Abb. 13 und 33, seinen Grund darin, daß wir die Temperaturschwankungen in Gegenrichtung von σ_0 vernachlässigt haben. Bei ihrer Berücksichtigung (9) erhält man das ausgezogene Ende der Kurve, das für $\sigma_0 = 0$ bei $u = 0$ einmündet.

Für sie ist $\ln \alpha_1 \lambda = 9{,}0$, also $\alpha_1 \lambda = 2{,}5 \cdot 10^4$ und $A_1/k = 8480$. Das Verhältnis $\sigma_{01}/\sigma_0 (u = 1)$ ergibt sich auch hier in Übereinstimmung mit dem Wert aus dem Temperaturverlauf der kritischen Schubspannung zu 2,4. Damit wird $A_{291}(\sigma_0^*) = 2880$. Die so erhaltenen Werte von $\ln \alpha_1 \lambda$ und $A_{291}(\sigma_0^*)$ betragen also nur rund $^1/_3$ der Werte, die sich aus den Messungen des Temperaturkoeffizienten der Gleitgeschwindigkeit ergeben. Diese Unstimmigkeit liegt in den Meßergebnissen selbst und wäre auch durch eine andere Funktion als (53) nicht zu beheben. Ihre Ursache kann auf Grund der bei Boas und Schmid sowie Roscoe gemachten Angaben nicht festgestellt werden.

Die Meßpunkte von Chalmers liegen vom Beginn des Knicks der Kurve *II* 2 in Abb. 20 (durch *A* in Abb. 20 und 34 bezeichnet) befriedigend auf der berechneten Kurve. Bemerkenswert ist, daß sich diese Übereinstimmung bei Angleichung des Meßwertes von Bausch für $u = 1$ an den berechneten Wert ergibt. Es darf daraus geschlossen werden, daß im ganzen Gebiet zwischen $u \sim 10^{-5}$ und $u \sim 1$ der berechnete Verlauf von σ_0 experimentell bestätigt wird.

Der lineare Anfangsteil der Kurve in Abb. 20 (unterhalb des Punktes *A*) ergibt in Abb. 34 einen von dem berechneten vollständig verschiedenen Verlauf. In diesem Gebiet treten aber Besonderheiten auf, die zeigen, daß hier ein anderer Verformungsmechanismus in Erscheinung tritt, als wir ihn bisher zugrunde gelegt haben: Bei Schubspannungen oberhalb des Knickpunktes *A* nimmt die Gleitgeschwindigkeit anfänglich ab, erreicht aber bald einen konstanten Endwert[1]. Bei Schubspannungen unterhalb *A* dagegen kommt das Gleiten nach einer Abgleitung von $\sim 10^{-5}$ praktisch zum Stillstand, die noch mögliche Gleitgeschwindigkeit ist sicher $< 10^{-8}$. Ist dieser Endzustand bei einer bestimmten Schubspannung einmal erreicht, so nimmt die Gleitgeschwindigkeit auch nicht mehr zu, wenn die Schubspannung erhöht wird, wenn sie nur unterhalb *A* bleibt. Die begrenzte Abgleitung bleibt auch bestehen, wenn der Kristall zwischendurch kurzzeitig oberhalb *A* belastet wird. Eine zwanglose Erklärung dieser Befunde gibt die Annahme, daß die Verformung in diesem Gebiet die Folge einer gegenseitigen Verschiebung der Mosaikblöcke als Ganzes ist[2]. Um eine Ab-

[1] Als Folge der dauernd wirksamen Erholung, welche die während des Gleitens auftretende Verfestigungszunahme beseitigt. Man erkennt leicht, daß dieses Wechselspiel eine konstante Fließgeschwindigkeit bedingt.

[2] J. M. Burgers (1938, 1) hat die Möglichkeit in Betracht gezogen, daß dabei eine Art amorphes Fließen stattfindet, bei dem die Atomverschiebungen im ganzen Kristall unregelmäßig erfolgen. Hierbei müßte jedoch die Fließgeschwindigkeit nahezu konstant bleiben. Außerdem sind unregelmäßige Atomverschiebungen in Eiskristallen sehr unwahrscheinlich, sie dürften nur in vielkristallinen Werkstoffen an den Korngrenzen auftreten (vgl. Fußnote 1 auf S. 245). Neuerdings hat Burgers (1940, 1) auch unsere Ansicht ausgesprochen.

gleitung von 10^{-5} zu erzielen, ist erforderlich, daß Mosaikblöcke der Größe von etwa $5 \cdot 10^{-3}$ cm um je einen Atomabstand gegeneinander verschoben werden, was durchaus möglich erscheint.

Zusammenfassend stellen wir fest, daß die Becker-Orowansche Funktion (52) bzw. (53) innerhalb ihrer Gültigkeitsgrenzen, die dadurch gegeben sind, daß in ihr die Wechselwirkung der Versetzungen und die Temperaturschwankungen in der Gegenrichtung der äußeren Schubspannung nicht berücksichtigt sind, die Verhältnisse für den Beginn der Gleitung vollständig und in Übereinstimmung mit der Erfahrung wiedergibt[1]. Dabei ist der Verlauf der kritischen Schubspannung mit der Gleitgeschwindigkeit bei konstanter Temperatur und der Verlauf der Gleitgeschwindigkeit mit der Temperatur bei konstanter Schubspannung im wesentlichen eine Folge der e-Funktion in (52), während der Verlauf der kritischen Schubspannung mit der Temperatur bei konstanter Gleitgeschwindigkeit durch die Form von A_T bestimmt ist. Der parabelförmige Verlauf der Kurven in Abb. 13 und 34 ergibt sich aus dem Ansatz (39), zu dessen Ableitung wir angenommen haben, daß wir die Umgebung der Fehlstellen durch homogen verformte Gebiete ersetzen können, eine Annahme, die nur in erster Näherung zutreffen kann. Die trotzdem überraschend gute Wiedergabe der experimentellen Ergebnisse in ihrem ganzen Umfang zeigt, daß die Vorstellungen den Kern der Sache treffen, und mehr kann bei ihrer Allgemeinheit nicht erwartet werden.

9. Die kritische Schubspannung bei kleinen Gleitgeschwindigkeiten und bei hohen Temperaturen. (Einfluß der Gegenschwankungen.)

In 8 haben wir gesehen, daß bei „großen“ Gleitgeschwindigkeiten die Wechselwirkung der Versetzungen vernachlässigt werden kann. In 12 werden wir zeigen, daß diese bei „kleinen“ Gleitgeschwindigkeiten eine maßgebende Rolle spielt, so daß dort (52) überhaupt nur in besonderen Fällen gültig sein kann. Wenn wir aber von der Frage absehen, ob und mit welcher Geschwindigkeit ein Kristall in diesem Gebiet gleiten kann und nur Wert darauf legen, daß u mindestens „klein“ ist, so können wir die Beziehung (52) als hinreichende Näherung beibehalten, denn sie liefert ja gerade dieses Ergebnis.

Mit der Annäherung an $\sigma = 0$ wird sie aber grundsätzlich ungültig, denn sie ergibt hierfür eine von Null verschiedene Gleitgeschwindigkeit. Den Grund für dieses Verhalten erwähnten wir bereits: Wir haben angenommen, daß jede gebildete Versetzung auch wandert, und damit einen Beitrag zur Abgleitung gibt. Diese Annahme steht aber für $\sigma = 0$

[1] Diese Feststellung wird durch die erwähnte Unstimmigkeit zwischen den Meßergebnissen von Boas und Schmid einerseits und von Roscoe andererseits nicht berührt.

im Widerspruch zum zweiten Hauptsatz, nach dem dann die thermischen Schwankungen nicht mehr einseitig bevorzugt sind.

Allgemein bestehen bei jeder Schubspannung von Null verschiedene Wahrscheinlichkeiten, daß Versetzungen gegen die äußere Schubspannung gebildet werden [nach (36) und (41)] und wandern [nach (42) und (43)]. Für nicht zu kleine σ können sie gegenüber den σ-Wahrscheinlichkeiten vernachlässigt werden, was wir auch bisher getan haben. In der Nähe von $\sigma = 0$ werden jedoch beide von derselben Größenordnung, und wir müssen eine „negative" Gleitgeschwindigkeit

$$u^{-\sigma} = \alpha_1 \lambda e^{\frac{A_1}{kT}\left(1 + \frac{|\sigma|}{|\sigma_{01}|}\right)^2} \tag{60}$$

berücksichtigen[1], die sich in derselben Weise ergibt wie u^σ, nur mit $A_T^{-\sigma}$ an Stelle von A_T^σ. Die resultierende Gleitgeschwindigkeit ist dann:

$$u = u^\sigma - u^{-\sigma}. \tag{61}$$

Mit (61) hätten wir dieselben Rechnungen durchzuführen wie mit (52). Die (53) entsprechende Auflösung nach σ_0 ist jedoch in geschlossener Form nicht mehr möglich. Auf graphischem Wege lassen sich aber die durch $u^{-\sigma}$ bedingten Besonderheiten übersehen.

Unmittelbar erkennt man, daß die Kurve in Abb. 34 für $u = 0$ nach $\sigma = 0$ geht, anstatt wie bei Berücksichtigung von u^σ allein, nach $\sigma = -\infty$.

Zur Veranschaulichung des Temperaturverlaufs der kritischen Schubspannung bei konstanter („großer") Gleitgeschwindigkeit $u = u_0$ zeichnen wir [Kochendörfer (1938, 1)] die Gaußschen Glockenkurven von u_t^σ und $-u^{-\sigma}$ auf[2] (Abb. 35).

Die Halbwertsbreite der Kurven nimmt proportional mit $\sqrt{T}$ zu. Für $T = 0$ bzw. $T = \infty$ entarten die u^σ-Kurven in die Geraden $|\sigma_0| = |\sigma_{01}|$ bzw. $u = \alpha_1 \lambda$, die $-u^{-\sigma}$-Kurven in die Geraden $|\sigma_0| = -|\sigma_{01}|$ bzw. $u = -\alpha_1 \lambda$. Die u-Kurven ergeben sich durch Addition ersterer für gleiche Werte von T.

Wie man sieht, ist bis zu dem angenommenen Wert $T = 10\,T_1$ der Einfluß von $u^{-\sigma}$ verschwindend klein, dann macht er sich zunächst bei sehr kleinen Schubspannungswerten bemerkbar ($T = 50\,T_1$), und reicht schließlich bis zu $|\sigma_0| = |\sigma_{01}|$ hinauf ($T = 100\,T_1$), wobei der bisherige Scheitelwert $\alpha_1 \lambda$ von u herabgesetzt wird. Diese Verkleinerung nimmt

[1] Auf diese Notwendigkeit hat bereits Orowan (1936, 1) hingewiesen. Durch ein Versehen bei der Auswertung der Gleichungen kommt er zu dem Ergebnis, daß σ_0 gleichmäßig mit T abnimmt.

[2] Zur vollständigen Übersicht sind die Kurven auch für $|\sigma| < 0$, wo sie keine physikalische Bedeutung mehr besitzen, und für $|\sigma| > |\sigma_{01}|$, wo die Grenze, bei der Versetzungen bereits ohne thermische Mitwirkung gebildet werden, überschritten ist und eine Wahrscheinlichkeitsbetrachtung keinen Sinn mehr hat, gezeichnet worden.

mit wachsendem T immer mehr zu und für $T = \infty$ entartet die u-Kurve in die Gerade $u = 0$.

Um die Werte der kritischen Schubspannung zu erhalten, haben wir die u-Kurven mit der Geraden $u = u_0$ zum Schnitt zu bringen. Bei $T = 0$ beginnend, nimmt ihre Größe, wegen der zunehmenden Halbwertsbreite der Kurven, mit wachsender Temperatur zunächst ab, wie bei u^σ allein auch. Anstatt nun aber, wie in letzterem Fall, bei einer bestimmten Temperatur Null zu werden, bleibt σ_0 nunmehr stets positiv

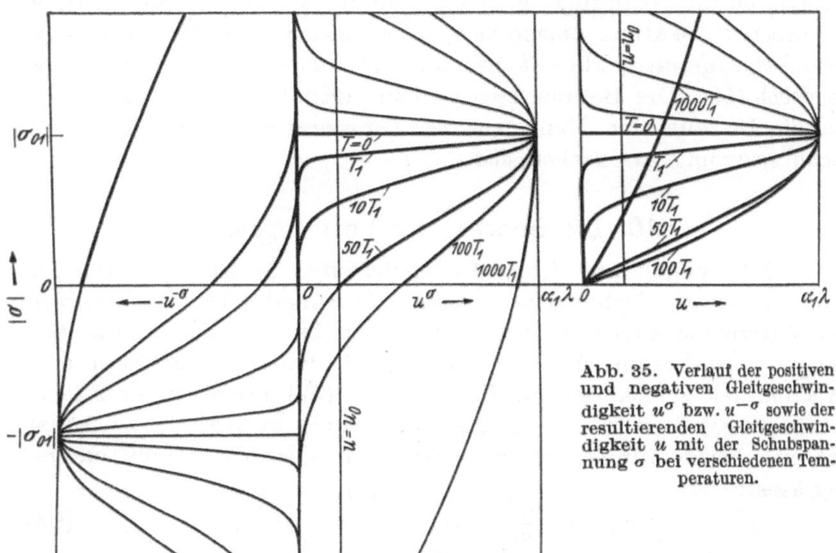

Abb. 35. Verlauf der positiven und negativen Gleitgeschwindigkeit u^σ bzw. $u^{-\sigma}$ sowie der resultierenden Gleitgeschwindigkeit u mit der Schubspannung σ bei verschiedenen Temperaturen.

und nimmt bei höheren Temperaturen sogar wieder zu. Oberhalb der Umkehrtemperatur erfolgt die Zunahme sehr rasch, bis zu dem Wert σ_{01}, den sie auch am absoluten Nullpunkt besitzt.

Dieses zunächst überraschende Ergebnis erklärt sich folgendermaßen: Mit zunehmender Temperatur würde eine immer geringere Schubspannung (schließlich eine negative mit der Wirkung einer Reibung) genügen, um die notwendige Zahl der erfolgreichen (d. h. zur Bildung von Versetzungen führenden) günstigen Schwankungen (in Richtung von σ) zu gewährleisten (Berücksichtigung von u^σ allein). Mit abnehmendem σ wird der Energieunterschied $\Delta E = A_T^\sigma - A_T^{-\sigma}$ zwischen günstigen und ungünstigen Schwankungen (in Gegenrichtung von σ) immer geringer. Die Zahl der letzteren nimmt mit der Temperatur schon bei konstantem, erst recht bei abnehmendem ΔE bzw. σ zu. Damit also der durch die vorgegebene Gleitgeschwindigkeit bedingte Überschuß der günstigen Schwankungen zustande kommt, muß die kritische Schubspannung oberhalb einer bestimmten Temperatur, bei welcher sie schon sehr klein geworden ist, wieder zunehmen. Schließlich wird die Zahl der Gegenschwankungen erst dann merklich kleiner als die der günstigen Schwankungen, wenn ihr Energieunterschied (und damit σ) sehr groß ist.

Nach Abb. 13 nimmt bei hohen Temperaturen die kritische Schubspannung tatsächlich wieder zu oder bleibt doch konstant. Allerdings geht die theoretische Kurve mit den Zahlwerten (28) und (58) bis zu sehr viel kleineren Schubspannungswerten herunter, als sie beobachtet werden. Mehr als qualitative Übereinstimmung ist aber nicht zu erwarten, da die Vorgänge in diesem Gebiet viel verwickelter sind, als sie unseren Ansätzen entsprechen; insbesondere wird der Einfluß der Wanderungsgeschwindigkeit, den wir gar nicht berücksichtigt haben, merklich (11). Die Befunde zeigen jedoch, daß die Gegenschwankungen als die Ursache des Umbiegens der Temperaturkurve der kritischen Schubspannung anzusehen sind.

10. Die Ursachen der Verfestigung.

a) Folgerungen aus der Zustandsgleichung. Nachdem wir den Beginn der Gleitung beherrschen, entsteht die Aufgabe, die beim Fortgang der Verformung auftretende Verfestigung zu berechnen und in die bisherigen Formeln einzubauen. Die zweite Teilaufgabe kann nach (22) experimentell gelöst werden: Wir haben in (52) σ durch $\sigma - \tau$ zu ersetzen und erhalten für die Gleitgeschwindigkeit, wenn wir uns zunächst auf eine Verformungsrichtung beschränken, also die Absolutzeichen weglassen:

$$u = \lambda L \frac{d_1 N}{dt} = \alpha_1 \lambda e^{-\frac{A_1}{kT}\left(1 - \frac{\sigma - \tau}{\sigma_{01}}\right)^2}. \tag{62}$$

Diese Beziehung[1] legt es nahe, die Verfestigung als eine einsinnige, der äußeren Schubspannung entgegengerichtete Schubspannung, welche die Bildungswahrscheinlichkeit der Versetzungen herabsetzt, aufzufassen. In diesem Falle müßte ein homogen verformter Kristall[2] nach Wegnahme der Last im Laufe der Zeit von selbst zurückgleiten, bis er seinen Ausgangszustand, für den $\tau = 0$ ist, wieder angenommen hat. Für $|\tau| > |\bar{\sigma}_0|$ würde dieser Vorgang mit „großer" Gleitgeschwindigkeit erfolgen. Außerdem müßte bei einer Umkehr der Beanspruchungsrichtung der Knickwert $\bar{\sigma}$ des verfestigten Kristalls um den Betrag τ, den er vor der Umkehr über dem Anfangswert $\bar{\sigma}_0$ liegt, darunterliegen. Diese Folgerungen stehen in scharfem Widerspruch zu den Beob-

[1] Sie wurde schon früher, als sie vom Verfasser (1937, 1) in der allgemeinen Form (22) experimentell abgeleitet wurde, von W. G. und J. M. Burgers (1935, 1) auf Grund einer Verbindung der Vorstellungen von Becker-Orowan und Taylor (vgl. 13) theoretisch als wahrscheinlich angesehen.

[2] Bei inhomogen verformten Kristallen braucht das nicht der Fall zu sein, da sich Eigenspannungen ausbilden können (vgl. 23).

achtungen, obige Annahme kann also nicht zutreffen. Die Verfestigung muß also (bei homogener Verformung) in beiden Verformungsrichtungen in gleicher Weise wirksam sein[1], d. h. τ mit der äußeren Schubspannung sein Vorzeichen wechseln, aber seinen Betrag beibehalten. Um das zu berücksichtigen und uns vom Vorzeichen der gerichteten Größen freizumachen, schreiben wir $|\sigma| - |\tau|$ an Stelle von $\sigma - \tau$ und erhalten aus (62) die ohne Einschränkung gültige Beziehung:

$$u^{\sigma} = \alpha_1 \lambda e^{-\frac{A_1}{kT}\left(1 - \frac{|\sigma| - |\tau|}{|\sigma_{01}|}\right)^2}. \tag{63a}$$

Entsprechend ergibt sich für die „negative" Gleitgeschwindigkeit:

$$u^{-\sigma} = \alpha_1 \lambda e^{-\frac{A_1}{kT}\left(1 + \frac{|\sigma| + |\tau|}{|\sigma_{01}|}\right)^2}. \tag{63b}$$

Sie ist gegenüber u^{σ} nur bei „kleinen" Gleitgeschwindigkeiten und bei hohen Temperaturen, die nach **9** behandelt werden können, von Bedeutung. Bei „großen" Gleitgeschwindigkeiten, auf die wir uns hier ausschließlich beschränken, können wir $u^{-\sigma}$ vernachlässigen, also $u = u^{\sigma}$ setzen.

Aus der Beziehung (63a) ergibt sich ein wichtiger Hinweis auf die Ursachen der Verfestigung. Wir formen sie zu diesem Zweck in folgender Weise um:

$$u^{\sigma} = \alpha_1 \lambda e^{-\frac{\varkappa^2 A_1}{kT}\left(1 - \frac{|\sigma|}{\varkappa |\sigma_{01}|}\right)^2}, \tag{64a}$$

$$\varkappa = 1 + \frac{|\tau|}{|\sigma_{01}|} > 1, \tag{64b}$$

(64a) stimmt formal mit der Anfangsbeziehung (52) überein, nur stehen an Stelle der Anfangswerte A_1 und σ_{01} die Werte $\varkappa^2 A_1 > A_1$ und $\varkappa\sigma_{01} > \sigma_{01}$. Die Verfestigung kommt also dadurch zustande, daß Höhe A_1 und „Steilheit" σ_{01} der Potentialschwelle in Abb. 29 während der Verformung zunehmen. Soll trotzdem dieselbe mittlere Bildungsgeschwindigkeit der Versetzungen aufrechterhalten bleiben (bei konstanter Gleitgeschwindigkeit), so muß die äußere Schubspannung um den Betrag τ erhöht werden, und zwar in beiden Verformungsrichtungen.

Die unmittelbaren Ursachen der Verfestigung können aus (64a) nicht eindeutig abgelesen werden. Es besteht danach sowohl die Möglichkeit, daß die Kerbwirkung ($q = \sigma_R/\sigma_{01}$) verschlechtert, als auch

[1] Diese Behauptung scheint mit der Beobachtung, daß auch bei homogenen Verformungen die kritische Schubspannung eines verfestigten Kristalls in der umgekehrten Beanspruchungsrichtung kleiner ist als in der ursprünglichen, in Widerspruch zu stehen. Diese Erniedrigung hat jedoch andere Ursachen als eine einseitig gerichtete Schubspannung, die nur in der ursprünglichen Richtung verfestigend wirkt (**17**). Bei inhomogenen Verformungen liegen die Verhältnisse anders, dort kann ein echter sog. „Bauschinger-Effekt" auftreten (**23b**).

daß die theoretische Schubspannung σ_R erhöht wird. Nehmen wir aber die Beziehung (34), nach der

$$\varkappa^2 A_1 = \frac{V}{2G} (\varkappa \sigma_R)^2 \tag{65}$$

wird, hinzu, so sehen wir, daß die Erhöhung der theoretischen Schubspannung eine einheitliche Grundlage zur Erklärung der Erhöhung von A_1 und σ_{01} bietet. Im andern Fall müßten alle drei Größen σ_R, q und V, oder mindestens zwei von ihnen, sehr unübersichtlichen und schwer verständlichen Änderungen unterworfen sein. Eine beiderseitige Erhöhung von σ_R ist dagegen dadurch möglich, daß im Kristall Eigenspannungen entstehen, die zu den Bildungsstellen symmetrisch verlaufen. Nun haben wir in 7c gesehen, daß mit einer Versetzung ein Eigenspannungsfeld verbunden ist, so daß eine geeignete Anordnung der gebundenen Versetzungen die erforderliche Erhöhung der theoretischen Schubspannung bewirken könnte. Dann wäre die Verfestigung (neben den elastischen Gittergrößen, die das Spannungsfeld bestimmen) lediglich durch die Zahl und Anordnung der gebundenen Versetzungen gegeben.

b) Die Temperatur- und Geschwindigkeitsabhängigkeit der Verfestigung. Eine weitere Erhärtung der Annahme, daß die Verfestigung nur durch die Zahl N der gebundenen Versetzungen bestimmt ist, gewinnen wir dadurch, daß wir N in Abhängigkeit von der Temperatur und Gleitgeschwindigkeit berechnen und dann zeigen, daß die experimentell erhaltenen Verfestigungskoeffizienten denselben Verlauf mit u und T besitzen. Wir gewinnen durch dieses Ergebnis gleichzeitig den Zusammenhang zwischen τ und N, der theoretisch heute noch nicht streng abgeleitet werden kann.

Mit zunehmender Verformung nimmt die Zahl der gebildeten Versetzungen dauernd zu. Je nach den äußeren Bedingungen (u, T) wird davon ein mehr oder weniger großer Teil wieder aufgelöst. Nach (50) und der entsprechenden Beziehung für die Auflösung, die sich aus (46) ergibt, beträgt in der Zeiteinheit der Überschuß der gebildeten über die aufgelösten Versetzungen[1]:

$$\frac{dN}{dt} = \frac{d_1 N}{dt} - \frac{d_2 N}{dt} = \frac{1}{\lambda L} \left\{ \alpha_1 \lambda e^{-\frac{A_1}{kT}\left(1 - \frac{\sigma - \tau}{\sigma_{01}}\right)^2} - \alpha_2 \lambda e^{-\frac{A_1}{kT}\left(1 - \frac{\sigma - \tau}{\sigma_{01}}\right)^2} \right\}. \tag{66}$$

Nach (62) ist die rechte Seite von (66) eine Funktion von u und T, die sich ergibt, wenn man (62) entsprechend (53) nach $\sigma - \tau$ auflöst und in (66) einsetzt. Man erhält:

$$\frac{dN}{dt} = \frac{1}{\lambda L} \left(u - \alpha_2 \lambda e^{-\psi(u, T)}\right). \tag{67}$$

[1] Vgl. Fußnote 1 auf S. 74. Neben σ und σ_{01} ist jetzt auch τ stets positiv zu rechnen.

Die Form von $\psi(u, T)$ ist bei Kochendörfer (1938, 1) angegeben, wir benötigen sie hier nicht. Für kleine Gleitgeschwindigkeiten und hohe Temperaturen gilt (67) nicht mehr, man muß dann nach 9 die $-\sigma$-Glieder berücksichtigen.

Die Differentialgleichung (67) können wir für die Versuchsbedingung konstanter Gleitgeschwindigkeit leicht integrieren. Beginnen wir zur Zeit $t = 0$ mit der Verformung, und ist dabei die Zahl der gebundenen Versetzungen N_0, so ist zur Beobachtungszeit t:

$$N - N_0 = \frac{1}{\lambda L}\left(u \cdot t - \alpha_2 \lambda e^{-\psi(u,T)} \cdot t\right).$$

Nun ist $u \cdot t$ gleich der Abgleitungszunahme $a - a_0$, also $t = (a - a_0)/u$. Für einen anfänglich unverformten Kristall ist $a_0 = 0$ und $N_0 = 0$[1], also wird in diesem Fall:

$$\frac{N}{a} = \frac{1}{\lambda L}\left(1 - \frac{\alpha_2 \lambda}{u} e^{-\psi(u,T)}\right). \tag{68}$$

Die Zahl der gebundenen Versetzungen nimmt also linear mit der Abgleitung zu[2]. In (68) treten neben den aus Anfangswerten berechenbaren Größen (28) und (58) folgende Ausdrücke auf:

$$\lambda L; \quad A_2/A_1; \quad \alpha_2 \lambda; \quad \frac{\sigma_{01}}{\sigma_{02}}. \tag{69}$$

auf deren Berechnung wir gleich zu sprechen kommen.

Wir können nun Versuche mit ein und derselben Gleitgeschwindigkeit u_0 bei verschiedenen Temperaturen T ausführen, oder bei einer bestimmten Temperatur T_0 die Gleitgeschwindigkeit u (die während eines Versuchs konstant ist) von Versuch zu Versuch ändern. Im ersten Fall erhalten wir aus (68), wenn wir die Glieder mit T zusammenfassen, für die Temperaturabhängigkeit von N/a:

$$\frac{N}{a}(T) = \frac{1}{\lambda L}\left(1 - B e^{-\left(\frac{C}{T} + \frac{D}{\sqrt{T}}\right)}\right). \tag{70}$$

Entsprechend im zweiten Fall für die Geschwindigkeitsabhängigkeit:

$$\frac{N}{a}(u) = \frac{1}{\lambda L}\left(1 - \frac{B'}{u^{C'}} e^{-D'\sqrt{\ln \frac{\alpha_1 \lambda}{u}}}\right). \tag{71}$$

λL, B, C, D und λL, B', C', D' sind je vier unabhängige Funktionen der Größen (69), sie sind bei Kochendörfer (1938, 1) angegeben. Eine dieser Gruppen ist also durch die andere vollkommen bestimmt, und jede für sich durch je vier Punkte der Kurven (70) bzw. (71), so daß eine Abhängigkeit bereits zur Prüfung der Ergebnisse, welche die andere liefert, benutzt werden kann.

---

[1] N_0 ist nicht genau Null, aber sehr klein. Vgl. **12**.

[2] Vgl. hierzu die Schlußbemerkungen dieses Paragraphen.

Man überzeugt sich leicht, daß N/a nach (70) bzw. (71) allgemein denselben Verlauf mit T bzw. u besitzt wie die gemessenen Verfestigungsparameter τ^2/a und τ/a in Abb. 14 und 25. Die Temperaturkurven haben bei $T = 0$, wo sie ihren Höchstwert $1/\lambda L$ annehmen, eine horizontale Tangente. Oberhalb einer bestimmten Temperatur nehmen sie, ähnlich wie die Temperaturkurve der kritischen Schubspannung (Abb. 13), negative Werte an (keine Berücksichtigung der Gegenschwankungen!) und streben mit wachsendem T asymptotisch dem Wert $-(B-1)/\lambda L$ zu. Die Geschwindigkeitskurven nehmen für $u = 0$ den Wert $-\infty$ an (ebenfalls wegen Vernachlässigung der Gegenschwankungen) und nähern sich für große u dem Wert $1/\lambda L$.

Die Übereinstimmung mit den experimentellen Ergebnissen ist jedoch nicht nur qualitativ, sondern bei geeigneter Wahl der Zahlwerte für die Konstanten quantitativ. Der Temperaturverlauf von τ^2/a bei Aluminium läßt sich durch (70) mit $C = 0$ und $D \backsim 6$ und passenden A und B gut wiedergeben. Die Funktionen für verschiedene D unterscheiden sich praktisch nur in ihrem Verlauf unterhalb $T = 50^\circ$ K. Mit $D = 5$ bzw. $D = 7$ ergeben sich bei Festlegung der Werte von τ^2/a für $T = 100$ und 400° K zu 33 bzw. 8 (kg/mm²)² die Funktionen:

$$\frac{\tau^2}{a} = \beta_1 \frac{N}{a} = 120{,}4\left(1 - 1{,}198\, e^{-\frac{5}{\sqrt{T}}}\right) (\mathrm{kg/mm^2})^2, \qquad (72\mathrm{a})$$

$$\frac{\tau^2}{a} = \beta_1 \frac{N}{a} = 92{,}7\left(1 - 1{,}296\, e^{-\frac{7}{\sqrt{T}}}\right) (\mathrm{kg/mm^2})^2. \qquad (72\mathrm{b})$$

Ihr Verlauf ist in Abb. 14a dargestellt. Sie geben in dem Temperaturbereich oberhalb 40° K, in dem Messungen vorliegen, die Meßergebnisse gut wieder, unterhalb 40° K ist ihr Spielraum mit D so groß, daß dort auch eine richtige Wiedergabe späterer Messungen mit einem passenden Wert von D angenommen werden darf. Vorläufig bleibt der genaue Wert von D unbestimmt. Für Kadmium erhält man die in Abb. 14b dargestellte Funktion

$$\frac{\tau}{a} = \beta_2 \frac{N}{a} = 0{,}469\left(1 - 1{,}368\, e^{-\frac{7}{\sqrt{T}}}\right) \mathrm{kg/mm^2}. \qquad (72\mathrm{c})$$

β_1 und β_2 sind zwei Konstanten, deren Wert nur durch unmittelbare Berechnung von τ selbst bestimmt werden kann (13b). Der Wert von C kann in allen Fällen nicht festgelegt werden. Er muß, um Übereinstimmung mit den experimentellen Ergebnissen zu erhalten, kleiner als 1 angenommen werden, solche Werte sind jedoch auf den Verlauf der Kurven praktisch ohne Einfluß. Aus diesem Grunde lassen sich aus dem Temperaturverlauf der Verfestigung allein nur drei der Größen (69) bestimmen. Geben wir der vierten, am besten A_2/A_1 verschiedene Werte, so können wir für jeden Wert die Konstanten in (71) berechnen.

Eine Übersicht über ihre Werte[1] gibt Tabelle 3. C ist in allen Fällen <1, in Übereinstimmung damit, daß es in (70) in dieser Größe angenommen werden mußte.

Tabelle 3. Werte der Konstanten auf Grund der Temperaturabhängigkeit der Verfestigung für verschiedene Verhältnisse A_2/A_1 der Schwellenenergien der Auflösung und Bildung einer Versetzung. Aus Kochendörfer (1938, 1).

A_2/A_1	D	C	σ_{01}/σ_{02}	$\alpha_2\lambda$	B'	C'
1	5	0,215	0,9971	$4{,}85 \cdot 10^{12}$	1,197	0,006
	7	0,426	0,9959	$4{,}89 \cdot 10^{12}$	1,294	0,008
0,9	5	0,238	0,9967	$2{,}62 \cdot 10^{11}$	1,197	0,106
	7	0,471	0,9954	$2{,}64 \cdot 10^{11}$	1,294	0,108
0,75	5	0,290	0,9961	$3{,}27 \cdot 10^{9}$	1,197	0,256
	7	0,567	0,9945	$3{,}31 \cdot 10^{9}$	1,293	0,258
0,5	5	0,432	0,9941	$2{,}21 \cdot 10^{6}$	1,196	0,506
	7	0,857	0,9917	$2{,}23 \cdot 10^{6}$	1,292	0,508

Die damit erhaltenen Geschwindigkeitskurven für $D = 7$ zeigt Abb. 25. Der wirkliche Wert von A_2/A_1 ist durch diejenige Kurve bestimmt, welche die experimentellen Ergebnisse richtig wiedergibt. Man erkennt, daß dies für Naphthalin und Kadmium für den in (49) angegebenen Wert $A_2/A_1 = 0{,}95$ der Fall ist. Von den übrigen Metallen liegen noch keine hinreichend genauen Messungen vor. Qualitativ sind die Verhältnisse dieselben wie bei Kadmium, so daß wir die mit $A_2/A_1 = 0{,}95$ erhaltenen Zahlwerte der Größen (69) bis auf λL^2 als allgemein gültig ansehen können. Neben (28), (49) und (58) haben wir somit:

$$\alpha_2\lambda = 10^{12}; \quad \frac{\sigma_{01}}{\sigma_{02}} = 0{,}996\,. \tag{73}$$

Bemerkenswert ist, daß sich die Meßwerte des Verfestigungsparameters τ/a von Roscoe an Kadmium so gut den Kurven in Abb. 25 einfügen, die unter Benutzung der Zahlwerte (28) und (58) für A_1/k und $\alpha_1\lambda$ berechnet wurden, obwohl diese Werte zur Darstellung der von Roscoe gemessenen Geschwindigkeitsabhängigkeit der kritischen

[1] Beim Abschluß der Arbeit (1938, 1), der Tabelle 3 entnommen ist, waren die Ergebnisse der Messungen von Roscoe an Kadmiumkristallen dem Verfasser noch nicht bekannt, so daß eine Berechnung der Kurve für $A_2/A_1 = 0{,}95$ nicht erforderlich war, denn der Geschwindigkeitsbereich bei Naphthalin reicht zu einer genauen Festlegung von A_2/A_1 nicht aus. Die in Abb. 25 gezeichnete Kurve $A_2/A_1 = 0{,}95$ wurde durch Interpolation gewonnen, da wegen anderweitiger Inanspruchnahme die Rechnung nicht mehr durchgeführt werden konnte.

[2] Der Wert der Größe λL kann aus den Kurven sowieso nicht entnommen werden, da sie nur in Verbindung mit den unbekannten Proportionalitätsfaktoren βv auftritt. Aber auch die Werte von $\beta v/\lambda L = \tau^2/a(T = 0)$ sind für die verschiedenen Kristalle verschieden, ähnlich wie die von σ_{01} gegenüber denen von A_1 und $\alpha_1\lambda$.

Schubspannung nicht annähernd geeignet sind (vgl. 8). Es ist aber nicht ausgeschlossen, daß die berechneten Werte der Konstanten B', C' und D' bei vorgegebenen Werten von λL, B, C und D sowie A_1/k und $\alpha_1\lambda$ gar nicht wesentlich von den beiden letzteren abhängen, wie es ja auch für die Konstante β in (54), welche den Temperaturverlauf der kritischen Schubspannung bestimmt, der Fall ist. Eine genaue Untersuchung dieser Verhältnisse fehlt noch. Wären dagegen die von uns benutzten Zahlwerte gültig, also die von Roscoe angegebene Geschwindigkeitsabhängigkeit der kritischen Schubspannung aus irgendeinem Grunde zu groß, so würden dadurch die Werte von τ/a kaum beeinflußt, also die Übereinstimmung mit den von uns berechneten Kurven bestehen bleiben, da die zugrunde gelegten Meßwerte von τ bei $a = 3$ wesentlich größer sind, als die möglichen Änderungen der Werte von σ_0 betragen.

Auf Grund der obigen Ergebnisse erscheint die Folgerung, daß die Verfestigung τ nur durch die Zahl der gebundenen Versetzungen bestimmt ist, berechtigt, denn die Form der Kurven ist so charakteristisch und die gegenseitige Verflechtung der auftretenden Größen so mannigfach, daß eine zufällige Übereinstimmung der experimentellen und theoretischen Ergebnisse ausgeschlossen erscheint. Die Abhängigkeit der Verfestigung von der Temperatur und Gleitgeschwindigkeit kommt demnach zustande durch das Zusammenwirken eines athermischen verfestigenden Vorgangs [Bindung aller gebildeten Versetzungen, erster Summand in den Gleichungen (70) und (71)] und eines entfestigenden Vorgangs (Auflösung der gebundenen Versetzungen, zweiter Summand in den Gleichungen), der neben der Temperatur auch von der Gleitgeschwindigkeit abhängt und sich dadurch von der im Ruhezustand gemessenen Erholung, die nach **5b** allein zur Erklärung der experimentellen Befunde nicht ausreicht, unterscheidet[1]. Damit ist eine Synthese zwischen den ursprünglich im Gegensatz zueinander stehenden rein statischen und rein dynamischen Auffassungen gewonnen. In dem Proportionalitätsfaktor zwischen N/a und τ^2/a bzw. τ/a kommt die Wirkung einer gebundenen Versetzung auf die Bildung neuer Versetzungen zum Ausdruck. Er kann unter bestimmten Annahmen berechnet werden (**13b**).

Auf einen Punkt ist noch hinzuweisen. Wir haben in (66) angenommen, daß die Auflösungsgeschwindigkeit d_2N/dt unabhängig von der

[1] Wir bezeichnen daher die Wirkung der Auflösung als Entfestigung. Praktisch stimmen Entfestigung und Erholung (im unbelasteten Zustand) bei den kleinen Gleitgeschwindigkeiten, die in einem unter konstanter oder abnehmender (z. B. unter der Federwirkung eines stillstehenden Polanyi-Apparats) Spannung fließenden Kristall (wenn die Gleitgeschwindigkeit anfänglich groß ist, nach einiger Zeit) auftreten, überein [Kochendörfer (1937, 1)], so daß wir in diesen Fällen auch die Bezeichnung Erholung bzw. Erholungsfließen anwenden.

Zahl der schon gebundenen Versetzungen ist, während sie in Wirklichkeit offenbar mit dieser Zahl zunimmt. Bei Berücksichtigung dieses Umstandes würde die Zahl der gebundenen Versetzungen nicht mehr linear mit der Abgleitung zunehmen, sondern einem endlichen Grenzwert zustreben. Die Rechnung ist auch in diesem Falle durchführbar, aber bedeutend unübersichtlicher als mit unseren einfachen Annahmen; insbesondere könnten die Verfestigungskurven nicht mehr durch einen Parameterwert gekennzeichnet werden. Man erkennt aber leicht, daß die gegenseitigen Beziehungen zwischen den Verfestigungskurven bei verschiedenen Temperaturen und Gleitgeschwindigkeiten in der bisherigen Weise bestehen bleiben, denn sie sind im wesentlichen durch die e-Funktionen in (66) bestimmt. Diese Beziehungen bilden aber den Kernpunkt dieses Abschnitts und nicht der genaue Zusammenhang zwischen N und τ für eine Verfestigungskurve. Ihre allgemeine Grundlage bildet die Annahme, daß die Entstehung und Beseitigung der Verfestigung durch gleichartige Vorgänge, die in einem Atomsprung über eine Energieschwelle bestehen, bewirkt wird. Wenden wir, um den Inhalt dieser Annahme in geläufiger Weise charakterisieren zu können, die in der chemischen Kinetik übliche Bezeichnung Reaktionsordnung sinngemäß an, so haben wir die Bildung und Auflösung einer Versetzung als Vorgänge erster Ordnung zu bezeichnen, denn es müssen nicht mehrere unabhängige thermische Schwankungen zufällig günstig zusammenwirken, damit einer dieser Vorgänge eintritt. Die Ordnung einer Reaktion ist aber im wesentlichen für ihren Temperaturverlauf maßgebend, lediglich die feineren Einzelheiten werden im Einzelfalle durch die Besonderheiten der wirksamen Kräfte bedingt. Wäre nun die Verfestigung durch andere Ursachen bedingt als die Eigenspannungen der Versetzungen und könnte sie nur durch Vorgänge höherer als erster Ordnung beseitigt werden, so müßte sie einen ganz anderen Temperatur- und Geschwindigkeitsverlauf zeigen, als er beobachtet wird. Wir gewinnen so nochmals eine allgemeine Bestätigung unserer Annahmen.

11. Die Wanderungsgeschwindigkeit der Versetzungen.

Wir haben bisher angenommen, daß die Versetzungen unendlich rasch durch die Mosaikblöcke wandern. Die Gleitgeschwindigkeit hängt dann streng nur von ihrer Bildungsgeschwindigkeit ab. In Wirklichkeit ist die Wanderungsgeschwindigkeit w endlich. Ihre Größe beträgt nach (42) und (43)[1]

$$w = \beta e^{-\frac{B_w}{kT}\left(1 - \frac{\sigma - \tau}{\sigma_w}\right)^2}. \tag{74}$$

Ein Einfluß von w auf u ist also stets vorhanden; er wird um so geringer, je größer w ist.

[1] Da (22) unabhängig von der Form von $\varphi(u)$ gilt, so ist auch in w allgemein σ durch $\sigma - \tau$ zu ersetzen. Wir werden das in **17** unmittelbar bestätigen.

Ein endliches w bedeutet allgemein, daß noch Versetzungen im Wandern begriffen sind, während bereits neue wieder gebildet werden. Ihre jeweilige Anzahl in der Volumeinheit sei z_w. Wir erhalten dann durch Differentation von (45) (mit $bh = 1$) nach der Zeit, die für alle w gültige Beziehung ($w = dx/dt$):

$$u = \lambda z_w w. \tag{75}$$

Bei vorgegebenem u wird die äußere Schubspannung σ nach (74) durch den Wert von w bestimmt, den es bei der jeweiligen Größe von z_w auf Grund von (75) besitzen muß. Dabei werden nach (50) (mit $\sigma - \tau$ an Stelle von σ) dauernd Versetzungen neu gebildet. Zwischen zwei Beobachtungszeiten t_0 und t_1 beträgt ihre Anzahl

$$z_B = \int_{t_0}^{t_1} \frac{d_1 N}{dt}\, dt. \tag{76}$$

Während dieser Zeit werden auch Versetzungen gebunden (und danach unter Umständen aufgelöst). Bei einem anfänglich (zur Zeit $t = 0$) unverformten Kristall ohne Versetzungen ist das jedoch erst der Fall, wenn die ersten Versetzungen zur Zeit $t = t_L$ die Mosaikgrenzen, an denen sie gebunden werden, erreicht haben. Für $t \leqq t_L$ nimmt z_w um z_B zu, also ist nach (75):

$$u = \lambda w \int_0^t \frac{d_1 N}{dt}\, dt \quad \text{für} \quad t \leqq t_L. \tag{77}$$

Nach der Zeit t_L werden Versetzungen laufend gebunden. Ihre Anzahl beträgt, wie man leicht nachrechnet:

$$z_G = \int_{t_0}^{t_1} \frac{z_w w}{L}\, dt = \int_{t_0}^{t_1} \frac{u}{\lambda L}\, dt. \qquad t_0, t_1 \geqq t_L \tag{78}$$

z_w nimmt dabei um den Unterschied $z_B - z_G$ zu:

$$z_{w_1} - z_{w_0} = \int_{t_0}^{t_1} \frac{d_1 N}{dt}\, dt - \int_{t_0}^{t_1} \frac{u}{\lambda L}\, dt. \tag{79}$$

Wir beschränken uns wie bisher auf Kurven konstanter Gleitgeschwindigkeit. Dann wird nach (79):

$$u = \frac{\int_{t_0}^{t_1} \lambda L \frac{d_1 N}{dt}\, dt}{t_1 - t_0} - \lambda L \frac{z_{w_1} - z_{w_0}}{t_1 - t_0} \tag{80a}$$

oder mit (75):

$$u = \frac{\int_{t_0}^{t_1} \lambda L \frac{d_1 N}{dt}\, dt}{t_1 - t_0} - \frac{u L}{(t_1 - t_0)} \left(\frac{1}{w_1} - \frac{1}{w_0}\right). \tag{80b}$$

Gehen wir zu kleinen Zeitunterschieden $t_1 - t_0$ über, so erhalten wir daraus:

$$u = \lambda L \frac{d_1 N}{dt} - \lambda L \frac{d z_w}{dt} = \frac{\lambda L \frac{d_1 N}{dt}}{\left(1 + L \frac{d}{dt}\left(\frac{1}{w}\right)\right)} . \qquad t \geqq t_L \qquad (81)$$

(77) und (81) sind Erweiterungen von (62), die für beliebige Werte von w gültig sind. Zur Vervollständigung wäre noch $u^{-\sigma}$ zu berücksichtigen, was aber für unsere Zwecke nicht erforderlich ist.

Trotzdem die Zahlwerte der Konstanten in (74) nicht bekannt sind, kann man aus den erhaltenen Beziehungen weitgehende Schlüsse ziehen. Zunächst sieht man aus (80a, b), daß für große Beobachtungszeiten im Zeitmittel gilt (Mittelwerte geschweift überstrichen):

$$u = \lambda L \left(\widetilde{\frac{d_1 N}{dt}}\right) .$$

Das ist leicht verständlich, da die Zahl der Versetzungen, die je gewandert sind und gebunden wurden, schließlich mit der Zahl der je gebildeten Versetzungen übereinstimmen muß. Je größer w ist, um so kleiner kann der Zeitunterschied $t_1 - t_0$ genommen werden. Im Grenzfall $w \rightarrow \infty$ ergibt sich, wie es auch sein muß, die frühere Beziehung (62):

$$u = \lambda L \frac{d_1 N}{dt} . \qquad (82)$$

Das sieht man auch unmittelbar aus (81). Nun ist t_L gleich dem Mittelwert von L/w. An dessen Stelle treten für große w die Augenblickswerte. Es ist also:

$$t_L = \frac{L}{w} \rightarrow 0 \quad \text{für} \quad w \rightarrow \infty . \qquad (83)$$

Damit fällt (77) weg und (82) gilt unmittelbar von Beginn der Verformung an. Wir werden also Wanderungsgeschwindigkeiten als „groß“ bezeichnen, wenn (82) und (83) schon bei Beginn der Verformung mit hinreichender Genauigkeit erfüllt sind. Das wollen wir jetzt genau festlegen.

Die Bedingungen sind sicher erfüllt, wenn eine Versetzung bereits durch ihren Mosaikblock gewandert ist, ehe im Kristall eine neue Versetzung gebildet wird. Eine solche Festsetzung „großer“ Wanderungsgeschwindigkeiten ist aber nicht sinnvoll: Die Zeitdauer Δt zwischen zwei Versetzungsbildungen nimmt (unter gleichen äußeren Bedingungen) mit der Größe V des Kristalls ab. Wir müßten daher $t_L \leqq \Delta t$ mit zunehmendem V auch dauernd herabsetzen bzw. $w = L/t_L$ unbegrenzt zunehmen lassen, und schließlich die größte in Wirklichkeit mögliche Wanderungsgeschwindigkeit (s., weiter unten) als „klein“ ansehen. Denken wir uns aber einen solch großen Kristall aus mehreren kleineren zusammengesetzt, so bleiben offenbar alle Beziehungen zwischen σ, u

und w erhalten, trotzdem in den Teilstücken w „groß", im gesamten Kristall dagegen „klein" wäre.

Dieses Zerschneiden können wir uns immer weiter fortgesetzt denken. Einmal stoßen wir aber auf eine grundsätzliche Grenze, unterhalb deren die statistischen Schwankungen der Vorgänge merklich werden. Dann sind unsere Formeln, die sich auf statistische Mittelwerte beziehen, nicht mehr anwendbar.

n_L sei die Anzahl der Fehlstellen, für welche die Schwankungen bereits unmerklich werden. In einem Kristall mit n_L Fehlstellen, in dem der Fehlstellenabstand längs der Mosaikgrenzen gerade einen Gitterabstand λ betragen würde, würden n_L Versetzungen die Abgleitung 1 ergeben, nachdem sie gewandert sind, unabhängig von der Zeit, in der das geschieht. Nach **7c** haben die Fehlstellen längs der Mosaikgrenzen aber einen größeren Mindestabstand, er sei $n_q\lambda$. Dann ergeben erst $n_L n_q$ Versetzungen die Abgleitung 1. Bei der Gleitgeschwindigkeit u und $w = \infty$ werden diese in $360/u$ Sekunden gebildet[1], also ist die Zeitdauer zwischen zwei Bildungsvorgängen:

$$\Delta t = \frac{360}{u \cdot n_L n_q} \text{ sec.} \tag{84}$$

Dann bedeutet nach obigem eine „große" Wanderungsgeschwindigkeit, daß $t_L \lesssim \Delta t$, also

$$w \gtrsim w_0 = \frac{L}{\Delta t} = \frac{u \cdot n_L \cdot n_q \cdot L_{[\text{cm}]}}{360} \text{ cm/sec.} \tag{85}$$

ist. Mit $L = 10^{-3}$ cm, $n_q = 100$ (vgl. **7c**), $n_L = 1000$, wird

$$\Delta t = \frac{3{,}6 \cdot 10^{-3}}{u} \text{ sec}; \quad w_0 = 3 \cdot 10^{-1} \cdot u \text{ cm/sec.} \tag{86}$$

Für den Fall, daß $\sigma - \tau$ groß ist gegenüber σ_w in (74), ist die Mitwirkung der thermischen Schwankungen zu vernachlässigen. Die Wanderungsgeschwindigkeit ist dann im wesentlichen durch die Trägheit der Kristallmasse und die Größe der äußeren Kräfte bestimmt. Für diesen Höchstwert $w_{\max}$ erhält man unter folgenden Annahmen: Kristallvolumen 1 ccm; spezifisches Gewicht 6; $L = 10^{-3}$ cm; $\sigma = 100$ g/mm²:

$$w_{\max} \backsim 10^4 \text{ cm/sec.} \tag{87}$$

Sie ist also eine Größenordnung geringer als die Schallgeschwindigkeit, die auch nur bei kleinen Störungen der Gleichgewichtslagen auftritt, und in unserem Falle nie erreicht werden kann[2]. Da $w_{\max}$ etwa das 10000fache der schon „großen" Wanderungsgeschwindigkeit w_0 beträgt, so ist anzunehmen, daß bei w_0 selbst die thermischen Schwankungen noch eine merkliche Rolle spielen.

---

[1] u ist wie bisher mit der in **4b** festgelegten Einheit von Abgleitung 10/Stunde zu messen und in den Formeln als dimensionslos anzusehen.

[2] Vgl. die Bemerkungen am Schluß dieses Abschnitts.

Es erhebt sich nun die Frage, wie groß w in Wirklichkeit ist. Sie kann heute noch nicht genau beantwortet werden, wir werden aber im folgenden einige Verfahren angeben, nach denen w experimentell abgeschätzt werden kann.

Zunächst ist zu bemerken, daß (81) nicht nur für „große" w in (82) übergeht, sondern auch für $w = \text{const}$ (bzw. $z = \text{const}$), denn dann ist $d/dt(1/w) = 0$. In diesem Fall hat sich ein stationärer Zustand eingestellt, in dem in jedem Zeitelement genau soviel Versetzungen gebildet wie gebunden werden. Diesem Zustand strebt bei konstanter Gleitgeschwindigkeit jeder Verformungsvorgang zu. Er ist dann erreicht, wenn die ersten Versetzungen an den Fehlstellen, an denen sie gebunden werden, angekommen sind, also zur Zeit t_L, d. h. um so früher, je größer w ist. Die dabei erreichte Abgleitung beträgt:

$$a_L = \frac{u \cdot t_L\,(\text{sec})}{360}. \tag{88}$$

Nach (86) und (88) wird:

$$\left.\begin{aligned} a_L &\gg 10^{-5} \text{ für } w \ll w_0 \ (w \text{ „klein"}),\\ a_L &\leqq 10^{-5} \text{ für } w \geqq w_0 \ (w \text{ „groß"}). \end{aligned}\right\} \tag{89}$$

Für die untere Grenze w_0 der „großen" Wanderungsgeschwindigkeiten ist also a_L von der Größenordnung der elastischen Deformationskomponenten. Diese Abgleitung ist bei „großen" Gleitgeschwindigkeiten nicht mehr meßbar, so daß, wie es sein muß, bei „großen" Wanderungsgeschwindigkeiten unsere bisherigen, zunächst für unendlich großes w abgeleiteten Beziehungen allgemein gültig sind. Bei „kleinen" Wanderungsgeschwindigkeiten kommt a_L in den Bereich der Meßbarkeit. Auch hier bleiben oberhalb a_L, wenn der stationäre Zustand erreicht ist, die bisherigen Beziehungen bestehen, unterhalb a_L treten jedoch besondere Verhältnisse ein. Der Anfangswert der Schubspannung, bei dem eine vorgegebene Gleitgeschwindigkeit erst möglich ist, liegt um so höher über dem kritischen Wert σ_0, bei der die Bildungsgeschwindigkeit d_1N/dt bei „großem" w allein ausreicht, je kleiner w ist. Würde sich w mit σ nicht ändern, so wäre die Erhöhung $\delta\sigma$ über σ_0 gleich der dynamischen Schubspannungsänderung $\Delta\sigma(u, uw_0/w)$, wie sie sich nach (52) ergibt. Da aber in Wirklichkeit w, ebenso wie d_1N/dt, sehr rasch mit u zunimmt, so ist $\delta\sigma < \Delta\sigma$. Für $w = w_0/10000$ und $u = 1$ ist nach Abb. 34 bei Zimmertemperatur[1] $\Delta\sigma = 0{,}24\,\sigma_0$, also dürfte $\delta\sigma \sim 0{,}15\,\sigma_0$ sein. Dieser Wert ist so klein, daß er durch Vergleich des gemessenen und berechneten Temperaturverlaufs der kritischen Schubspannung bei dem heutigen Stand der Theorie nicht nachgewiesen werden kann. Dagegen

[1] $\delta\sigma$ hängt wie $\Delta\sigma$ von der Temperatur ab. Nach Abb. 33 ist es am absoluten Nullpunkt Null (kein thermischer Einfluß und damit auch keine Geschwindigkeitsabhängigkeit) und nimmt mit wachsender Temperatur zu.

erscheint es möglich, den Einfluß von w auf die Geschwindigkeitsabhängigkeit der kritischen Schubspannung festzustellen. Der Zusammenhang zwischen u und σ ist nämlich unterhalb a_L, wo u durch das Produkt der beiden von σ abhängigen Größen w und d_1N/dt bestimmt ist, anders, als oberhalb a_L im stationären Zustand, wo d_1N/dt allein maßgebend ist. Nun entspricht dem oben angenommenen Wert $w = w_0/10000$ nach (89) $a_L = 0{,}1$. Bei den bisher vorliegenden Messungen unter nichtidealen Bedingungen (5a) konnte die dynamische Schubspannungsänderung einwandfrei gerade für Abgleitungen $\geqq 0{,}1$ als unabhängig von der Abgleitung festgestellt werden. Aus diesen Messungen kann also nur geschlossen werden, daß w mindestens diesen Wert besitzt, aber nicht wie groß es genau ist. Unter idealen Versuchsbedingungen (Polanyi-Apparat mit Piezokristall als Kraftmesser) wäre es möglich, bis zu viel kleineren Abgleitungen herab zu messen und den genauen Wert von w, wenn er in Wirklichkeit „klein" ist, festzustellen.

Eine andere Möglichkeit a_L und damit w zu bestimmen, besteht darin, daß man untersucht, von welcher Abgleitung an die Verfestigung von der Gleitgeschwindigkeit und Temperatur abhängt. Solange unterhalb a_L keine Versetzunaen gebunden wurden, können auch keine aufgelöst werden, also muß bis dahin die Verfestigung unabhängig von den äußeren Bedingungen dieselbe sein. Die bisher vorliegenden Meßergebnisse zeigen, daß bis zu Abgleitungen von $^1/_{100}$ herab bereits ein merklicher Geschwindigkeits- und Temperatureinfluß vorliegt. Wir können also unsere obige Abschätzung dahin verfeinern, daß $w \geqq w_0/1000$ ist. Eine genauere Bestimmung von w erfordert auch hier Messungen unter idealen Versuchsbedingungen bis zu sehr viel kleineren Abgleitungen herab.

Wir haben also das Ergebnis: Die Wanderungsgeschwindigkeit der Versetzungen ist in Wirklichkeit so groß, daß bei der üblichen Meßgenauigkeit unsere bisherigen für $w = \infty$ abgeleiteten Beziehungen allgemein gültig sind. Trotzdem kann nach unseren Festsetzungen w „klein" sein. Es ist aber mindestens $= w_0/1000$. Aus diesen Feststellungen ergibt sich die wichtige Tatsache, daß alle ermittelten Zahlwerte auch wirklich die ihnen zugrunde gelegte Bedeutung besitzen, denn sie ergeben sich ausschließlich aus Messungen, bei denen (82) unabhängig von dem wirklichen Wert von w innerhalb der Meßgenauigkeit gültig ist.

In der Nähe des Umkehrpunktes der kritischen Schubspannung mit der Temperatur, wo der Einfluß der Gegenschwankungen sehr stark wird (9), ist es wohl möglich, daß die Wanderungsgeschwindigkeit $w < w_0/1000$ wird, da sehr viele thermische Schwankungen zusammenwirken müssen, damit eine Versetzung wandert. Dann wird die Erhöhung $\delta\sigma$ der Schubspannung über die kritische Bildungsschubspannung σ_0 wesentlich größer, als wir oben angegeben haben. Vermutlich ist es auf diesen Umstand zurückzuführen, daß die kritische Schubspannung am Umkehrpunkt wesentlich höher liegt, als es nach 9 bei „großem" w infolge des Einflusses der Gegenschwankungen auf die Bildung der Versetzungen allein der Fall wäre.

Eine nähere Untersuchung der Wanderung von Versetzungen bei tiefen Temperaturen (kein Einfluß der thermischen Schwankungen) haben Frenkel und Kontorova (1939, 1) für zwei lineare Atomreihen mit dem Atomabstand λ durchgeführt. Sie nehmen eine (die untere) Reihe als fest an. Diese Reihe übt auf die Atome der oberen Reihe ein periodisches Potential aus. Außerdem wirken benachbarte obere Atome noch mit elastischen Kräften aufeinander, die proportional zu ihrer gegenseitigen Verrückung sind. Die potentielle Energie des Systems ist:

$$U = \sum_{-\infty}^{+\infty}{}_k U_0\left(1 - \cos\frac{2\pi\,\delta x_k}{\lambda}\right) + \frac{c}{2}\,(\delta x_{k+1} - \delta x_k), \tag{90}$$

wo δx_k die Verschiebung des k-ten Atoms aus seiner Gleichgewichtslage $k\lambda$ ist. Die naheliegende Annahme, daß alle Atome nacheinander dieselben Verrückungen erfahren, besagt:

$$\delta x_k(t) = \delta x_{k+1}(t + \vartheta). \tag{91}$$

Dabei ist

$$w = \frac{\lambda}{\vartheta} \tag{92}$$

die Geschwindigkeit, mit der sich eine bestimmte Verrückung durch die Atomreihe fortpflanzt, also die Wanderungsgeschwindigkeit der Versetzung[1]. Nehmen wir ferner an, daß die Änderung von δx_k während der Zeit ϑ klein ist gegenüber δx_k selbst:

$$\vartheta\,\frac{d(\delta x_k)}{dt} \ll \delta x_k, \tag{93}$$

so geht die Bewegungsgleichung des k-ten Atoms

$$m\,\frac{d^2(\delta x_k)}{dt^2} = -\frac{\partial U}{\partial(\delta x_k)} \tag{94}$$

durch Reihenentwicklung bei Vernachlässigung von höheren Gliedern als zweiter Ordnung in ϑ über in:

$$(m - c\vartheta^2)\,\frac{d^2(\delta x_k)}{dt^2} = -2\pi\,\frac{U_0}{\lambda}\sin\frac{2\pi\,\delta x_k}{\lambda}\,. \tag{95}$$

Diese Gleichung stimmt formal mit der Bewegungsgleichung für ein Atom unter der Einwirkung des Potentials der unteren Atomreihe allein

[1] Wir werden gleich sehen, daß die Lösung der Bewegungsgleichungen des Systems eine wandernde Versetzung darstellt.

(keine elastischen Kräfte der Atome der oberen Reihe aufeinander) überein; an Stelle der wirklichen Masse m tritt die scheinbare Masse

$$m' = m - c\vartheta^2. \tag{96}$$

Die Lösung von (95) lautet unter Berücksichtigung von (91) und der aus (93) folgenden Bedingung $\partial(\delta x_k)/\partial t = 0$ für $\delta x_k = 0$:

$$\delta x_k = \frac{2\lambda}{\pi} \operatorname{arctg}\left[B_0 e^{\frac{2\pi}{\lambda}\sqrt{-\frac{U_0}{m'}}(t - k\vartheta)}\right]. \tag{97}$$

Für $m' > 0$ gibt die Beziehung (97) offenbar einen periodischen Vorgang an, für $m' < 0$ dagegen stellt sie zur Zeit $t = 0$ folgenden Zustand dar: Das Atom $k = -\infty$ hat eine Verrückung der Größe $\delta x_{-\infty} = \lambda$, das Atom $k = +\infty$ die Verrückung $\delta x_{\infty} = 0$, die Verrückungen der übrigen Atome liegen zwischen diesen Grenzwerten und nehmen mit wachsendem k ab. Dabei haben nur die Atome in der Umgebung von $k = 0$ Werte von δx_k, die merklich von λ oder 0 verschieden sind, und zwar nimmt dieses Gebiet mit zunehmendem ϑ ab. Dieser Zustand stellt eine Versetzung mit $k = 0$ als Mittelpunkt dar[1]. Ihre Atomzahl n ist um so kleiner, je größer ϑ ist.

Für $t < 0$ befindet sich die Versetzung bei $k < 0$, für $t > 0$ bei $k > 0$, sie wandert also im Laufe der Zeit von kleineren zu größeren Werten von k mit der Geschwindigkeit w nach (92). Da w mit wachsendem ϑ abnimmt, so ist es um so kleiner, je kleiner n ist, wie man auch aus Abb. 32 erkennt, die zeigt, daß mit abnehmendem n die Potentialschwellen zwischen den Atomen der Versetzung in zwei benachbarten Lagen größer werden.

Wegen $m' < 0$ ist w kleiner als die Schallgeschwindigkeit in der Atomreihe, die sich aus dem Potentialansatz zu

$$w_s = \lambda \sqrt{c/m} \tag{98}$$

ergibt. Eine genauere Aussage über die Größe von w ist nicht möglich, da ϑ (und B_0) eine unbestimmte Konstante ist, die selbst erst bei bekanntem w berechnet werden kann. Für w_0 nach (86) und $\lambda = 3 \cdot 10^{-8}$ cm ergibt sich $\vartheta = 10^{-7}$ sec für $u = 1$. Die Gesamtenergie H des Zustandes ergibt sich aus

$$w = w_s \sqrt{1 - \left(\frac{H_s}{H}\right)^2}, \tag{99a}$$

wo

$$H_s = \frac{4 w_s}{\pi} \sqrt{m U_0} < \frac{2 m w_s^2}{\pi^2} \tag{99b}$$

die Mindestenergie ist, bei der ein solcher Zustand eben noch möglich ist. H_s berechnet sich für Metalle zu 30000 bis 40000 cal/Mol. Die

[1] Frenkel und Kontorova sehen eine wandernde Versetzung als einen ganz besonderen der durch (97) gegebenen Zustände an, während sie offenbar den allgemeinsten Fall darstellt.

Bildung einer Versetzung ist in obigen Beziehungen nicht enthalten, vielmehr muß der Anfangszustand für $t = -\infty$ bei $k = -\infty$ bereits eine Versetzung sein. Da von einer Energiezerstreuung (Dissipation) abgesehen ist, so muß die gesamte Bildungsenergie als Gesamtenergie der wandernden Versetzung wieder in Erscheinung treten. Damit steht in Einklang, daß die von uns berechnete Bildungsenergie A_1 nach (28) von derselben Größenordnung, aber größer ist, als die von Frenkel und Kontorova berechnete Mindestenergie H_s. Unter diesen Umständen wird also die bei der Bildung einer Versetzung aufgewandte Energie während ihrer Wanderung der Reihe nach auf alle Atome der Kette übertragen, eine weitere Energiezufuhr ist nicht mehr erforderlich. Es erscheint zweckmäßig, die in der chemischen Kinetik für Vorgänge, welche nur eine einmalige örtliche Aktivierung zu ihrer Auslösung benötigen, übliche Bezeichnung Kettenreaktion auch hier anzuwenden, wie Dehlinger (1939, 4) vorgeschlagen hat [vgl. auch Dehlinger und Kochendörfer (1940, 3); Dehlinger (1941, 2)]. In einem wirklichen Kristall kann die Energieübertragung in dieser Weise nicht mehr stattfinden, wenn die Versetzung wieder an eine Mosaikgrenze, d. h. an eine gestörte Gitterstelle gelangt. Die Kettenreaktion wird dann unterbrochen und die Versetzung gebunden, bis sie durch thermische Energiezufuhr aufgelöst wird. Schon zum Wandern wird wegen der Dämpfung ein gewisser thermischer Energieaufwand erforderlich sein. Bei allotropen Umwandlungen dagegen können sich die Kettenreaktionen in einem störungsfreien Kristall, in dem keine Restverzerrungen vorangegangener Umwandlungen vorhanden sind, durch den ganzen Kristall fortpflanzen, so daß sie unmittelbar nachgewiesen werden können [vgl. Dehlinger (1937, 1; 1939, 4)].

12. Der Einfluß der Mosaikstruktur bei kleinen Gleitgeschwindigkeiten (Bestehen einer wahren Kriechgrenze).

Bisher haben wir die Fragen behandelt, die sich durch Versuche bei „großen" Gleitgeschwindigkeiten experimentell nachprüfen lassen, und haben gesehen, daß die theoretischen Ansätze vollauf bestätigt werden. Wir haben dabei vorausgesetzt, daß die Versetzungen unabhängig voneinander gebildet werden, erwähnten aber bereits, daß dies wegen ihres Eigenspannungsfeldes streng nicht zutreffen kann, sondern eine nur bei „großen" Gleitgeschwindigkeiten zulässige Näherung darstellt. Bei „kleinen" Gleitgeschwindigkeiten ist das nicht mehr der Fall. Die dadurch bedingten Besonderheiten bilden den Gegenstand der folgenden Untersuchungen.

Nach Taylor (1934, 1; 2) können die Eigenspannungen der Versetzungen in einer gegenüber dem Atomabstand λ großen Entfernung von ihrem Mittelpunkt (der ein singulärer Punkt ist) mit den Formeln der klassischen Elastizitätstheorie berechnet werden. Für die allein maßgebende Schubspannung[1] σ_i in der Gleitebene und Gleitrichtung ergibt sich für eine positive (+) bzw. negative (−) Versetzung:

$$\sigma_i^{(\pm)} = \pm \frac{G\lambda}{\pi} \frac{x}{x^2 + y^2}. \tag{100}$$

x und y sind rechtwinklige Koordinaten in Richtung der Versetzung und senkrecht zu ihr (zweidimensionales Gitter), G ist der Schubmodul. Für $x = 10^{-4}$ cm und $y = 0$ (Gleitebene) wird

$$|\sigma_i| \sim 10^{-4} G, \tag{100a}$$

also von der Größenordnung der äußeren Schubspannungen.

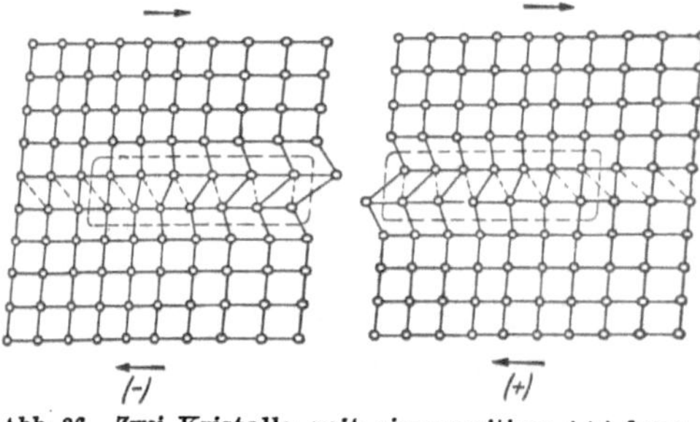

Abb. 36. Zwei Kristalle mit einer positiven (+) bzw. negativen (−) Versetzung können zu einem Kristall mit einem Versetzungspaar zusammengesetzt werden.

An idealen Stellen im Inneren eines Kristalls können nur Paare von Versetzungen ungleichen Vorzeichens gebildet werden (vgl. Abb. 31). Wie man aus Abb. 36 erkennt, kann man zwei Kristalle mit je einer Versetzung ungleichen Vorzeichens an der Oberfläche *ohne Gitterverzerrungen* zu einem Kristall mit einem Versetzungspaar in der Mitte zusammensetzen. Das Spannungsfeld ist dabei dem Betrag nach dasselbe wie das einer einzigen Versetzung, das Vorzeichen dagegen ist in beiden Kristallhälften gleich[2]:

$$\sigma_i^{\binom{(-+)}{(+-)}} = \pm \frac{G\lambda}{\pi} \frac{|x|}{x^2 + y^2}. \tag{101}$$

Wie die Verhältnisse an den im Inneren eines Kristalls befindlichen Fehlstellen sind, läßt sich ohne Kenntnis ihrer Beschaffenheit nicht sagen. Es ist sowohl möglich, daß die Versetzungen in den einzelnen Mosaikblöcken unabhängig voneinander gebildet werden können als auch, wie an idealen Stellen, nur paarweise. Im ersten Fall müssen die Atome längs der Mosaikgrenzen genügend beweglich sein, daß sie bei der atomaren Gleitstufenbildung (Abb. 30b) ausweichen können, und eine starke Wirkung auf den anstoßenden Mosaikblock nicht stattfindet.

[1] Der Index i soll andeuten, daß es sich um die Schubspannungskomponente des „inneren" Spannungsfeldes handelt. Demgegenüber bezeichnet σ ohne Index stets die von außen angelegte Schubspannung.

[2] Die Beziehung (101) wird wohl nicht genau gelten, da (100) sich auf eine in der Mitte eines großen Kristalls befindliche Versetzung bezieht, in Abb. 36 aber zwei Randversetzungen betrachtet werden. Uns kommt es aber nur auf die allgemeine Form von (101) an, die in beiden Fällen dieselbe ist.

Im Mittel werden sich dann genau soviel Fehlstellen auf der einen wie auf der andern Seite einer Mosaikgrenze befinden. Vermutlich liegt die Wirklichkeit in der Mitte zwischen beiden Möglichkeiten: Eine einzelne Versetzung wird zwar gebildet werden können, aber ihre Wirkung auf den Nachbarmosaikblock noch so stark sein, daß dort auch bald eine Versetzung gebildet wird. Näherungsweise können wir in den Entfernungen von einer Versetzung, mit denen wir es zu tun haben ($\geqq 1000\lambda - 10000\lambda$), sicher mit dem Eigenspannungsfeld rechnen, das sich nach (101) bei wirklicher Paarbildung ergibt.

Die äußere Schubspannung nehmen wir weiterhin als positiv an und beschränken uns zunächst auf die von ihr begünstigten $(-+)$-Paare. Auf den Einfluß der in Gegenrichtung von σ gebildeten $(+-)$-Paare kommen wir weiter unten zu sprechen. Die Indizes $+-$ lassen wir weg. Die Schubkomponente $\delta(x) = \sigma_i/G$ in der Gleitebene $y = 0$ ist dann

$$\delta(x) = \frac{\lambda}{\pi|x|}. \tag{102}$$

An (102) interessiert uns zunächst nur, daß die gegenseitige Verschiebung $s(x)$ der Atome benachbarter Gleitebenen mit $1/x$ abnimmt.

Der ganze Spannungszustand und damit auch diese Verschiebungen entstehen allmählich während der Bildung der Versetzung. Wir nehmen an, daß s proportional zu der Verschiebung v der Atome an der Fehlstelle ist, und setzen[1]:

$$s(v, x) = \frac{L_0}{x} \frac{v}{v_1} s_0. \tag{103}$$

Dabei ist L_0 eine Einheitsentfernung, die wir nachher festlegen, v_1 die Verschiebung bis zur labilen Lage (Abb. 29), s_0 die von x und v unabhängige, allein durch die Gitterkräfte bestimmte Verschiebung in der Entfernung $x = L_0$ für $v = v_1$.

Während die Verschiebung s in den idealen Gebieten in atomistischen Dimensionen nahezu homogen ist, wird sie in der Umgebung der übrigen Fehlstellen der Gleitebene infolge der Kerbwirkung inhomogen und verstärkt, so daß die dort auftretenden Energien mit der Bildungsenergie vergleichbar werden. Dabei wird an diesen Stellen die Neubildung von Versetzungen begünstigt. Die schon gebildete Versetzung selbst erfährt eine Rückwirkung in der Weise, daß sie nicht mehr ihre tiefste Energielage einnimmt, sondern auf einer höheren Energielage bleibt, die dadurch bestimmt ist, daß die Energie des ganzen Kristalls ein Minimum haben muß.

Die Verhältnisse sind ähnlich wie bei einer Anzahl Rollen, die auf einem in regelmäßigem Abstand mit Wellen (Fehlstellen) versehenen

[1] Wir rechnen von nun an x nach beiden Seiten einer Versetzung positiv und lassen die Absolutzeichen weg.

Blech in den Wellenmulden liegen und durch Federn miteinander verbunden sind. Bewegen wir die erste Rolle über ihre Welle hinweg (Bildung einer Versetzung), so werden die andern Rollen je nach der Federstärke (Schubmodul) mehr oder weniger weit mit verschoben, außerdem um so weniger, je weiter die Wellen voneinander entfernt sind (Fehlstellenabstand).

Durch diese Wechselwirkung wird an der Fehlstelle mit Versetzung die thermische Rückbildung, an den übrigen die thermische Bildung begünstigt. Da aber die Zahl der Fehlstellen sehr groß ist, so wird im allgemeinen zuerst eine neue Versetzung gebildet, ehe die erste zurückgebildet wird. Im Laufe der Zeit nimmt dann mit der Zahl der gebildeten Versetzungen die Rückbildungsgeschwindigkeit zu (sie können erst wegwandern, wenn sie ihre tiefste Energielage eingenommen haben), die Bildungsgeschwindigkeit ab (Neubildung kann nur an den Fehlstellen stattfinden, an denen sich noch keine Versetzung befindet). Dabei können schließlich beide Geschwindigkeiten gleich groß werden. Dann ändert sich der makroskopische Zustand mit der Zeit nicht mehr, d. h. bei der gegebenen Schubspannung nimmt die plastische Verformung auch nach beliebig langer Zeit nicht unbegrenzt zu, es besteht eine Kriechgrenze.

Es ist aber auch möglich, daß die Bildung neuer Versetzungen dauernd überwiegt, so daß sie schließlich zum Wandern kommen. Dann fließt der Kristall ununterbrochen weiter (die entstehende Verfestigung wird durch die Erholung laufend beseitigt), und es besteht überhaupt keine Kriechgrenze oder sie ist bereits überschritten.

Unsere Aufgabe gliedert sich in die beiden Fragen nach dem mechanischen und dem thermodynamischen Gleichgewicht. Ersteres ist unabhängig von letzterem und stellt sich auch in thermodynamischen Nichtgleichgewichtszuständen sehr rasch ein. Die Gleichgewichtsbedingungen ergeben sich bekanntlich durch Differentation der freien Energie F, die ein Minimum annehmen muß, nach den unabhängigen Variabeln. Bei der Berechnung von F beschränken wir uns zunächst auf die Wechselwirkung innerhalb einer Gleitebene, wobei die wesentlichen Gesichtspunkte bereits in Erscheinung treten. Auf die Wirkung verschiedener Gleitebenen aufeinander kommen wir am Schluß zu sprechen.

Die Kristallänge sei b, der Fehlstellenabstand L, also die Zahl der Fehlstellen in der Gleitebene

$$n_0 = \frac{b}{L}\,. \tag{104}$$

Wir untersuchen zunächst das mechanische Gleichgewicht und denken uns zu diesem Zweck den Kristall auf den absoluten Nullpunkt abgekühlt. In einem Kristall ohne Versetzung bewirkt eine äußere

Schubspannung starke Atomverschiebungen in der Umgebung der Fehlstellen, die mit der Entfernung von diesen abnehmen (Abb. 37). Die überall gleich große maximale Verschiebung bezeichnen wir mit v^*.

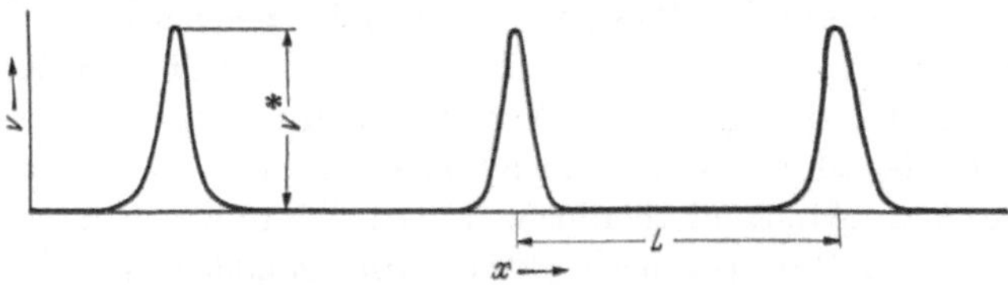

Abb. 37. Durch eine äußere Schubspannung bewirkte Atomverschiebungen v in einem Kristall mit Fehlstellen. x Ortskoordinate.

Wir bilden nun an einer Fehlstelle eine Versetzung, indem wir die Atome ihrer Umgebung über die labile Lage hinweg um den (maximalen) Betrag v^{**} verschieben (Abb. 38). Die Gesamtverschiebung $v^* + v^{**}$ ist $> v_1$; wir setzen:

$$v^{***} = v^* + v^{**} - v_1. \tag{105}$$

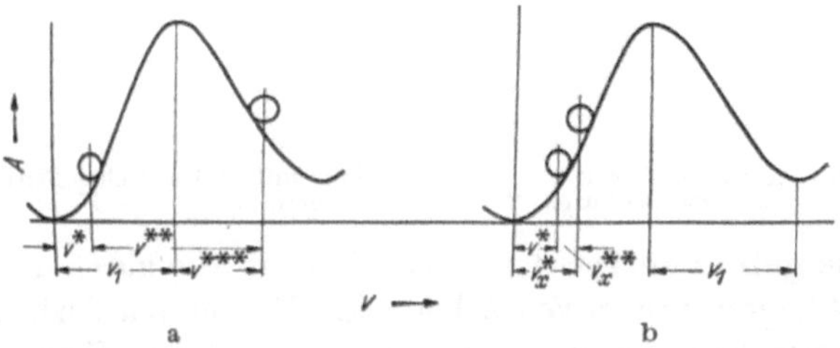

Abb. 38. Atomverschiebung v und potentielle Energie A vor und nach der Bildung einer Versetzung. a) An der Bildungsstelle der Versetzung. b) An einer Fehlstelle ohne Versetzung.

An den übrigen Fehlstellen werden dabei die Atome um den Betrag $v_x^{**} = q s(v^{**}, x)$ verschoben (Abb. 38); q ist der Kerbwirkungsfaktor, $s(v^{**}, x)$ ergibt sich aus (103). Mit

$$v_0 = q s_0 \tag{106}$$

wird:

$$v_x^{**} = \frac{L_0}{x} \frac{v_0}{v_1} v^{**}. \tag{107}$$

Also beträgt die Gesamtverschiebung $v^* + v_x^{**}$ an diesen Fehlstellen:

$$v_x^* = v^* + \frac{L_0}{x} \frac{v_0}{v_1} v^{**}. \tag{108}$$

Die Beiträge E_1 der gebildeten Versetzung und E_2 der übrigen Fehlstellen zur freien Energie sind dann nach (30) und (31b):

$$E_1 = A_1 - A'(v^{***}) = \frac{A_1}{2}\left[2 - \frac{A_1'}{A_1}(1 + \cos(\gamma_1 + \gamma_2^*))\right], \tag{109}$$

$$E_2 = \sum A(v^*) = \sum \frac{A_1}{2}\left[1 - \cos\left(\gamma_1 + \frac{L_0}{x}\gamma_2\right)\right] \tag{110}$$

mit $\gamma_1 = \pi \frac{v^*}{v_1}$; $\gamma_2 = \pi \frac{v^{**}}{v_1} \frac{v_0}{v_1}$; $\gamma_2^* = \pi \frac{v^{**}}{v_1} = \frac{v_1}{v_0} \gamma_2$. (111)

$(0 \leqq \gamma_1 \leqq \pi)$ $(\gamma_2 \leqq \pi - \gamma_1)$ $(\gamma_2^* \geqq \pi - \gamma_1)$

Die Summe ist über die x-Werte νL (ν ganz) der Fehlstellen zu erstrecken.

Wenn sich ein thermodynamisches Gleichgewicht ausbildet, so verteilen sich dabei die gebildeten Versetzungen statistisch unregelmäßig über die Fehlstellen. Wir können vereinfachend annehmen, daß sie sich in gleichem Abstand anordnen. Beträgt ihre Anzahl n, so kommen auf n_0/n Fehlstellen [n_0 nach (104)] eine gebildete Versetzung, und

$$2z = \frac{n_0}{n} - 1 = \frac{1 - \alpha}{\alpha} \tag{112}$$

Fehlstellen ohne Versetzung. $\alpha = n/n_0$ ist die „Konzentration" der Versetzungen. Nach Abb. 39, die eine solche Verteilung veranschaulicht, sind die Zustände in jedem Bereich $x = \pm zL$ dieselben. E_2, das

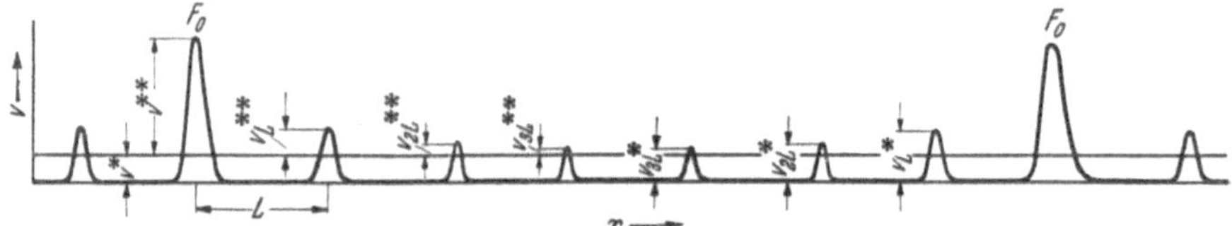

Abb. 39. Atomverschiebung v an den Fehlstellen mit (F_0) und ohne Versetzung. x Ortskoordinate. Gewählte Zahlwerte: $\alpha = \frac{1}{7}$, $z = 3$.

sich auf eine gebildete Versetzung bezieht, ist also gleich der doppelten Summe (110), genommen von L bis zL. Mit hinreichender Näherung können wir die Summe durch ein Integral mit den Grenzen $L/2$ und $(z + \frac{1}{2})L$ ersetzen, und erhalten:

$$E_2 = A_1 \left[z - \frac{\cos\gamma_1}{L} \int_{L/2}^{(z+\frac{1}{2})L} \cos\frac{\beta}{x}\, dx + \frac{\sin\gamma_1}{L} \int_{L/2}^{(z+\frac{1}{2})L} \sin\frac{\beta}{x}\, dx \right] \tag{113}$$

mit

$$\beta = L_0 \gamma_2 . \tag{114}$$

Die Teilintegrale kann man mit Hilfe der Substitution $u = \beta/x$ und durch partielle Integration leicht auswerten. Es wird:

$$\left.\begin{aligned} &\frac{1}{L} \int_{L/2}^{(z+\frac{1}{2})L} \cos\frac{\beta}{x}\, dx \\ &= \left(z + \frac{1}{2}\right) \cos\frac{\beta}{(z+\frac{1}{2})L} - \frac{1}{2}\cos\frac{2\beta}{L} + \frac{\beta}{L}\left(S_i\left(\frac{\beta}{(z+\frac{1}{2})L}\right) - S_i\left(\frac{2\beta}{L}\right)\right), \end{aligned}\right\} \tag{115a}$$

$$\left.\begin{aligned} &\frac{1}{L} \int_{L/2}^{(z+\frac{1}{2})L} \sin\frac{\beta}{x}\, dx \\ &= \left(z + \frac{1}{2}\right) \sin\frac{\beta}{(z+\frac{1}{2})L} - \frac{1}{2}\sin\frac{2\beta}{L} - \frac{\beta}{L}\left(C_i\left(\frac{\beta}{(z+\frac{1}{2})L}\right) - C_i\left(\frac{2\beta}{L}\right)\right). \end{aligned}\right\} \tag{115b}$$

Die Funktionen Integral-Sinus $S_i(y)$ und Integral-Kosinus $C_i(y)$ sind definiert durch:

$$S_i(y) = \int_0^y \frac{\sin t}{t}\,dt; \qquad C_i(y) = -\int_y^\infty \frac{\cos t}{t}\,dt. \tag{116a}$$

Ihre Ableitungen sind:

$$\frac{dS_i(y)}{dy} = \frac{\sin y}{y}; \qquad \frac{dC_i(y)}{dy} = \frac{\cos y}{y}. \tag{116b}$$

Ihre Werte sind z. B. bei **Jahnke-Emde** (1933, 1) S. 78 angegeben. Näherungsweise ist für $y \leqq \pi$: $S_i(y) \sim 2\sin y/2$. $C_i(y)$ wird für kleine y wie $\ln 1{,}78\,y$ negativ unendlich, hat bei $y = 0{,}615$ eine Nullstelle, durchschreitet bei $y = 0{,}5\,\pi$ ein Maximum der Größe 0,472 und wird für $y = 3{,}4$ wieder Null.

Setzen wir (115a) und (115b) in (113) ein, so wird unter Berücksichtigung von (112) und (114):

$$\left.\begin{aligned} F_2 = \alpha E_2 = \frac{A_1}{2}\Big\{ & 1-\alpha-\cos\left(\gamma_1+2\alpha\gamma_2\frac{L_0}{L}\right)+\alpha\cos\left(\gamma_1+2\gamma_2\frac{L_0}{L}\right)- \\ & -2\alpha\gamma_2\frac{L_0}{L}\left[(S_i)\cos\gamma_1+(C_i)\sin\gamma_1\right]\Big\} \end{aligned}\right\} \tag{117}$$

mit den Abkürzungen:

$$(S_i) = S_i\left(2\alpha\gamma_2\frac{L_0}{L}\right) - S_i\left(2\gamma_2\frac{L_0}{L}\right); \; (C_i) = C_i\left(2\alpha\gamma_2\frac{L_0}{L}\right) - C_i\left(2\gamma_2\frac{L_0}{L}\right). \tag{118}$$

F_2 ist der E_2 entsprechende Anteil zur „Dichte“ der freien Energie, d. i. der freien Energie nE_2 bezogen auf eine Fehlstelle. Entsprechend wird $F_1 = \alpha E_1$.

Die Verschiebungen v an den Fehlstellen haben Verschiebungen der oberen gegen die untere Kristallhälfte zur Folge. Sie sind die kleinsten, v^* und v^{**} entsprechenden s-Werte nach (103), die nach Abb. 39 bei $x = L/2$ und $x = (z + \frac{1}{2})L$ liegen. Nach (103), (106) und (111) wird:

$$s^* = s(v^*, L/2) = 2\frac{L_0}{L}\frac{v_0}{\pi q}\gamma_1 \tag{119}$$

und unter Berücksichtigung von (112):

$$s^{**} = s\left(v^{**}, \left(z+\frac{1}{2}\right)L\right) = 2\alpha\frac{L_0}{L}\frac{v_0}{\pi q}\gamma_2^*. \tag{120}$$

Dabei leistet die äußere Kraft $K = \sigma b = \sigma n_0 L$ (zweidimensionales Gitter!) die Arbeit $\Phi = K(s^* + s^{**})$, und die Dichte der freien Energie nimmt um den Betrag

$$F_3 = -\frac{\Phi}{n_0} = -2\sigma L_0\frac{v_0}{\pi q}(\gamma_1 + \alpha\gamma_2^*) \tag{121}$$

zu. F_1, F_2 und F_3 sind die mechanischen, von der Temperatur unabhängigen Beiträge zu F, zu denen noch ein statistisches Glied

$$F_4 = \alpha k T \ln \alpha + (1 - \alpha)\, k T \ln (1 - \alpha) \tag{122}$$

hinzukommt [vgl. Dehlinger (1939, 4)], das nur von α und T abhängt. Die Größen γ_1, γ_2 und α können offenbar unabhängig voneinander variiert werden, so daß die Gleichgewichtsbedingungen lauten:

$$\frac{\partial F}{\partial \gamma_1} = 0; \qquad \frac{\partial F}{\partial \gamma_2} = 0; \qquad \frac{\partial F}{\partial \alpha} = 0. \tag{123}$$

Dabei ergeben die beiden ersten Gleichungen zu jedem vorgegebenen α die zugehörigen Gleichgewichtswerte von γ_1 und γ_2, bestimmen also das mechanische Gleichgewicht. Mit diesen Werten von γ_1 und γ_2 erhält man aus $\partial F / \partial \alpha = 0$ den Gleichgewichtswert von α (thermodynamisches Gleichgewicht). Wenn die Gleichungen (123) für vorgegebene Werte von $\sigma \neq 0$ und T eine Lösung α besitzen, für welche F ein Minimum (kein Maximum) annimmt, so besteht eine Kriechgrenze, im andern Falle nicht.

Den bisher betrachteten Verschiebungen überlagert sich unabhängig eine homogene elastische Verschiebung s_{hom} der beiden Gleitebenen, deren Beitrag F_{hom} nur von s_{hom} abhängt. $\partial F / \partial s_{\mathrm{hom}} = 0$ ergibt als Beziehung zwischen σ und s_{hom} das Hookesche Gesetz. Für unsere Betrachtungen spielt die elastische Dehnung, da sie sich unabhängig den übrigen Verschiebungen überlagert, keine Rolle. Bei inhomogenen Verformungen ist das jedoch nicht mehr der Fall, und s_{inhom} muß als vierte, aber von den übrigen drei abhängige, Variable mit berücksichtigt werden.

Wir berechnen nun die Gleichgewichtsbedingungen. Es wird:

$$\left.\begin{aligned} \frac{\pi q}{2\sigma_{01} L_0 v_0}\frac{\partial F}{\partial \gamma_1} = \frac{\pi q A_1}{4\sigma_{01} L v_0}\Big\{&\alpha \frac{A_1'}{A_1}\sin(\gamma_1 + \gamma_2^*) + \sin\left(\gamma_1 + 2\alpha\gamma_2 \frac{L_0}{L}\right) - \\ &-\alpha \sin\left(\gamma_1 + 2\gamma_2\frac{L_0}{L}\right) + \\ &+ 2\alpha\gamma_2 \frac{L_0}{L}\left[(S_i)\sin\gamma_1 - (C_i)\cos\gamma_1\right]\Big\} - \frac{\sigma}{\sigma_{01}} = 0. \end{aligned}\right\} \tag{124}$$

Für $\alpha = 0$ (keine Versetzungen) erhalten wir daraus:

$$\frac{\pi q A_1}{4\sigma_{01} L_0 v_0}\sin\gamma_1 = \frac{\sigma}{\sigma_{01}}.$$

Da die maximale Schubspannung bei $\gamma_1 = \pi/2$ gleich σ_{01} ist, so wird:

$$\frac{\pi q A_1}{4\sigma_{01} L_0 v_0} = 1 \tag{125}$$

und

$$\sin\gamma_1 = \frac{\sigma}{\sigma_{01}} \quad \text{für} \quad \alpha = 0. \tag{126}$$

Die leicht verständliche Beziehung (126) bringt zum Ausdruck, daß im Gleichgewicht die Ableitung der potentiellen Energie (30) an den Fehlstellen nach der Verschiebung v proportional zu der äußeren Schubspannung ist; sie ist ein verallgemeinertes Hookesches Gesetz. Durch (125) fallen alle absoluten Größen aus den Gleichungen heraus, als Parameter bleiben nur noch die Verhältnisse L_0/L und v_0/v_1 übrig. Man könnte zunächst vermuten, daß sich aus (125) v_0 berechnen ließe, wenn man die aus Messungen an dreidimensionalen Kristallen erhaltenen Zahlwerte der übrigen Konstanten einsetzt. Das ist jedoch nicht der Fall. Für dreidimensionale Gitter wird zwar eine ähnliche Beziehung bestehen, die aber gegenüber (125) noch mit einer Länge im Nenner multipliziert sein muß, damit auf beiden Seiten Dimensionsgleichheit besteht. Diese Beziehung ist noch nicht abgeleitet und solange der Zahlwert der hinzukommenden Länge nicht bekannt ist, kann v_0 nicht in der erwähnten Weise berechnet werden. In allen übrigen bisherigen und folgenden Beziehungen treten die in zwei- und dreidimensionalen Gittern verschieden dimensionierten Größen nur in dimensionslosen Verbindungen mit bestimmten festen Werten von ihnen auf (z. B. σ/σ_{01}), sie gelten daher für beide Gitterdimensionen in gleicher Weise.

In der bisherigen Schreibweise treten L_0/L und v_0/v_1 einzeln auf. In Wirklichkeit hängen F und seine Ableitungen nur von dem Produkt

$$\Pi_0 = \frac{v_1 L}{v_0 L_0} \tag{127}$$

ab, denn γ_2 kommt nur in den Verbindungen $\frac{v_1}{v_0}\gamma_2 = \gamma_2^*$ und $\frac{L_0}{L}\gamma_2 = \frac{\gamma_2^*}{\Pi_0}$ vor, und an Stelle der explizite nicht mehr auftretenden Variabeln γ_2 können wir γ_2^* nehmen. Dies hat seinen Grund darin, daß v_x^{**} nach (107) mit x wie $1/x$ abnimmt. Dann sind, unter sonst gleichen Bedingungen, die Energiezustände in zwei Kristallen mit den Fehlstellenabständen L_1 und L_2 dieselben, wenn gleichzeitig ihre Wechselwirkungsgrößen v_{01} und v_{02} sich zueinander wie L_1 zu L_2 verhalten. Unter diesen Umständen bleibt aber Π_0 unverändert.

Da v_1/v_0 für eine bestimmte Kristallart für alle L einen festen Wert besitzt, so entspricht jedem L ein bestimmtes Π_0. Durch Vergleich unserer Ergebnisse für verschiedene Π_0 mit den experimentellen Ergebnissen für verschiedene Mosaikgrößen können wir feststellen, welche Werte von Π_0 und L_0/L einander entsprechen, und damit nach (127) den Wert von v_0/v_1 berechnen. Wir nehmen das Ergebnis

$$\frac{v_0}{v_1} = \frac{q \cdot s_0}{v_1} = 0{,}06 \quad \text{für} \quad L_0 = 10^{-4}\,\text{cm} \tag{128}$$

vorweg. Die erste Gleichung folgt aus (106). Mit $v_1 = \lambda/2$ nach (35) und $s_0 = 10^{-4}\lambda$ nach (100a) ergibt sich aus (128) $q = 300$. Dieser Wert stimmt mit dem aus $q = \sigma_R/\sigma_{01}$ berechneten Werten innerhalb der Genauigkeit, mit der sie angegeben werden können, überein. $L_0 = 10^{-4}$ cm ist dabei von der Größenordnung der kleinsten bisher beobachteten Mosaikgröße. Bei Kristallen kann L nicht beliebig klein werden, da sonst ihr Kennzeichen, die regelmäßige Atomanordnung in hinreichend großen Bereichen, schließlich verlorengehen würde.

Für $\alpha = 1$ erhalten wir aus (124) die (126) entsprechende Beziehung

$$\frac{A_1'}{A_1}\sin(\gamma_1 + \gamma_2^*) = \frac{\sigma}{\sigma_{01}} \quad \text{für} \quad \alpha = 1 . \tag{129}$$

Für $\sigma = 0$ ergibt (104), wie es sein muß, die Gleichgewichtslage $\gamma_1 + \gamma_2^* = 2\pi$. Es entspricht unseren Kosinusansätzen (30) und (31), daß die potentielle Energie an einer Fehlstelle symmetrisch zu $\gamma_1 + \gamma_2^* = 2\pi$ bis zu dem Maximalwert A_1' verläuft. Nun beginnt aber bei $\gamma_1 + \gamma_2^* = \pi$ das Wandern einer Versetzung. Hierbei muß aber die Schwellenenergie B_w überwunden werden [vgl. (74)], so daß für $\gamma_1 + \gamma_2^* \geqq 2\pi$ die Beziehungen (30) und (31), welche die Energieverhältnisse während der Bildung bestimmen, nicht mehr gelten. Wenn aber schon soviel Versetzungen gebildet wurden, so wandern sie unter dem Einfluß der Schubspannung und der thermischen Schwankungen im Laufe der Zeit auch wirklich von den Bildungsstellen weg und entziehen sich so der Rückbildung. Da für die später gebildeten Versetzungen erst recht $\gamma_1 + \gamma_2^* > 2\pi$ ist, so schreitet die Bildung und Wanderung fort, und der Kristall fließt dauernd weiter. Eine Kriechgrenze kann also, wenn überhaupt, nur bei so kleinen α-Werten bestehen, für die $\gamma_1 + \gamma_2^* < 2\pi$ ist, also unsere Ansätze gültig sind.

Unter Berücksichtigung von (116b) und (125) erhalten wir die weiteren Gleichgewichtsbedingungen:

$$\left.\begin{aligned} \frac{\pi q}{2\sigma_{01} L_0 v_0}\frac{\partial F}{\partial \gamma_2^*} &= (\alpha)\frac{A_1'}{A_1}\sin(\gamma_1 + \gamma_2^*) - \\ &- \frac{2(\alpha)}{\Pi_0}[(S_i)\cos\gamma_1 + (C_i)\sin\gamma_1] - (\alpha)\frac{\sigma}{\sigma_{01}} = 0 , \end{aligned}\right\} \tag{130}$$

$$\frac{\pi q}{2\sigma_{01} L_0 v_0}\frac{\partial F}{\partial \alpha} = \frac{2kT}{A_1}\ln\frac{\alpha}{1-\alpha} + f_\alpha , \tag{131a}$$

$$\left.\begin{aligned} f_\alpha = 1 - \frac{A_1'}{A_1}(1 + \cos(\gamma_1 + \gamma_2^*) + \cos(\gamma_1 + 2\gamma_2^*/\Pi_0)) - \\ - \frac{2\gamma_2^*}{\Pi_0}[(S_i)\cos\gamma_1 + (C_i)\sin\gamma_1] - \gamma_2^*\frac{\sigma}{\sigma_{01}} . \end{aligned}\right\} \tag{131b}$$

(130) ist für $\alpha = 0$ identisch erfüllt, wie es sein muß, das γ_2^* für $\alpha = 0$ noch nicht definiert ist. Wir können für $\alpha \neq 0$ die in (130) schon eingeklammerten α weglassen. Für $\alpha = 1$ erhält man aus (130), wie aus (124), die Beziehung (129).

Die Auflösung der Gleichgewichtsbedingungen (124), (130) und (131a) kann nicht in geschlossener Form, sondern nur graphisch erfolgen. Der Lösungsweg wird in **30** beschrieben. Im folgenden geben wir die Ergebnisse an.

Zur Bestimmung des mechanischen Gleichgewichts ist es am zweckmäßigsten, anstatt für σ/σ_{01}, für die an allen Fehlstellen gleich große Verschiebung γ_1 einen bestimmten Wert vorzugeben, und für jedes α die zugehörigen Werte der Gesamtverschiebung $\gamma_1 + \gamma_2^*$ an den Fehlstellen mit Versetzung und von σ/σ_{01} zu berechnen. Für kleine α ($\leqq {}^1/_{100}$) ist die Rechnung verhältnismäßig einfach, für größere α dagegen wird sie sehr umständlich, aber für unsere Fragestellung unwesentlich, da $\gamma_1 + \gamma_2^* \geqq 2\pi$ wird. Lediglich um eine Gesamtübersicht

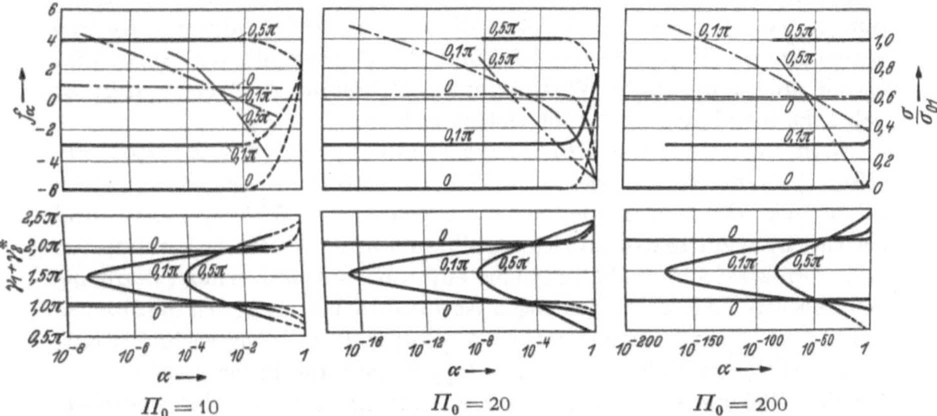

Abb. 40. Verlauf der Gleichgewichtswerte von $\gamma_1 + \gamma_2^*$ (untere Kurven), σ/σ_{01} (obere ausgezogene Kurven) und f_α (obere strichpunktierte Kurven) mit der Konzentration α der gebildeten Versetzungen für konstante Werte von γ_1 (den Kurven angeschrieben). Die gestrichelten Teile der Kurven sind, bis auf die Endpunkte bei $\alpha = 1$, nicht berechnet.

zu erhalten, wurde der Fall $\Pi_0 = 20$, $\gamma_1 = 0{,}1\pi$ ganz durchgerechnet. In den beiden andern untersuchten Fällen $\Pi_0 = 10$ und $\Pi_0 = 200$ beschränken wir uns auf kleine α-Werte[1]. Die Ergebnisse sind in Abb. 40 dargestellt. Die für die einzelnen Kurven konstanten γ_1-Werte sind angeschrieben.

Alle Kurven zeigen dieselben kennzeichnenden Merkmale: Zu jedem α gibt es zwei Werte von $\gamma_1 + \gamma_2$, die nahezu symmetrisch zu $1{,}5\pi$ liegen. Den unteren Kurvenästen entsprechen Maxima, den oberen dagegen Minima der freien Energie, also die gesuchten stabilen Lagen. Sehr nahe bei $\gamma_1 + \gamma_2^* = 1{,}5\pi$ für alle γ_1 ist das Gleichgewicht indifferent (zweite Ableitungen Null). Unterhalb des entsprechenden $\alpha^* = \alpha^*(\gamma_1, \Pi_0)$ von α gibt es keine reellen Lösungen der Gleichungen (124) und (130), und damit auch kein mechanisches Gleichgewicht

[1] Die Werte für $\alpha = 1$ lassen sich leicht berechnen, daher können die Kurven qualitativ bis $\alpha = 1$ fortgesetzt werden (in Abb. 40 gestrichelt).

mehr. Wenn wir also in einem großen Kristall mit mehr als $1/\alpha^*$ Fehlstellen in einer Gleitebene versuchen, eine einzige Versetzung zu bilden, so gelingt uns das nicht; die Atome kehren nach Wegnahme der Kräfte in ihre Ausgangslage zurück.

Dieses Verhalten erklärt sich folgendermaßen: Im mechanischen Gleichgewicht ist die Wirkung an den Fehlstellen mit Versetzung, die durch die Neigung der Energiekurve in Abb. 29 bestimmt ist, gleich der Gegenwirkung an den Fehlstellen ohne Versetzung. Da die Verschiebung v_x^{**} nach (107) wie $1/x$ abnimmt, so ist diese Gegenwirkung der Größenordnung nach gegeben durch $\sum 1/x$ über alle Fehlstellen ohne Versetzung, die auf eine Fehlstelle mit Versetzung kommen. Diese Summe wächst aber mit der Zahl dieser Fehlstellen, also mit kleiner werdendem α, über alle Grenzen, und wird unterhalb von α^* größer als die größte mögliche Wirkung einer Fehlstelle mit Versetzung, so daß kein Gleichgewicht mehr eintreten kann.

Nach Frenkel und Kontorova [1939, 1; vgl. (97)] und Peierls (1940, 1) nimmt v_x^{**} stärker als $1/x$ ab, so daß die Gegenwirkung auch bei beliebig kleinem α kleiner als die maximale Wirkung bleibt und ein Gleichgewichtszustand sich ausbilden kann. Trotzdem können wir unsere Ansätze, die verhältnismäßig einfach sind, beibehalten, denn bei den üblichen Kristallabmessungen ist bereits bei der ersten gebildeten Versetzung $\alpha > \alpha^*$, so daß stets ein mechanisches Gleichgewicht eintritt.

Die Gleichgewichtswerte von σ/σ_{01} liegen für kleine α sehr nahe bei den Gleichgewichtswerten für $\alpha = 0$ nach (126). Erst oberhalb $\alpha = \frac{1}{100}$ weichen sie merklich davon ab. Aus diesem Grunde weichen die $(\gamma_1 + \gamma_2^*)$-Kurven für konstante σ/σ_{01} nicht merklich von den für konstante γ_1 gezeichneten Kurven ab, so daß wir jetzt σ/σ_{01} als gegeben ansehen können. Zu beachten ist jedoch, daß die Kurve für $\gamma_1 = 0{,}5\pi$ zwar für Werte von σ/σ_{01} gilt, die sehr nahe bei 1 liegen, nicht aber für $\sigma/\sigma_{01} = 1$, denn hierfür gibt es nur die labile Gleichgewichtslage $\gamma_1 = 0{,}5\pi$, $\alpha = 0$.

Die so erhaltenen Gleichgewichtswerte von γ_1 und γ_2^* müssen wir nun in die Gleichgewichtsbedingung (131a) einsetzen und untersuchen, für welche Werte von α sie erfüllt ist. Dazu lösen wir am besten den ersten Summanden in (131a) nach α auf. Es ergibt sich:

$$\alpha = \frac{e^{-\xi(\alpha)}}{1 + e^{-\xi(\alpha)}}; \qquad \xi(\alpha) = \frac{A_1}{2kT} f_\alpha. \tag{132}$$

Zur graphischen Lösung dieser Gleichung zeichnen wir den Verlauf ihrer rechten und linken Seite mit α, also die Funktionen

$$y_1 = \alpha; \qquad y_2 = \frac{e^{-\xi}}{1 + e^{-\xi}} \tag{133}$$

einzeln, und bestimmen ihre Schnittpunkte, bei denen (132) erfüllt ist. y_1 ist eine Gerade. y_2 hat für $\xi = 0$ den Wert $\frac{1}{2}$ und geht für positive ξ rasch gegen Null, für negative ξ rasch gegen Eins, hat also folgende Form: ⌉⌊. Die Kurve verläuft nahezu symmetrisch zu $\xi = 0$. Zu gleichen (nicht zu kleinen) Absolutwerten $|\xi|$ gehören also gleiche Werte von $y_2(\xi > 0)$ bzw. $1 - y_2(\xi < 0)$.

Für f_α erhalten wir den in den Abb. 40 dargestellten Verlauf. Es nimmt nahezu linear von positiven nach negativen Werten ab. Den α-Wert der Nullstelle bezeichnen wir mit α_0:

$$f_\alpha(\alpha_0) = 0. \tag{134a}$$

An dieser Stelle ist nach (132) auch $\xi = 0$, also

$$y_2(\alpha_0) = \tfrac{1}{2} \text{ für alle } T. \tag{134b}$$

Tabelle 4 enthält einige weitere Zahlwerte von $|\xi|$ und y_2 (wenn f_α und $\xi > 0$) bzw. $1 - y_2$ (wenn f_α und $\xi < 0$), für die in Frage kommenden Werte von $|f_\alpha|$ und T.

Tabelle 4.

$|f_\alpha| =$ \ $T =$	100	300	500	1000° K	
5	625 10^{-271}	208,5 10^{-90}	125 10^{-54}	62,5 10^{-27}	$|\xi|$ y_2
3	375 10^{-63}	125 10^{-54}	75 10^{-32}	37,5 $10^{-6,3}$	$|\xi|$ y_2
1	125 10^{-54}	41,7 10^{-18}	25 10^{-11}	12,5 $10^{-5,4}$	$|\xi|$ y_2
0,2	25 10^{-11}	8,3 $10^{-3,6}$	5 $10^{-2,2}$	2,5 $10^{-1,1}$	$|\xi|$ y_2

Man sieht daraus, daß sich y_2 in allen Fällen von dem Wert $\frac{1}{2}$ bei α_0 sehr rasch den Werten Null ($\alpha > \alpha_0$) bzw. Eins ($\alpha < \alpha_0$) nähert, ohne sie für $T \neq 0$ ganz zu erreichen. Die Annäherung erfolgt um so rascher, je tiefer T ist. Quantitativ können, wegen der Kleinheit der α- und y_2- bzw. $(1 - y_2)$-Werte, die Kurven nur bei Verwendung logarithmischer Maßstäbe gezeichnet werden, wobei aber ein verzerrtes Gesamtbild entsteht. Um die wesentlichen Eigenschaften zu erkennen, genügt ein qualitatives Bild, wenn es nur die gegenseitigen Verhältnisse zwischen den Kurven y_1 und y_2 richtig wiedergibt. Abb. 41a veranschaulicht die Verhältnisse für $\Pi_0 = 10$ und 20 ($L \sim L_0/2$ und $\sim L_0$), Abb. 41b für $\Pi_0 = 200$ ($L \sim 10 L_0$). Im ersten Fall bleibt y_2 bei dem kleinsten reellen Wert α^* von α bis $T = 1000°$ K noch unterhalb y_1 und geht erst bei höheren, praktisch im allgemeinen nicht mehr in Frage kommenden Temperaturen (Schmelzpunkte) darüber. Im zweiten Fall nimmt y_2 bereits bei etwa 200° K größere Werte als y_1 an, so daß bei kleinen α zwei Schnittpunkte der Kurven entstehen. Das kommt daher, daß α^* bei $\Pi_0 = 200$ viel kleiner ist als bei $\Pi_0 = 10$ und 20, während f_α ungefähr dieselben Werte besitzt. Für $T = 0$ ergeben sich die ausgezogenen rechteckigen Kurven, für $T = \infty$ die gestrichelten Geraden.

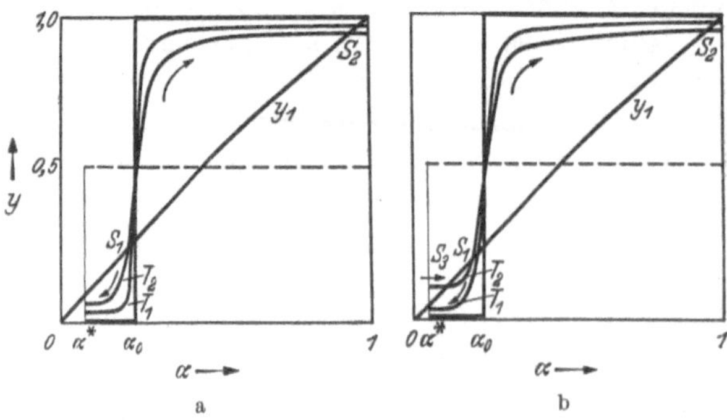

Abb. 41. Qualitativer Verlauf der Funktionen y_1 und y_2 in (133) mit α für zwei Temperaturen T_1 und T_2 ($T_1 < T_2$). a) Kein Schnittpunkt der Kurven zwischen α^* (kleinster reeller Wert von α) und α_0 ($f_\alpha(\alpha_0) = 0$). b) Bei genügend hohen Temperaturen Schnittpunkte S_3 zwischen α^* und α_0.

Ist $y_2 < y_1$, so ist $\partial F/\partial\alpha > 0$ und die freie Energie nimmt mit α zu. Da nach dem zweiten Hauptsatz jedes sich selbst überlassene System (in unserem Falle Kristall + äußere Kräfte) dem tiefsten möglichen Wert der freien Energie zustrebt, so nimmt in diesem Falle α mit der Zeit ab. Ist dagegen $y_2 > y_1$, so ist $\partial F/\partial\alpha < 0$, F nimmt mit α ab, und α selbst mit der Zeit zu. Die Pfeile in den Abb. 41a und 41b deuten das an. Mit andern Worten besagt dies, daß die freie Energie in einem Schnittpunkt ein Minimum hat, d. h. das Gleichgewicht stabil ist, wenn y_2 mit zunehmendem α y_1 von oben her schneidet (bei S_2 und S_3), dagegen ein Maximum (unbeständiges Gleichgewicht), wenn y_2 von unten her schneidet (bei S_1).

Wird nun in einer Gleitebene mit $n_0 = b/L$ Fehlstellen eine Versetzung gebildet, so nimmt α bereits den Wert

$$\alpha_\varepsilon = \frac{1}{n_0} = \frac{L}{b} \tag{135}$$

an. Ist α_ε kleiner als der Gleichgewichtswert α_k bei S_1 (bei gegebenem σ, T und Π_0), so erfolgt also mit größerer Wahrscheinlichkeit eine Rückbildung dieser Versetzung als die Bildung einer neuen. Im Laufe der Zeit tritt einer dieser Vorgänge immer wieder einmal ein, eine Zunahme von α erfolgt aber nicht. Wir haben also eine Kriechgrenze. Ist α_ε auch kleiner als der Gleichgewichtswert bei S_3 in Abb. 41b, so werden zwar weitere Versetzungen gebildet und α nimmt zu, aber höchstens bis zu seinem Wert bei S_3, wo sich ein stabiles Gleichgewicht ausbildet. In beiden Fällen hat neben der rein elastischen Verformung eine kleine nichtelastische Verformung stattgefunden, da ja bereits Versetzungen gebildet wurden. Man kann diesen Anteil aber nicht als plastisch bezeichnen, da er nach Wegnahme der Schubspannung allmählich wieder zurückgeht (elastische Nachwirkung)[1].

Ist dagegen $\alpha_\varepsilon > \alpha_k = \alpha(S_1)$, so nimmt α im Laufe der Zeit dauernd zu, und der Kristall fließt ununterbrochen weiter. Dieser Fall trifft bei allen Temperaturen sicher zu, wenn $\alpha_\varepsilon > \alpha_0$ ist [vgl. (134a, b)]; die betreffende Schubspannung ist dann größer als die Kriechgrenze am absoluten Nullpunkt. Für $\alpha_k < \alpha_\varepsilon < \alpha_0$ fließt der Kristall bei der betrachteten Temperatur auch. Da aber α_k nach Abb. 41 mit abnehmender Temperatur zunimmt, so wird bei einer bestimmten Temperatur T_k (für die gegebenen Werte von σ und Π_0) $\alpha_k = \alpha_\varepsilon$. Bei tieferen Temperaturen fließt dann der Kristall nicht mehr. Wir haben somit folgende Verhältnisse:

$$\left.\begin{array}{l} T \geqq T_k\text{: Fließen.} \\ T < T_k\text{: Kriechgrenze.} \end{array}\right\} \text{Bei gegebenen } \sigma \text{ und } \Pi_0. \qquad (136)$$

Bei genügend hohen Temperaturen tritt also schließlich bei beliebiger von Null verschiedener äußerer Schubspannung Fließen ein, unter Umständen mit sehr kleiner Geschwindigkeit. Ist T_k als Funktion von σ und Π_0 bekannt, so können wir in jedem Fall angeben, wie der Kristall sich verhält, und unsere Aufgabe ist gelöst.

T_k berechnen wir aus (131a, b). Mit $\alpha = \alpha_\varepsilon$ $(= \alpha_k)$ und dem Wert (28) für A_1/k wird unter Vernachlässigung von α_ε gegen 1:

$$T_k = \frac{A_1 f_\alpha(\alpha_\varepsilon)}{2k \ln 1/\alpha_\varepsilon} = 5425 \frac{f_\alpha(\alpha_\varepsilon)}{\operatorname{Log} 1/\alpha_\varepsilon}. \qquad (137)$$

Wir untersuchen nunmehr, wie sich die Verhältnisse mit Π_0 ändern, wenn L einen festen Wert besitzt. Wir wählen $L = L_0$ und legen L_0 zu 10^{-4} cm fest. Dann wird nach (135) für eine Gleitebenenlänge $b = 1$ cm $\alpha_\varepsilon = 10^{-4}$, und (137) ergibt:

$$T_k = 1356\, f_\alpha(10^{-4}). \qquad (138)$$

Nun gehört für ein bestimmtes α $(= \alpha_\varepsilon)$ zu jedem f_α ein bestimmter Gleichgewichtswert von σ/σ_{01}, der aus den Abb. 40a bis c zu entnehmen ist. Wir erhalten damit aus (138) den Verlauf von σ_k/σ_{01} $(\sigma_k = \sigma(\alpha_\varepsilon) = \sigma(\alpha_k))$ mit T_k, der in den Abb. 42a und 42b dargestellt ist. Ziehen wir darin eine Gerade $\sigma/\sigma_{01} = \text{const}$, so besteht für Temperaturwerte links vom Schnittpunkt eine Kriechgrenze, für Werte rechts davon fließt der Kristall. Halten wir die Temperatur fest, so fließt in Abb. 42a ($\Pi_0 = 20$ und 200) der Kristall nur für σ/σ_{01}-Werte oberhalb des Schnittpunkts. Diese Kurven geben also den Temperaturverlauf der „wahren" Kriechgrenze[2] an. Sie liegt um so tiefer, je kleiner Π_0 ist, und nimmt für festes Π_0 mit zunehmender Temperatur ab.

---

[1] Vgl. hierzu 251. [2] Vgl. Fußnote 2 auf S. 40.

Für $\Pi_0 = 10$ ergeben sich Besonderheiten. Dort hat bei konstanter Temperatur (oberhalb 1300° K) ein Kristall bei großen Schubspannungen eine Kriechgrenze, während er bei kleinen Schubspannungen fließt. Dieses eigentümliche Verhalten erklärt sich folgendermaßen: Bei großen Schubspannungen befinden wir uns im Gebiet steiler Neigung der

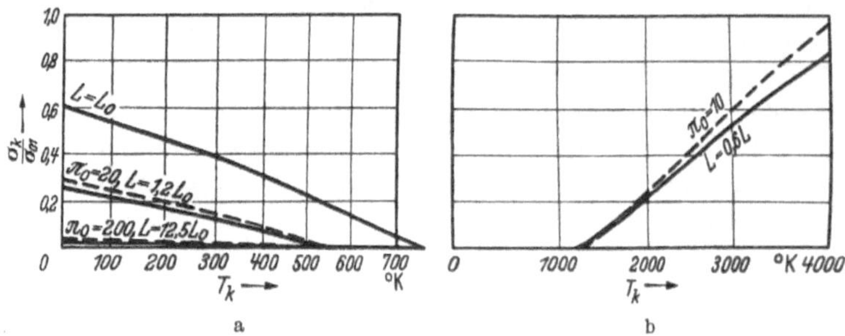

Abb. 42. Verlauf der wahren Kriechgrenze σ_k mit der Temperatur T_k. a) Für $\Pi_0 = 20$ und 200 (gestrichelt) und $L = L_0$, 1,2 L_0 und 12,5 L_0 (ausgezogen). Eine Kriechgrenze besteht links bzw. unterhalb der Kurven. b) Für $\Pi_0 = 10$ (gestrichelt) und $L = 0{,}6\ L_0$ (ausgezogen). Eine Kriechgrenze besteht links bzw. oberhalb der Kurven.

Energiekurve in Abb. 29. Damit wird bei der starken Wechselwirkung für $\Pi_0 = 10$ die Gegenwirkung auf eine gebildete Versetzung so groß, daß sie auf einer hohen Energielage, nahe der labilen Lage, bleibt und zurückgebildet wird, ehe eine Neubildung an anderer Stelle erfolgt. Bei kleinen Schubspannungen, im Gebiet geringer Neigung der Energiekurve, ist die Gegenwirkung verhältnismäßig schwach, eine Versetzung erreicht eine beständige tiefe Energielage. Diese Verhältnisse bestehen natürlich auch bei kleineren Π_0-Werten. Wegen der geringeren Wechselwirkung ist aber die Lage einer gebildeten Versetzung viel stabiler, und die durch eine große Schubspannung bewirkte starke Begünstigung der Bildung überwiegt die durch die Wechselwirkung bewirkte Begünstigung der Rückbildung. Da die Besonderheiten bei $\Pi_0 = 10$ erst bei so hohen Temperaturen, die im allgemeinen nicht mehr in Frage kommen, eintreten, so spielen sie für unsere Betrachtungen keine Rolle. Im normalen Temperaturgebiet ist die wahre Kriechgrenze $\sigma_k = \sigma_{01}$ (vgl. hierzu die Bemerkungen weiter unten).

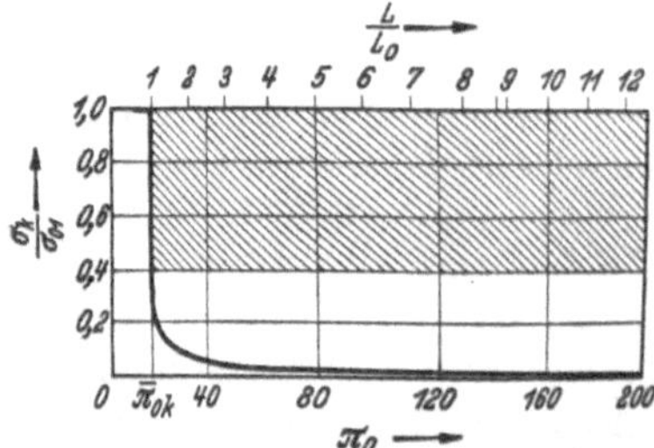

Abb. 43. Verlauf der wahren Kriechgrenze σ_k bei Zimmertemperatur mit Π_0 bzw. L/L_0. Im schraffierten Gebiet nimmt die Gleitgeschwindigkeit „große" Werte an.

Bis jetzt ist der zu dem angenommenen Wert $L = L_0 = 10^{-4}$ cm gehörige Wert von Π_0 noch unbekannt. Wir können ihn unter Benutzung der Ergebnisse von Dehlinger und Gisen (4c) folgendermaßen bestimmen: Wir entnehmen aus den Kurven in Abb. 42a und 42b die Werte von σ_k/σ_{01} für Zimmertemperatur ($T = 291°$ K) und tragen sie gegen die zugehörigen Π_0-Werte auf (Abb. 43). Dann fließt der Kristall erst, wenn σ/σ_{01} oberhalb der Kurve liegt. Ein Maß für die Gleitgeschwindigkeit ist die Geschwindigkeit $d\alpha/dt$, mit der α zunimmt. Letztere ist in erster Näherung proportional zu der Wahrscheinlichkeit (36) der Bildung einer Versetzung und zu $\partial F/\partial\alpha$ [vgl. Dehlinger (1939, 4)]:

$$u \sim \frac{d\alpha}{dt} = \text{const}\, e^{-A_T/kT}\,\frac{\partial F}{\partial\alpha}\,. \tag{139}$$

Für sehr kleine Schubspannungen und hohe Temperaturen, bei denen Gegenschwankungen merklich werden, ist (139) durch die $-\sigma$-Glieder zu ergänzen. Für unsere Zwecke ist das nicht erforderlich.

Der e-Faktor in (139) ist nach 8 unterhalb des Knickwerts σ_0 der kritischen Schubspannung „klein" und nimmt erst oberhalb desselben „große" Werte an. $\partial F/\partial\alpha$ ist längs und unterhalb der Kurve in Abb. 43 Null, oberhalb positiv und nimmt mit σ/σ_{01} zu. Große Werte kann also u nur dann annehmen, wenn gleichzeitig $\sigma > \bar{\sigma}_0$ und $\sigma > \sigma_k$ ist. Das ist der Fall in dem in Abb. 43 schraffierten Gebiet, mit Ausnahme einer kleinen Umgebung der Kurve, in der $\partial F/\partial\alpha$ klein ist. Dabei wurde nach (55) $\sigma_0/\sigma_{01} = 0{,}4$ gesetzt (Zimmertemperatur).

Den Π_0-Wert des Schnittpunkts der Geraden $\sigma = \sigma_0$ mit der Kurve bezeichnen wir mit Π_{0k}. Für $\Pi_0 > \overline{\Pi}_{0k}$ beginnt das Gleiten bereits nach Überschreiten der σ_k-Kurve, zunächst mit kleiner Gleitgeschwindigkeit, bis $\sigma = \bar{\sigma}_0$ erreicht ist. Für $\Pi_0 < \overline{\Pi}_{0k}$ dagegen ist auch bei $\sigma > \sigma_0$ die Gleitgeschwindigkeit zunächst Null, obwohl der e-Faktor oberhalb σ_0 rasch sehr große Werte annimmt. Wenn aber $\sigma = \sigma_k$ erreicht ist, so setzt, eben wegen des großen Wertes des e-Faktors, das Gleiten mit großer Geschwindigkeit praktisch unstetig ein. Das ist aber nach Dehlinger und Gisen gerade das Verhalten rekristallisierter Kristalle. Da deren Mosaikgröße L_r auch gleich dem von uns benutzten Wert von $L = L_0 = 10^{-4}$ cm ist[1], so kommen wir in Übereinstimmung mit den experimentellen Befunden, wenn wir $L = L_0$ den Wert $\Pi_0 = \overline{\Pi}_{0k} = 16$ (Abb. 43) zuordnen, denn dann ist der Knickwert der äußeren Schubspannung gerade $= \sigma_0$, und vorher findet kein Gleiten statt. Selbst wenn mit feinen Meßapparaten experimentell eine geringe Gleitung unterhalb der kritischen Schubspannung noch festgestellt werden könnte, so würde sich der $L = L_0$ zugeordnete Wert von Π_0 nicht merklich ändern, da die σ_k-Kurve in Abb. 43 in der Umgebung von $\Pi_0 = 16$ sehr rasch abfällt. Mit $\Pi_0 = 16$ erhalten wir für v_0/v_1

[1] Genau bekannt ist der Wert von L_r noch nicht, nach 7b liegt er zwischen 10^{-5} und 10^{-4} cm. Wir werden aber weiter unten sehen, daß wir für $L_r = 0{,}1\,L_0 = 10^{-5}$ cm nahezu dieselben Ergebnisse erhalten wie für obigen Wert $L_r = L_0 = 10^{-4}$ cm.

den in (128) angegebenen Wert 0,06. Damit wird nach (127)

$$L/L_0 = 0{,}06\,\Pi_0. \tag{140}$$

Also entsprechen unseren Werten $\Pi_0 = 10$; 20 und 200 die Werte $L = 0{,}6\,L_0$; $1{,}2\,L_0$ und $12{,}5\,L_0$.

Nunmehr können wir nach (135) und (137) für diese Werte von L den Temperaturverlauf der wahren Kriechgrenze σ_k berechnen. Die Kurven weichen nur wenig von den für $\alpha_\varepsilon = 10^{-4}$ berechneten Kurven ab. Sie sind in den Abb. 42 ausgezogen eingezeichnet, in Abb. 42a auch noch die Kurve für $L = L_0$, die durch Interpolation gewonnen wurde. Damit können wir unter Benutzung von (139) für jedes L angeben, wie sich ein Kristall bei gegebener Schubspannung und Temperatur verhält, und unsere Aufgabe ist gelöst.

Nach Abb. 43 bestehen folgende Verhältnisse: Bei Zimmertemperatur fällt die wahre Kriechgrenze oberhalb L_0 mit L rasch ab, für $L > 10\,L_0$ ist sie Null, ein Kristall beginnt bereits bei den kleinsten Schubspannungen zu fließen. Die Gleitgeschwindigkeit, welche zunächst klein ist, nimmt oberhalb σ_0 große Werte an. Dieses Verhalten zeigen nach Dehlinger und Gisen (4c) gegossene Kristalle mit geringer Mosaikstruktur. Zahlwerte über ihre Mosaikgröße liegen noch nicht vor, sie dürfte jedoch 10- bis 100mal so groß sein wie bei rekristallisierten Kristallen (7b). Wir befinden uns damit in Übereinstimmung mit den bisherigen Beobachtungen über die Abhängigkeit des Gleitbeginns von der Mosaikstruktur und sind daher zu der Folgerung berechtigt, daß der Fehlstellenabstand gleich der Mosaikgröße ist, oder mit andern Worten, daß die plastisch wirksamen Fehlstellen an den Mosaikgrenzen sitzen.

Nach Abb. 42a fällt die wahre Kriechgrenze σ_k für $L = L_0$ oberhalb der Zimmertemperatur ungefähr in derselben Weise ab wie der Knickwert $\bar{\sigma}_0$ der kritischen Schubspannung. Es ist daher für rekristallisierte Kristalle dasselbe Verhalten zu erwarten wie bei Zimmertemperatur. In der Tat zeigen die Messungen von Kornfeld an rekristallisierten Aluminiumkristallen (Abb. 19a), daß bis zu $T \sim 700°$ K das Gleiten erst oberhalb einer definierten Schubspannung[1] einsetzt, während bei höheren Temperaturen die Gleitgeschwindigkeit schon bei sehr kleinen Schubspannungen meßbare Werte annimmt.

Mit abnehmender Temperatur steigt $\bar{\sigma}_0$ rascher an (auf σ_{01}) als σ_k, so daß auch unterhalb $\bar{\sigma}_0$ Gleiten eintreten kann, wegen des e-Faktors in (139) jedoch nur mit so kleiner Gleitgeschwindigkeit, daß sie auch bei großer Meßgenauigkeit wohl nicht mehr festgestellt werden kann. Unter den üblichen Bedingungen erhält man hier jedenfalls eine definierte praktische kritische Schubspannung.

[1] Ihre Größe kann, wie wir bemerkten, aus den Angaben von Kornfeld nicht genau entnommen werden.

Für große L liegt σ_k bei allen Temperaturen unterhalb $\bar{\sigma}_0$, so daß schon bei sehr kleinen Schubspannungen Gleiten zu erwarten ist. Bei tiefen Temperaturen ist dieses aus den obengenannten Gründen auch hier im allgemeinen nicht mehr meßbar.

Unterhalb $L = L_0$ nimmt σ_k rasch auf den Maximalwert σ_{0L} zu. Demnach würde die plastische Verformung solcher Kristalle bei allen Temperaturen erst bei dieser Schubspannung einsetzen. Experimentell wurde ein solcher Fall noch nicht beobachtet. Da aber bis heute die Mosaikgröße nur größenordnungsmäßig angebbar ist, so kann nicht gesagt werden, ob sie bei Kristallen, die gleiches plastisches Verhalten zeigen, merklich schwankt. Solange das nicht festgestellt ist, kann auch nicht entschieden werden, ob unsere Ergebnisse für $L < L_0$ richtig sind oder nicht, und die von uns gemachten Annahmen in Einzelheiten abgeändert werden müssen. Zu beachten ist dabei, daß die Größe der Mosaikblöcke in einem Kristall wahrscheinlich um einen Mittelwert $\tilde{L}$ mehr oder weniger schwankt. Diese Schwankungen fallen um so mehr ins Gewicht, je kleiner $\tilde{L}$ ist[1], so daß ein Kristall mit $\tilde{L} < L_0$, bei dem noch Werte von $L > L_0$ vorkommen, ein anderes Verhalten zeigen wird als ein Kristall mit konstantem $L < L_0$. Unabhängig von den möglichen Änderungen für $L < L_0$ bleiben unsere Ergebnisse für $L \geqq L_0$, wo sie auch von der Erfahrung bestätigt werden, bestehen.

Auf folgenden wichtigen Punkt ist noch hinzuweisen: Man könnte zunächst vermuten, daß für Kristalle, deren Mosaikgröße in Wirklichkeit kleiner ist als der von uns angenommene Wert $L_0 = 10^{-4}$ cm, die von uns erhaltenen Verhältnisse für $L < L_0$ bestehen sollten. Das ist jedoch nicht der Fall, denn unsere Ergebnisse für die verschiedenen Werte von L beziehen sich ja auf die Feststellungen für $L = L_0$, wobei wir letztere, um zu Zahlwerten zu gelangen, den an rekristallisierten Kristallen mit $L = L_r$ erhaltenen Versuchsergebnissen angeglichen haben. Dabei können wir den Wert von L_r nur mit der Genauigkeit einsetzen, mit der er bekannt ist, also bis auf eine Größenordnung. Man überzeugt sich leicht, daß sich für $L_r = 10^{-5}$ cm, also $L_r/L_0 = 0{,}1$ nahezu derselbe Verlauf von σ_k mit L/L_r ergibt, wie oben für $L_r = L_0$. Solange wir also L_r in der richtigen Größenordnung der an rekristallisierten Kristallen gemessenen Mosaikgröße wählen, bleiben unsere Ergebnisse in Übereinstimmung mit den experimentellen Beobachtungen.

Nach (135) nimmt α_ε mit kleiner werdender Länge b der Gleitebene zu. Dabei wird die wahre Kriechgrenze bei fester Temperatur herabgesetzt. Bei gegebener Temperatur kann also ein großer Kristall eine Kriechgrenze besitzen, während ein kleiner bereits gleitet. Das ist leicht

[1] Sind alle vorkommenden Werte von $L \gg L_0$, so spielen die Schwankungen offenbar keine Rolle mehr.

verständlich, da die Gegenwirkung auf eine Versetzung mit der Zahl der Fehlstellen ohne Versetzung abnimmt[1].

Oberhalb der wahren Kriechgrenze ($\sigma > \sigma_k$) wird $\gamma_1 + \gamma_2^* > 2\pi$ und die gebildeten Versetzungen beginnen zu wandern. Dabei verschiebt sich ihr Eigenspannungsfeld mit ihnen, so daß sie eine um so größere Wirkung auf die Fehlstellen ohne Versetzung ausüben, je weiter sie sich von ihrer Bildungsstelle entfernen. In gleichem Maße wächst aber auch die Rückwirkung dieser Stellen auf die Versetzungen selbst, so daß die Wahrscheinlichkeit des Rückwanderns zunimmt und schließlich das Wandern zum Stillstand kommt. Durch das Wegwandern entziehen sich Versetzungen der Rückbildung, so daß die Zahl der gebildeten Versetzungen noch rascher zunimmt als nach unseren Rechnungen, in denen ja das Wegwandern nicht berücksichtigt ist. Wenn schließlich alle Versetzungen in einer Gleitebene gebildet sind ($\alpha = 1$), so erfolgt das Wandern ungehemmt.

Infolge des Wegwanderns der Versetzungen[2] von ihrer Bildungsstelle bleibt α stets bedeutend kleiner als 1, so daß sich $\partial F/\partial \alpha$, wenn es oberhalb der wahren Kriechgrenze ($\sigma > \sigma_k$) bereits merklich von Null verschieden ist, nicht mehr größenordnungsmäßig ändert [da das sowohl für das logarithmische Glied als auch für f_α in (131a, b) gilt]. Damit spielt es in (139) oberhalb des Knickwerts $\bar{\sigma}_0$ der kritischen Schubspannung gegenüber dem e-Faktor keine wesentliche Rolle mehr und kann als konstant angenommen werden. D. h. im Gebiet „großer" Gleitgeschwindigkeiten verschwindet, wie es die experimentellen Ergebnisse fordern, der Einfluß der Mosaikgröße auf den Beginn der Gleitung und es gelten unsere früheren Beziehungen.

Ist dagegen $\sigma < \sigma_k$, so ist $\gamma_1 + \gamma_2^* < 2\pi$, also bereits an der Bildungsstelle das Wandern gegenüber dem Rückwandern benachteiligt. Wandert wirklich einmal eine Versetzung unter dem Einfluß einer thermischen Schwankung um einen Atomabstand weiter, so wird sie in Bälde wieder zurückgeworfen.

Die in Gegenrichtung von σ gebildeten Versetzungen wirken an allen Fehlstellen entgegen den bisherigen positiven Verschiebungen; durch die Rückwirkung der Fehlstellen wird ihre Rückbildung, über den Einfluß von σ hinaus, weiter begünstigt. Da sie nach 9 schon bei verschwindender Wechselwirkung keine wesentliche Rolle spielen gegenüber den Versetzungen in Richtung von σ bzw. erst bei so kleinen Schubspannungen, bei denen ihre Anzahl an sich sehr gering ist, so ist das erst recht bei starker Wechselwirkung der Fall, und sie bewirken nur

[1] Über die weitere Bedeutung der Kristallgröße für das plastische Verhalten vgl. **14**.

[2] Aus demselben Grunde tritt der stabile Gleichgewichtszustand in der Nähe von $\alpha = 1$ (bei S_2 in Abb. 41) nicht ein.

eine unwesentliche Erhöhung der oben berechneten wahren Kriechgrenze.

Wir haben bisher nur die Wechselwirkung innerhalb der Gleitebenen selbst berücksichtigt und müssen noch auf die Wechselwirkung verschiedener Gleitebenen aufeinander eingehen. Der Gang der Rechnung bleibt grundsätzlich derselbe. Sie wird jedoch erheblich umständlicher: Im thermodynamischen Gleichgewicht werden sich die Versetzungen, wie bisher, ungefähr gleichmäßig innerhalb der einzelnen Gleitebenen verteilen, aber ihre x-Koordinaten werden von Gleitebene zu Gleitebene verschieden sein. Wir können ihre Lage durch die kleinsten Verschiebungen $x_0(y)$, durch die sie mit den Versetzungen einer bestimmten Gleitebene $y = 0$ zur Deckung gebracht werden können, kennzeichnen. Die x_0 treten neben den bisherigen Variabeln in der Formel für die freie Energie auf. Selbst wenn die Gleichgewichtsbedingungen $\partial F/\partial x_0 = 0$ einfache Beziehungen zwischen ihnen ergeben würden, so dürften die an Stelle der Integrale (115a, b) tretenden Doppelintegrale über x und y nur unter erheblichem Aufwand auswertbar sein. Es erscheint zunächst nicht lohnenswert, diese Rechnung durchzuführen, da keine wesentlich anderen Ergebnisse zu erwarten sind wie bisher bei Berücksichtigung der Wechselwirkung innerhalb der Gleitebenen allein, wie man qualitativ unmittelbar einsieht [vgl. Kochendörfer (1938, 3)]. Denn die gegenseitigen Beziehungen zwischen den Energiewerten an den Fehlstellen, auf die es allein ankommt, bleiben bestehen, nur die Werte selbst werden Änderungen erfahren. Die gute Übereinstimmung zwischen Experiment und Theorie bei unserer Annahme zeigt auch, daß die wesentlichen Punkte der Wechselwirkung dabei bereits erfaßt sind. Über alle möglichen experimentellen Feststellungen hinaus hat die Rechnung ergeben, daß Einkristalle eine wahre Kriechgrenze besitzen können, wenn ihre Mosaikgröße hinreichend klein ist. Bemerkenswert ist, daß sie in ähnlicher Weise von der Temperatur abhängt wie die kritische Schubspannung. Demgegenüber gibt, wie wir in **25f** sehen werden, die in **2b** erwähnte Spannungsverfestigung bei inhomogen verformten Einkristallen und vielkristallinen technischen Werkstoffen einen Beitrag zur wahren Kriechgrenze, der wesentlich temperaturunabhängig ist.

13. Atomistische Theorie der Verfestigung.

a) Stabile Anordnungen von gebundenen Versetzungen. Wir haben in **10b** auf Grund der Temperatur- und Geschwindigkeitsabhängigkeit der Verfestigung τ gezeigt, daß τ durch die Zahl N der gebundenen Versetzungen in der Volumeinheit bestimmt ist. Der Zusammenhang zwischen τ und N ist nicht einfach, in erster Näherung kann jedoch für die kubischen Metalle und Salze sowie Naphthalin $\tau^2 = \beta_1 N$, für die hexagonalen Metalle $\tau = \beta_2 N$ gesetzt werden [vgl. (72a bis c)].

Nach **10a** kommt die Verfestigung aller Wahrscheinlichkeit nach dadurch zustande, daß die Energieschwellen, die bei der Bildung der Versetzungen überwunden werden müssen, infolge der Eigenspannungen der Versetzungen erhöht werden. Diese Erhöhung wirkt wie eine der jeweiligen Richtung der äußeren Schubspannung entgegengesetzte Schubspannung der Größe τ. Da der stationäre Wert der Wanderungsgeschwindigkeit im wesentlichen konstant bleibt (dynamische Schubspannungsänderung unabhängig von der Abgleitung!), so wirkt die Verfestigung in derselben Weise auf die Wanderung, wie auf die Bildung der Versetzungen [τ hat in (62) und (74) denselben Wert; vgl. **11**].

Es ist die Aufgabe einer Theorie der Verfestigung, diese experimentell nahegelegten Vorstellungen zu begründen und gleichzeitig die Proportionalitätsfaktoren β_1 und β_2, über welche auf Grund der experimentellen Ergebnisse nichts ausgesagt werden kann, zu berechnen. Die Versuche zur Lösung dieser Aufgabe befinden sich noch in den Anfängen. Wir beschränken uns darauf, die wesentlichen Gesichtspunkte darzulegen, um das bisher gewonnene Bild abzurunden.

Taylor (1934, 1; 2) hat erstmals die verfestigende Wirkung der Eigenspannungen von Versetzungen auf die Wanderung von Versetzungen untersucht[1]. Er betrachtet eine regelmäßige Anordnung[2] von positiven und negativen Versetzungen mit den Abständen d und e. Eine solche Anordnung kann zustande kommen, wenn die Versetzungen ungleichen Vorzeichens an den Mosaikgrenzen unabhängig voneinander gebildet werden. Einen dementsprechenden Anfangszustand[3] bei positiver Schubspannung zeigt Teilbild $\mathbf{a}_1$ von Abb. 44. Sind die Versetzungen gewandert und an den Mosaikgrenzen gebunden worden, so ergibt sich der in Teilbild $\mathbf{a}_2$ gezeichnete Zustand, der grundsätzlich mit dem von Taylor angenommenen Zustand für $e = L$ übereinstimmt, da der Abstand zweier an einer Mosaikgrenze gebundenen Versetzungen klein ist gegenüber L. Die verfestigende Wirkung auf die Wanderung neu gebildeter Versetzungen in Gleitebenen zwischen den bereits wirksam gewesenen kommt dadurch zustande, daß gleichnamige Versetzungen einander abstoßen, ungleichnamige einander anziehen, wie sich unmittelbar aus (100) ergibt. Demnach wirkt bei der Anordnung der gebundenen Versetzungen nach Abb. 44a_2 auf die neugebildeten Versetzungen eine resultierende Schubspannung, die zunächst der äußeren Schubspannung

[1] Auf den Einfluß auf die Bildung der Versetzungen kommen wir weiter unten zu sprechen.

[2] Sie geht aus der Anordnung in Abb. 44$\mathbf{a}_2$ hervor, wenn man die benachbarten senkrechten Reihen von positiven und negativen Versetzungen je etwas seitlich verschiebt, so daß sie eine gemischte Reihe bilden. Der Abstand e ist in Abb. 44 mit L bezeichnet.

[3] Der Einfachheit halber ist dabei die in Wirklichkeit statistische Verteilung der Versetzungen längs der Mosaikgrenzen als regelmäßig angenommen.

entgegengerichtet ist und mit der Entfernung x von der Bildungsstelle zuerst zunimmt, dann bis $x = L/2$, wo ein labiler Zustand erreicht ist, auf Null abnimmt, und schließlich von da an bis $x = L$ in derselben Weise im Sinne der äußeren Schubspannung gerichtet ist wie vorher dagegen. Den kurzperiodischen Energieschwellen zwischen zwei benachbarten Lagen einer Versetzung mit der Periode λ überlagert sich also in jedem Mosaikblock eine verfestigende langperiodische Energieschwelle mit der Periode L. Eine solche Anordnung bleibt offenbar nach Wegnahme der äußeren Schubspannung stabil und erfüllt auch die Bedingung von **10a**, in beiden Beanspruchungsrichtungen gleich stark verfestigend auf die Wanderung der Versetzungen zu wirken[1].

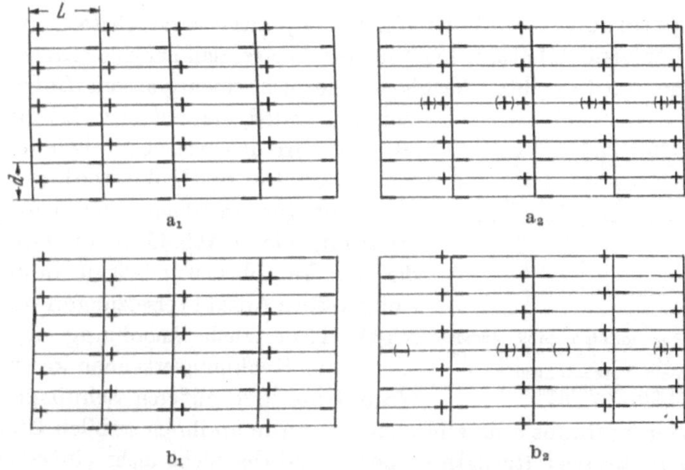

Abb. 44. Regelmäßige stabile Anordnungen von Versetzungen bei Bildung einer Versetzung bzw. eines Versetzungspaares an jeder Bildungsstelle an den Mosaikgrenzen mit dem Abstand L. a_1 und a_2 unabhängige Bildung von ungleichnamigen Versetzungen. b_1 und b_2 paarweise Bildung von ungleichnamigen Versetzungen. a_1 und b_1 Zustand unmittelbar nach der Bildung. a_2 und b_2 Anordnung der gebundenen Versetzungen. Die Lage der eingeklammerten Versetzungen ist nach Wegnahme der äußeren Schubspannung nicht stabil.

Nach **12** ist es auch möglich, daß die Versetzungen ungleichen Vorzeichens an den Mosaikgrenzen paarweise gebildet werden. Doch entstehen auch hierbei, wie aus den Teilbildern b_1 und b_2 von Abb. 44 zu ersehen ist, Anordnungen, die zwar von den bisher betrachteten etwas verschieden sind, aber hinsichtlich ihrer verfestigenden Wirkung auf die Wanderung neugebildeter Versetzungen dasselbe Verhalten zeigen.

---

[1] Das gilt auch für die weiteren betrachteten Anordnungen und für die Neubildung von Versetzungen (vgl. **17**). Das Eigenspannungsfeld der gebundenen Versetzungen wirkt also bei einer Umkehr der Beanspruchungsrichtung nicht, wie Masing (1939, 1) behauptet hat, um denselben Betrag erniedrigend auf die kritische Schubspannung σ_0 des unverformten Kristalls, wie vorher erhöhend. Über die weiteren Folgerungen aus dieser Behauptung vgl. **10a**.

Nicht berücksichtigt haben wir bisher, daß in einer Gleitebene, in der bereits Versetzungen gebunden sind, neue Versetzungen gebildet werden. Wegen der Gleitlinienbildung ist das in Wirklichkeit sicher der Fall, ja die Zahl der gebildeten Versetzungen in den bevorzugt gleitenden Ebenen (mit günstigster Kerbwirkung), bei denen sichtbare Gleitlinien auftreten, muß beträchtlich größer sein als Eins[1]. In Abb. 44 a_2 und 44 b_2 ist durch die eingeklammerten Versetzungen der Fall veranschaulicht, daß in einer Gleitebene an jeder Mosaikgrenze zwei Versetzungen gebunden wurden, in den übrigen Gleitebenen dagegen nur eine. Diese Anordnung ist nach Wegnahme der äußeren (positiven) Schubspannung nicht stabil; auf die zuletzt gebildeten positiven Versetzungen in der bevorzugten Gleitebene wirkt dann offenbar eine negative resultierende Schubspannung, so daß der Kristall spontan zurückgleitet. Nun entsteht aber eine Gleitlinie nicht in der Weise, daß nur eine einzige Gleitebene gegenüber ihrer Nachbarebene um einen größeren Betrag verschoben wird, sie umfaßt vielmehr einen Bereich, in dem viele Gleitebenen bevorzugt geglitten sind[2]. Wir werden also an Stelle obiger Anordnung eine Anordnung erhalten, wie sie Abb. 45 für eine Gleitlinie, die vier Gleitebenen umfaßt, in denen sich eine größere Anzahl Versetzungen befindet, zeigt[3]. Eine solche Anordnung ist, soweit man ohne Rechnung erkennen kann, nach Wegnahme der äußeren Schubspannung stabil oder befindet sich wenigstens so nahe an ihrem stabilen Zustand, daß ein meßbares Rückgleiten des Kristalls nicht mehr eintritt[4]. In jedem Mosaikblock besteht dabei ein Zustand, wie ihn Taylor betrachtet hat. Damit ein solcher Zustand möglich ist, müssen offenbar genügend viele Versetzungen in jeder Gleitebene gebildet worden sein, denn wenn es nur wenige sind, so wandern sie, wie man aus Abb. 45 leicht erkennt, nach Wegnahme der äußeren Schubspannung spontan wieder zurück. Um also nicht mit der Erfahrung in Widerspruch zu kommen, müssen wir annehmen, daß in den bevorzugten Gleitebenen hinreichend viele Versetzungen sehr rasch gebildet werden, d. h. inner-

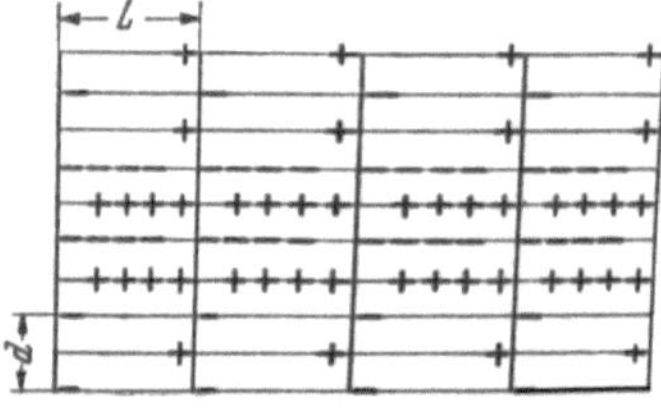

Abb. 45. Regelmäßige stabile Anordnung von Versetzungen bei Bildung von mehreren Versetzungen an bevorzugten Bildungsstellen.

[1] Würden alle Gleitebenen ganz gleichmäßig betätigt werden, so wäre nach der Ableitung 1 an jeder Fehlstelle eine Versetzung gebildet worden.

[2] Vgl. die Beobachtungen von Greenland (2a).

[3] Abb. 45 bezieht sich auf die unabhängige Bildung ungleichnamiger Versetzungen. Bei paarweiser Bildung sind die Verhältnisse ähnlich.

[4] Die Annahme, daß die gebundenen Versetzungen überhaupt nur Anordnungen bilden können, die im unbelasteten Kristall instabil, also zur Erklärung der Verfestigung ungeeignet sind [J. M. Burgers (1940, 1)], trifft also nicht zu.

halb der Zeiten, in denen die Abgleitung um einen schon meßbaren Betrag zunimmt[1].

b) Berechnung der Verfestigung. Taylor hat für die von ihm betrachtete Anordnung die Verfestigung berechnet. Mit dem Ansatz (100) ergibt sich[2]:

$$|\tau| = \frac{G\lambda}{d}\,\psi(e/d) = G\lambda e N\,\psi(e/d)\,. \tag{141}$$

N ist die Zahl der Versetzungen in der (zweidimensionalen) Volumeinheit:

$$N = \frac{1}{de}. \tag{142}$$

Der Faktor ψ hängt von dem Verhältnis e/d ab. Für $e/d = 1$ bzw. 0,8 berechnet Taylor $\psi = 0{,}174$ bzw. 0,1.

Der Verlauf von τ mit N ist dadurch bestimmt, wie sich die Versetzungen im Laufe der Verformung anordnen, also welche Werte e/d durchläuft. Taylor nimmt an, daß die Anordnung während der Verformung quadratisch ist ($e = d$). Dann ergibt sich aus (141) und (142):

$$\tau^2 = 0{,}03\,G^2\lambda^2 N. \tag{143}$$

(143) gibt nach (72a, b) den Zusammenhang zwischen τ und N für kubische Kristalle und Naphthalin richtig wieder. Durch Vergleich beider Beziehungen erhalten wir:

$$\beta_1 = 0{,}03\,G^2\lambda^2. \tag{144}$$

Somit scheint eine befriedigende Erklärung für die Form dieser Verfestigungskurven gewonnen zu sein. Dabei besteht jedoch folgende Schwierigkeit: Nach (70), (72a, b) und (144) ist

$$\frac{\tau^2}{a}(T = 0) = \frac{\tau^2}{a}(0) = \frac{\beta_1}{\lambda L} = \frac{0{,}03\,G^2\lambda}{L}\,. \tag{145}$$

Daraus sollte bei bekanntem $\tau^2/a(T = 0)$ L berechnet werden können. Nun ergeben aber die Versuche für verschiedene Werte von L übereinstimmende Verfestigungskurven (vgl. Abb. 21), während sie nach (145) merklich voneinander verschieden sein sollten. Diese Unstimmigkeit ist verständlich, da die Anordnung der gebundenen Versetzungen nicht unabhängig sein kann von dem Wanderungsweg, nach dem die ersten Versetzungen gebunden werden, ein Umstand, der in (142) mit $e = d$ nicht berücksichtigt ist. Um ihm Rechnung zu tragen und auch

[1] Für kleinere Zeiten wäre auch das mögliche Rückgleiten nicht mehr meßbar.

[2] (141) gibt den Maximalwert der Schubspannung der verfestigenden Energieschwelle an. Streng genommen ist für $|\tau|$ ein geeigneter Mittelwert über die halbe Periode der Schwelle zu nehmen, der aber größenordnungsmäßig mit dem Maximalwert übereinstimmt.

andere Formen der Verfestigungskurven mit einbeziehen zu können, setzen wir an Stelle von (142) allgemein an:

$$\frac{1}{d} = f(L \cdot N), \tag{146}$$

Parabelförmige Kurven ergeben sich dann mit[1]:

$$\frac{1}{d} = f_1(L \cdot N) = \sqrt{c_1' L N / L_0} \tag{147a}$$

und lineare Kurven mit:

$$\frac{1}{d} = f_2(L \cdot N) = c_2' L N. \tag{147b}$$

c_1' und c_2' sind dimensionslose Konstanten. Setzen wir (147a) bzw. (147b) in (141) ein und nehmen für ψ einen Mittelwert $\tilde{\psi}$, so erhalten wir:

$$\frac{\tau^2}{a} = c_1 \frac{G^2 \lambda^2 L}{L_0} \frac{N}{a}; \quad c_1 = c_1' \tilde{\psi}, \tag{148a}$$

$$\frac{\tau}{a} = c_2 G \lambda L \frac{N}{a}; \quad c_2 = c_2' \tilde{\psi}. \tag{148b}$$

Durch Vergleich mit (72a, b) bzw. (72c) ergibt sich daraus:

$$\beta_1 = c_1 \frac{G^2 \lambda^2 L}{L_0}; \quad \beta_2 = c_2 G \lambda L. \tag{149}$$

Die Konstanten β_1 und β_2 ergeben sich also, im Unterschied zu (144), proportional zu L. Damit wird aber nach (70) und (71) $\tau^2/a(0)$ bzw. $\tau/a(0)$ unabhängig von L, wie es die Erfahrung fordert.

Mit β_1 aus (149) erhalten wir für parabelförmige Verfestigungskurven:

$$\frac{\tau^2}{a}(0) = \frac{\beta_1}{\lambda L} = c_1 \frac{G^2 \lambda}{L_0}. \tag{150}$$

Daraus können wir für die kubisch-flächenzentrierten Metalle, deren Verfestigungskurven näherungsweise Parabeln sind, die Konstante c_1 berechnen, wenn wir für $\tau^2/a(0)$ den aus experimentellen Messungen erhaltenen Wert einsetzen. Für Aluminium ergibt sich mit $G = 2500$ kg/mm², $\lambda = 4 \cdot 10^{-8}$ cm, $L_0 = 10^{-4}$ cm (Festsetzung in 12) und $\tau^2/a(0) = 106\,(\text{kg/mm}^2)^2$ [Mittelwert aus (72a) und (72b)] $c_1 = 0{,}04$. Bei den übrigen kubisch-flächenzentrierten Metallen ist der Temperaturverlauf der Verfestigungskurven noch nicht gemessen, so daß $\tau^2/a(0)$ noch nicht genau angegeben werden kann. Da aber die Konstanten in der Temperaturfunktion (70) für alle Metalle nahezu dieselben Werte besitzen, so kann man die Werte von $\tau^2/a(0)$ mit den Meßwerten $\tau^2/a(291)$ bei Zimmertemperatur (Abb. 11) und dem berechneten Verhältniswert $\tau^2/a(0)/\tau^2/a(291) \sim 10$ (vgl. Abb. 14) berechnen. Für Kupfer, Silber,

[1] L_0 haben wir eingeführt, damit c_1' eine dimensionslose Konstante wird (N hat im zweidimensionalen Gitter die Dimension [cm^{-2}]).

Gold und Nickel erhält man auf diese Weise $c_1 = 0{,}089$ (Cu); 0,092 (Ag); 0,056 (Au) und 0,067 (Ni). Diese Werte stimmen nahezu überein. Das ist eine Bestätigung für die grundsätzliche Richtigkeit unserer Ansätze, denn c_1 hängt nur von der gegenseitigen Anordnung der Versetzungen ab und diese muß bei Kristallen gleicher Struktur nahezu dieselbe sein. Hervorzuheben ist insbesondere, daß die Schwankungen von c_1 wesentlich kleiner sind als die Unterschiede im Quadrat des Schubmoduls und außerdem nicht parallel mit letzteren gehen [für Silber bzw. Nickel z. B. ist $G^2 = 7{,}3 \cdot 10^6$ bzw. $61 \cdot 10^6$ (kg/mm²)²].

Bemerkenswert ist ferner, daß die erhaltenen Werte von c_1 etwa so groß sind, wie der von Taylor berechnete Wert 0,03 in (145). Das hat, worauf bereits Kochendörfer (1938, 3) hingewiesen hat, folgenden Grund: Die Rechnung von Taylor ist sicher für die Mosaikgröße L richtig, für welche sich die angenommene quadratische Anordnung der Versetzungen in Wirklichkeit ausbildet. Durch Vergleich von (145) und (150) erhalten wir: $L/L_0 = 0{,}03/c_1$, also mit obigen Zahlwerten für c_1: $L \sim 0{,}75\, L_0 = 0{,}75 \cdot 10^{-4}$ cm bis $\sim 0{,}33\, L_0 = 0{,}33 \cdot 10^{-4}$ cm. Diese Werte sind von der Größenordnung der Mosaikgröße in rekristallisierten Kristallen. Für sie ist tatsächlich eine quadratische Anordnung der gebundenen Versetzungen zu erwarten, denn dann müssen sich in jeder wirksamen Gleitebene innerhalb eines Mosaikblocks rund zehn Versetzungen im gegenseitigen Abstand $100\,\lambda$ ansammeln, wenn wir für den Abstand der wirksamen Gleitebenen den aus der Verbreiterung der Röntgenlinien ermittelten Wert von etwa $5 \cdot 10^{-6}$ cm benutzen. Diese Anzahl erscheint aber sehr wahrscheinlich.

Die oben zugrunde gelegten Anordnungen sind gegenüber den in Wirklichkeit bestehenden Anordnungen sicher zu einfach, insbesondere berücksichtigen sie nicht die Ausbildung von Gleitlamellen. Sie sind aber als leicht zu übersehende Beispiele geeignet, die Punkte aufzuzeigen, welche für das Zustandekommen verschiedener Formen der Verfestigungskurven und deren Unabhängigkeit von L wesentlich sind.

Die bisherigen Untersuchungen bezogen sich auf den Einfluß der Eigenspannungen auf die Wanderung der Versetzungen. Man erkennt aber, daß bei den betrachteten Anordnungen das resultierende Eigenspannungsfeld der gebundenen Versetzungen auch die Neubildung von Versetzungen erschwert, d. h. die Bildungsschwellen erhöht[1]. Berechnungen von τ in dieser Weise liegen noch nicht vor, sie dürfen in ähnlicher Weise durchführbar sein wie für die Wanderung der Versetzungen.

[1] Man beachte, daß bei positiver äußerer Schubspannung auf der linken Seite einer Mosaikgrenze negative, auf der rechten Seite positive Versetzungen gebildet werden.

Abschließend sei noch darauf hingewiesen, daß das Eigenspannungsfeld der gebundenen Versetzungen auch in andern (latenten) Gleitsystemen verfestigend wirken kann, da seine betreffenden Schubspannungskomponenten im allgemeinen nicht Null sind. Diese Frage bedarf aber noch der näheren Untersuchung. Experimentell ist auch nicht festgestellt, ob die Verfestigung in allen Gleitsystemen eines Kristalls (annähernd) dieselbe Größe besitzt wie im wirksamen[1]. Solche Versuche können etwa in der Weise ausgeführt werden, daß man aus einem gedehnten Kristall Scheiben parallel zu den Gleitebenen schneidet und diese durch Schiebegleitung untersucht.

Zusammenfassend ist zu sagen, daß es bis heute noch nicht gelungen ist, eine rein deduktive Theorie der Verfestigung aufzustellen, daß aber die bisherigen Ansätze mit den experimentellen Erfordernissen in Einklang stehen und als Grundlage für die weitere Entwicklung geeignet sind[2]. Es besteht keine Notwendigkeit, andere Ursachen als die Eigenspannungen der Versetzungen für die Verfestigung anzunehmen. Insbesondere die Veränderungen der Elektronenhülle, d. h. der chemischen Natur der Atome, die sich in mannigfacher Weise äußern [vgl. Smekal (1931, 1; 1933, 1); Tammann (1932, 1)], dürften lediglich Folgeerscheinungen der Gitterverzerrungen sein [vgl. van Arkel und W. G. Burgers (1928, 1)]. Das zeigt auch die Tatsache, daß das plastische Verhalten bei allen Bindungsarten dasselbe ist. Es ist natürlich nicht ausgeschlossen, daß diese Veränderungen rückwirkend die Verfestigung etwas mit beeinflussen. Die auf andere Weise nicht gelungene und kaum mögliche Deutung der Temperatur- und Geschwindigkeitsabhängigkeit der Verfestigung durch Zusammenwirken der beiden statistisch einfachen, d. h. durch einen Atomsprung bewirkten Vorgänge der Bildung und Auflösung der Versetzungen (vgl. **10b**), weist aber eindeutig auf die eigentliche Ursache der Verfestigung, die Eigenspannungen der Versetzungen, hin. Wir werden diese Auffassung in 17 durch weitere experimentelle Befunde belegen.

14. Erweiterung der bisherigen Beziehungen für dreidimensionale Gitter.

In zweidimensionalen Gittern sind die Vorgänge der Bildung, Wanderung und Auflösung der Versetzungen leicht zu übersehen und können durch eine Koordinate, die (maximale) Atomverschiebung, in der Gleitrichtung vollkommen gekennzeichnet werden. In dreidimensionalen Gittern kommt die Ausdehnung der Versetzungen in der Gleitebene senkrecht zur Gleitrichtung als weitere Bestimmungsgröße hinzu.

---

[1] Vgl. **25d**.

[2] Über die älteren, teilweise experimentell unmittelbar widerlegten Annahmen vgl. Schmid und Boas (1935, 1).

Erstrecken sie sich über $\nu\lambda$ Atomabstände, so bezeichnen wir sie als Versetzungslinien ν-ter Ordnung. Die Ebenen parallel zur Gleitrichtung und senkrecht zur Gleitebene nennen wir Versetzungsebenen, sie entsprechen unseren bisherigen zweidimensionalen Gittern. Die Kristalllänge in der Gleitrichtung sei b, die Höhe senkrecht zur Gleitebene h (wie bisher), und die Breite senkrecht zu den Versetzungsebenen m, das Volumen $bhm = 1$.

In **7c** haben wir gesehen, daß die zur Bildung der Versetzungen erforderliche Energie in Bereichen der Linearausdehnung eines Atomabstandes aufgebracht wird. Das besagt, daß die Bildung einer Versetzung erster Ordnung den statistischen Elementarvorgang darstellt.

Während des Bildungsvorgangs werden die in der Umgebung befindlichen Atome der benachbarten Versetzungsebenen je nach der Größe der Gitterkräfte mehr oder weniger weit mitgenommen. Wird dabei ihre potentielle Energie so stark erhöht, daß bereits die häufig vorkommenden kleineren thermischen Schwankungen zur Bildung einer weiteren Versetzung ausreichen, so pflanzt sich der Vorgang als eine Art Kettenreaktion[1] so lange fort, bis er entweder an Stellen großer Gitterstörung (z. B. parallel zu den Versetzungsebenen verlaufende Mosaikgrenzflächen) unterbrochen wird oder an den Kristalloberflächen sein Ende findet[2]. Das Ergebnis sei im Mittel eine Versetzungslinie μ-ter Ordnung.

Wir nehmen zunächst an, eine Versetzungsbildung würde zu einer durch den ganzen Kristall durchgehenden Versetzungslinie führen

---

[1] Wie schon aus obigen Bemerkungen hervorgeht, ist dieser Vorgang nicht genau derselbe wie die (unter den in **11** angegebenen Bedingungen mögliche) Kettenreaktion beim Wandern einer Versetzung in einem zweidimensionalen Gitter bzw. in einer linearen Atomreihe, denn die zunächst aufgewandte Bildungsenergie kann unvermindert nur in einer, nicht aber in zwei Dimensionen übertragen werden. Dagegen genügt, wenn die bei der Bildung der Versetzung (erster Ordnung) in der Nachbarschaft auftretenden Spannungen die seitliche Ausbreitung hinreichend vorbereiten, eine verhältnismäßig geringe thermische Energiezufuhr zu ihrer Fortführung. Solche „Netzreaktionen" sind bei den rasch verlaufenden Umwandlungsvorgängen (Umklappvorgänge) gut bekannt [vgl. Dehlinger (1939, 4); Dehlinger und Kochendörfer (1940, 3)], so daß sie auch hier durchaus möglich, ja wahrscheinlich sind.

[2] Nach J. M. Burgers (1939, 1; 2; 3) sind im Innern eines Kristalls begrenzte Versetzungslinien nicht möglich, sondern nur solche, die beiderseits in die Kristalloberfläche münden oder die in sich geschlossen sind. Die Verhältnisse liegen ähnlich wie bei Wirbelfäden in einer inkompressiblen Flüssigkeit. Bei dieser Rechnung wird aber, wie bei allen bisher durchgeführten diesbezüglichen Rechnungen, der Kristall durch einen kontinuierlichen, unter Umständen anisotropen Körper ersetzt. Wir sind demgegenüber der Ansicht, daß wegen der atomistischen Struktur der Kristalle eine beiderseits im Innern begrenzte Versetzungslinie in der oben beschriebenen Weise entstehen kann und mechanisch stabil ist. Die dynamische Seite der Fragestellung ist bei Burgers kaum behandelt.

($\mu\lambda = m$). Die Wahrscheinlichkeit, daß in der Volumeinheit eine solche Versetzungslinie gebildet wird, ist dann gleich der Bildungswahrscheinlichkeit einer Versetzung erster Ordnung, also proportional zu W_B nach (36) und zu der Zahl der Fehlstellen, die ebenso wie im zweidimensionalen Gitter umgekehrt proportional zu L ist. Also bleibt (50) bestehen, nur bedeutet $d_1 N$ jetzt die Zahl der Versetzungslinien, die im Zeitelement dt in der Volumeinheit gebildet werden. Diese ergeben, wie man leicht sieht, auch die Abgleitung da nach (51), so daß schließlich die grundlegende Beziehung (52) erhalten bleibt. Ebenso erkennt man unmittelbar, daß alle übrigen Verhältnisse (Verfestigung, Wechselwirkung im Gebiet „kleiner" Gleitgeschwindigkeiten, Einfluß der Wanderungsgeschwindigkeit) in der bisherigen Weise behandelt werden können und auch denselben Gesetzmäßigkeiten unterliegen, so daß das plastische Verhalten dreidimensionaler Kristalle, in denen durchgehende Versetzungslinien gebildet werden, dasselbe ist wie das zweidimensionaler Kristalle.

Ist $\mu < m/\lambda$, so werden zwar in einem Zeitelement dt in der Volumeinheit ebenso viele Versetzungen und damit Versetzungslinien μ-ter Ordnung gebildet wie bisher, aber diesen entspricht nur eine $\mu\lambda/m$-mal kleinere Abgleitung $da_\mu = \frac{\mu\lambda^2 L}{m} d_1 N$. Damit erhalten wir an Stelle von (52):

$$u = \frac{da_\mu}{dt} = \frac{\mu\alpha_1\lambda^2}{m} e^{-\frac{A_T}{kT}}. \tag{151}$$

(151) besagt, daß die kritische Schubspannung σ_0 bei gegebener Gleitgeschwindigkeit von der Kristallausdehnung senkrecht zu den Versetzungsebenen abhängt, und zwar nehmen beide gleichzeitig zu[1]. Die Änderungen von σ_0 sind jedoch, selbst bei starken Änderungen von m, nur gering, da die Bildungsgeschwindigkeit sich sehr stark mit σ_0 ändert. Bei einer Erhöhung von m um das 100fache nimmt σ_0 nach Abb. 34 um etwa 10% zu, liegt also innerhalb der Meßfehler für die Einzelwerte von σ_0, so daß durch dynamische Versuche bei den üblichen Unterschieden der Kristallgröße nicht festgestellt werden kann, ob die Versetzungen durchgehend gebildet werden oder nicht. Durch statische Versuche könnte besseres Fließen mit abnehmender Kristalldicke wohl noch festgestellt werden, wenn nicht noch weitere Einflüsse hinzukommen würden. In 12 haben wir gesehen, daß durch die Abnahme der Wechselwirkung die Gleitung mit abnehmender Kristallänge b begünstigt wird. Beide Einflüsse wirken also bei gleichzeitiger Verkleinerung beider Dimensionen (wie es ja im allgemeinen geschieht) zusammen. Sie dürften jedoch durch einen entgegengesetzten Einfluß

[1] Bei Kochendörfer (1938, 3) wurde versehentlich u proportional zu m, anstatt zu $1/m$ gesetzt. Dieser Fehler ist jedoch auf die weiteren Erörterungen in obiger Arbeit ohne Einfluß.

überdeckt werden: Wie Roscoe (1936, 1) festgestellt hat, ist die kritische Schubspannung sehr empfindlich gegenüber Veränderungen der Kristalloberfläche, sie wird z. B. schon durch extrem dünne Oxydhäute merklich heraufgesetzt. Es handelt sich dabei vermutlich um Veränderung der Kerbwirkung der Oberflächenfehlstellen. Diese tritt offenbar um so stärker in Erscheinung, je kleiner der Kristallquerschnitt ist[1]. Da unter den üblichen Bedingungen die Kristalloberfläche mehr oder weniger stark äußeren Einflüssen ausgesetzt ist (Luftsauerstoff, Feuchtigkeit), so werden sehr kleine Kristalle eine merklich erhöhte kritische Schubspannung bzw. geringere Fließfähigkeit bei statischer Versuchsführung zeigen, während bei sehr reinen Kristalloberflächen durch die abnehmende Wechselwirkung und den Einfluß von m und μ gerade umgekehrte Verhältnisse zu erwarten wären. Versuche hierüber liegen unseres Wissens noch nicht vor.

Der Einfluß der Beschaffenheit der Kristalloberfläche ist ausgeschaltet beim Vergleich verschiedener Gleitsysteme an ein und demselben Kristall. Sind diese kristallographisch gleichwertig und befinden sie sich im unverformten Kristall in geometrisch gleichberechtigter Lage zur Zugrichtung, so müßten sie, wenn die Kristallabmessungen ohne Einfluß wären, alle gleichzeitig und mit gleicher Gleitgeschwindigkeit in Tätigkeit treten. Untersuchungen an Steinsalzkristallen, deren Achse parallel zu einer [100]-Richtung war [Mahnke (1934, 1); Smekal (1935, 1)], haben ergeben, daß nur bei quadratischem Querschnitt, wo alle vier Dodekaeder-Gleitebenen dieselben Abmessungen besitzen, ihre Gleitspuren gleichzeitig bei einer bestimmten Schubspannung sichtbar werden, dagegen bei rechteckigem Querschnitt die Gleitspuren der beiden Ebenen, welche die kürzere Gleitrichtung (kleinere Länge b) besitzen, früher (bei kleineren Schubspannungen) erscheinen als die der beiden anderen[2]. Diese Ergebnisse entsprechen unseren Erwartungen. Zu bemerken ist jedoch, daß zu den kürzeren Gleitrichtungen größere Ausdehnungen m senkrecht zu den Versetzungsebenen gehören. Diese spielen jedoch keine Rolle, wenn durchgehende Versetzungslinien gebildet werden. Man kann daher in den obigen Befunden einen Hinweis darauf erblicken, daß in Wirklichkeit dieser Fall eintritt.

Die Berechnung der Wechselwirkung im statischen Gebiet wird bei $\mu\lambda < m$ umständlicher als in 12, weil die Lagekoordinaten der Versetzungen senkrecht zu den Versetzungsebenen als weitere Variable hinzukommen. Man sieht aber auch hier, ähnlich wie bei der Wechselwirkung verschiedener Gleitebenen in zweidimensionalen Gittern, daß nur die Energiewerte an den Fehlstellen selbst, nicht aber ihre gegen-

[1] Ebenso spielt die Größe von L eine Rolle.

[2] Eine Bevorzugung des Gleitsystems mit der kürzeren Gleitrichtung tritt auch bei kristallographisch ungleichwertigen Systemen auf [Wolff (1935, 1)].

seitigen Verhältnisse geändert werden, so daß unsere bisherigen Ergebnisse bestehen bleiben.

Daß eine verfestigende Wirkung von Anordnungen von gebundenen Versetzungen μ-ter Ordnung ebenso zustande kommt wie bei durchgehenden Versetzungslinien bzw. wie in zweidimensionalen Gittern, ist unmittelbar ersichtlich. J. M. Burgers (1939, 1; 2; 3) hat die Eigenspannungsfelder verschiedener Anordnungen berechnet. Wie oben, so ist es auch hier noch eine ungelöste Frage, welche Anordnungen sich im Lauf der Verformung wirklich ausbilden.

Wir haben damit gesehen, daß zur Beschreibung des plastischen Verhaltens dreidimensionaler Kristalle die Beziehungen für zweidimensionale Kristalle ohne wesentliche Änderungen bzw. ungeändert (bei Bildung durchgehender Versetzungslinien) übernommen werden können, und damit nachträglich die Prüfung dieser Beziehungen an experimentellen Ergebnissen, die an dreidimensionalen Kristallen gewonnen wurden, gerechtfertigt.

15. Kristallstruktur und Kristallgefüge und plastische Eigenschaften.

a) Koordinationszahl und plastische Verformbarkeit. Zu Beginn unserer Untersuchungen des Gleitvorgangs haben wir die Tatsache, daß die Gleitelemente im allgemeinen kristallographisch genau bestimmt sind, zunächst aus der Erfahrung übernommen. Nachdem wir nun bestimmte Vorstellungen über die Natur der atomistischen Vorgänge gewonnen haben, wird sie wenigstens anschaulich verständlich[1].

Wir haben es als notwendige Forderung erkannt, daß die an den Mosaikgrenzen stattfindenden örtlichen Gleitschritte sich durch die idealen Mosaikblöcke ausbreiten müssen (7c). Soweit sich übersehen läßt, kann dieser Vorgang nur im Wandern von Versetzungen bestehen, das offenbar an bestimmte Gittergeraden gebunden ist. Wenn also ein Kristall überhaupt plastisch verformbar ist, so kann die Verformung nur längs kristallographisch bestimmter Gleitrichtungen erfolgen. Nun haben wir in **11** gesehen, daß ein Zusammenhang zwischen der Größe einer Versetzung (bestimmt durch die Zahl n) und ihrer maximalen Wanderungsschubspannung σ_w besteht, und zwar nimmt σ_w mit wachsendem n ab. n wird aber um so größer, je mehr die Atomverschiebungen an den Bildungsstellen in die anstoßenden Gittergeraden hineinwirken, d. h. je dichter die Atome gepackt sind. Bei einer bestimmten Struktur wird also die Gleitrichtung die dichtest besetzte Gitterrichtung sein, wie es auch die Erfahrung zeigt[2].

---

[1] Eine mathematische Behandlung der im folgenden untersuchten Fragen ist heute noch nicht möglich.

[2] Daß hochindizierte, dünn besetzte Gittergeraden nicht in Frage kommen, ist ohne weiteres klar, da ihre Atome gar nicht mehr unmittelbar miteinander in Wechselwirkung stehen.

Ein Maß für die Packungsdichte einer Struktur ist die Koordinationszahl (KZ.)[1], d. i. die Zahl der nächsten Nachbarn eines Atoms. Demnach ist zu erwarten, daß Kristalle mit hoher KZ. plastisch gut verformbar sind, solche mit hinreichend niedriger KZ. dagegen nicht, da bei ihnen Versetzungen wohl entstehen, aber bei Beanspruchungen unterhalb der Reißfestigkeit nicht wandern können. Die vorliegenden experimentellen Ergebnisse stützen diese Auffassung. Insbesondere ist die Verformbarkeit der kubischen Kristalle mit der KZ. 12 und 8 bei allen Temperaturen sehr gut, während sie bei Kristallen mit der KZ. 4 (Diamant, Silikate) ganz oder nahezu verschwindet[2]. Bemerkenswert ist auch die gute Verformbarkeit des weißen Zinns mit der KZ. 6 gegenüber der des grauen Zinns mit der KZ. 4.

Besonders unterstrichen wird die Bedeutung der rein geometrischen Verhältnisse der Kristallstrukturen durch die Tatsache, daß die allgemeinen Gesetzmäßigkeiten der Plastizität für alle Bindungsarten dieselben sind und die in den Beziehungen auftretenden Konstanten (soweit sie die allgemeinen statistischen Vorgänge betreffen) auffallend übereinstimmende Zahlwerte besitzen. So konnten wir z. B. die Geschwindigkeitsabhängigkeit der kritischen Schubspannung von Naphthalin, in dem abgegrenzte Moleküle mit homöopolarer Bindung durch van der Waalsche Kräfte gebunden sind, mit denselben Zahlwerten, die sich aus den Messungen an Metallen ergeben, quantitativ darstellen (Abb. 34). Daß neben der KZ. die Besonderheiten der Bindungskräfte auf Einzelheiten von Einfluß sind, ist verständlich. Z. B. zeigen die Verfestigungskurven der kubisch-flächenzentrierten und der hexagonalen Metalle je für sich Übereinstimmungen in ihrem Verlauf, sind aber andererseits deutlich gegeneinander abgegrenzt[3] (vgl. Abb. 11). Noch wenig behandelt sind die hierhergehörigen Fragen, weshalb durch Mischkristallbildung die Verformbarkeit vermindert wird und weshalb die intermetallischen Verbindungen viel weniger plastisch sind als die reinen Metalle, obwohl sie teilweise dieselben Strukturen mit hoher KZ. besitzen. Vermutlich wird hierbei das Wandern der Versetzungen an den durch die Fremdatome hervorgerufenen Unregelmäßigkeiten des Gitters gehemmt, denn ein Einfluß auf die Bildung der Versetzungen ist, insbesondere bei kleinen Konzentrationen, nur schwer verständlich. Ähnlich werden die Verhältnisse auch liegen, wenn in einem Kristall,

[1] Sie ist für die beiden dichtesten Kugelpackungen (kubisch-flächenzentrierte Gitter und hexagonale dichteste Kugelpackungen) 12, für die kubisch-raumzentrierten Gitter 8, für die Steinsalzstruktur 6 und für die Diamantstruktur 4. Vgl. Dehlinger (1939, 4); Evans (1939, 1).

[2] Eine amorphe Plastizität, die bei höheren Temperaturen häufig beobachtet wird, ist dadurch nicht ausgeschlossen.

[3] Ein Versuch zur Deutung dieser Unterschiede auf Grund der Struktureigenschaften stammt von Schmid (1934, 2).

z. B. durch Ausscheidungsvorgänge, rasch wechselnde Eigenspannungen auftreten[1].

Für eine gute plastische Verformbarkeit ist demnach in erster Linie die Wanderungsfähigkeit der Versetzungen entscheidend. Inwieweit die Verhältnisse bei ihrer Bildung von der Struktur abhängen, läßt sich heute noch kaum sagen, da außer der Bildungsenergie, die größenordnungsmäßig in allen Fällen übereinstimmt, noch die Kerbwirkung an den Fehlstellen, deren genaue Ursachen noch unbekannt sind, hinzukommt.

Bisher haben wir die Gleitebenen noch nicht in Betracht gezogen. Würden die Einzelversetzungen ganz unabhängig voneinander gebildet werden, so wäre kein Grund vorhanden, daß eine definierte makroskopische Gleitebene auftritt. Nun haben wir aber in **14** gesehen, daß sich die Atomverschiebungen an einer Bildungsstelle durch elastische Kopplung mit den Nachbaratomen ohne wesentlichen weiteren thermischen Energieaufwand durch eine Art Kettenreaktion fortpflanzen können, wobei eine Versetzungslinie μ-ter Ordnung entsteht. Bei den Strukturen hoher Koordinationszahl, die wegen der erforderlichen Wanderungsfähigkeit der Versetzungen allein in Frage kommen, ist eine solche Wechselwirkung anzunehmen, und zwar wird diese in der Ebene am größten sein, in der die Atome am dichtesten gepackt sind. Diese Ebene tritt dann als Gleitebene auf. Es ist aber verständlich, daß unter diesen Umständen die Gleitebene makroskopisch *nicht* so streng kristallographisch bestimmt sein kann wie die Gleitrichtung. Sie wird eher eine mit mehr oder weniger großen Schwankungen behaftete Vorzugsebene sein [Smekal (1935, 1)]. Das ist um so mehr zu erwarten, je mehr annähernd gleiche Kopplungsverhältnisse in verschiedenen Ebenen bestehen. Vermutlich sind hierauf die noch nicht ganz geklärten Verhältnisse bei kubisch-raumzentrierten Metallen zurückzuführen (vgl. **2a**). Auch ist es verständlich, daß äußere Einflüsse, wie z. B. Vorverformungen, von Einfluß sein können[2].

b) Die Ausbildung von Gleitlinien und ihr Einfluß auf die physikalische Bedeutung der Meßgrößen. Wir haben bei der Ableitung der bisherigen Beziehungen einen konstanten Kerbwirkungsfaktor zugrunde gelegt. Die Ausbildung von Gleitlinien unterschiedlicher Stärke zeigt an, daß er in Wirklichkeit Schwankungen unterworfen ist. Ehe wir untersuchen, was für Verhältnisse in dieser Hinsicht auf Grund der bisher gewonnenen Vorstellungen zu erwarten sind, wollen wir einige grundsätzliche Bemerkungen vorausschicken.

---

[1] Mott und Nabarro (1940, 1) haben die bei der Ausscheidung kugelförmiger Teilchen entstehenden Eigenspannungen und die durch sie bedingte Erhöhung der kritischen Schubspannung berechnet. Die Erhöhung ergibt sich proportional zu der ausgeschiedenen Menge, unabhängig von der Teilchengröße.

[2] Vgl. die in **2a** angeführten Beobachtungen von Greenland.

Die Abgleitung a haben wir definiert als die gegenseitige Verschiebung zweier Gleitebenen (Bezugsebenen) bezogen auf ihren Abstand Eins. Diese Festsetzung ergibt nur dann einen vom Abstand der Bezugsebenen unabhängigen Wert, wenn die Verformung streng homogen ist (wie z. B. homogene elastische Verformung eines isotropen Körpers). Wegen der Gleitlamellenbildung trifft das für die plastische Verformung in Wirklichkeit nicht zu, a ändert seinen Wert sowohl mit dem Abstand als auch mit der Lage der Bezugsebenen. Beträgt z. B. die gegenseitige Verschiebung zweier benachbarter Gleitebenen einen Atomabstand λ und ist die Gleitlamellendicke $100\,\lambda$, so wird $a = 1$, wenn wir die beiden Gleitebenen als Bezugsebenen wählen, dagegen $^1/_{100}$, wenn wir die Randebenen der Gleitlamelle nahmen, und schließlich Null für zwei Bezugsebenen innerhalb der Gleitlamelle. Dieser Umstand ist bei vollkommen gleichmäßiger Gleitlamellenbildung (unter allen Versuchsbedingungen) praktisch nicht von entscheidender Bedeutung, da eine Messung der „makroskopischen" Abgleitung a_m stets über sehr viele Gleitlamellen erfolgt und einen zu der wahren Abgleitung a_w in den wirksamen Gleitebenen proportionalen Wert von a_m ergibt. Damit ist auch die makroskopische Gleitgeschwindigkeit u_m proportional zu der wahren Gleitgeschwindigkeit u_w. Die Messungen vermitteln also ein wirklichkeitsgetreues Bild der gegenseitigen Beziehungen zwischen den wahren Zustandsgrößen, d. h. die ermittelte Zustandsgleichung stimmt bis auf einen konstanten Faktor vor u_m mit der wahren Zustandsgleichung überein.

Anders sind die Verhältnisse jedoch bei veränderlicher Gleitlinienstärke. Hier ändern sich a_w und u_w unregelmäßig von einer wirksamen Gleitebene zur andern und wir können eine plastische Verformung nicht mehr eindeutig durch eine einzige makroskopische Maßzahl kennzeichnen. Im Grunde verformen wir hierbei nicht einen, sondern sehr viele Kristalle, von denen jeder seine eigene Verfestigungskurve besitzt. Wir könnten diese Kurven aufstellen, wenn es möglich wäre, während eines Versuchs die Verformung der submikroskopisch kleinen Kristalle zu verfolgen. Die in Wirklichkeit allein möglichen makroskopischen Messungen liefern nur Mittelwerte über die wahren Zustandsgrößen. Es erhebt sich die Frage, inwieweit die zwischen ihnen bestehenden Gesetzmäßigkeiten ein Bild der wahren Gesetzmäßigkeiten vermitteln, und inwieweit sie zu einer Prüfung der theoretisch gewonnenen Gesetzmäßigkeiten geeignet sind. Dabei handelt es sich nur um den verhältnismäßig geringen Einfluß der Gleitgeschwindigkeit auf den Verlauf der Verfestigungskurven, denn der Temperatureinfluß ist wesentlich größer, so daß zu seiner Prüfung, wie wir in **4e** und **5c** im einzelnen ausführten, auch die unter nicht näher bestimmten Versuchsbedingungen, zu denen auch die Ausbildung der Gleitlinien gehört, erhaltenen praktischen Meßergebnisse geeignet sind. Wir setzen daher bei den folgenden Untersuchungen stets definierte und, bis auf die Gleitlamellenbildung, in allen Vergleichsfällen gleiche makroskopische Versuchsbedingungen voraus.

Wir werden uns zuerst den Ursachen der Gleitlinienbildung zu. Die Erfahrung zeigt, daß die Gleitlinien eines Kristalls um so feiner und gleichmäßiger ausgebildet sind, je sorgfältiger er hergestellt und seine Oberfläche vor äußeren Einflüssen (Beschädigungen, chemische Einwirkungen) geschützt wurde. Viele Beispiele zeigen, daß die Linien auch nach großen Verformungen noch unter der optischen Auflösungsgrenze liegen können. Die durch äußere Unvollkommenheiten hervorgerufenen Unterschiede im Gefüge und der Konzentration von Beimengungen sind also für die Ausbildung sichtbarer und insbesonderer grober Gleitlinien verantwortlich. Wir sehen zunächst von ihnen ab und untersuchen, welche Verhältnisse in einem „vollkommenen" Kristall (nicht Idealkristall), in dem der Kerbwirkungsfaktor lediglich den normalen statistischen Schwankungen unterworfen ist, zu erwarten sind.

Die Zahl der gleichnamigen Versetzungen, die sich innerhalb eines Mosaikblocks in einer Gleitebene ansammeln können, ist begrenzt, denn bei einer bestimmten äußeren Schubspannung vermögen sie sich wegen ihrer zunehmenden abstoßenden Wirkung nur bis auf einen Mindestabstand zu nähern. Ist dieser erreicht, so ist die Neubildung weiterer Versetzungen in dieser Gleitebene erst möglich, nachdem einige der gebundenen Versetzungen aufgelöst wurden. Da dies in der Umgebung des absoluten Nullpunkts nicht mehr merklich der Fall ist, so kann dort die Abgleitung in jeder Gleitebene einen bestimmten Wert nicht überschreiten. Es werden daher im Laufe einer Verformung fortwährend neue Gleitebenen in Tätigkeit treten, und zwar in der Reihenfolge abnehmender Kerbwirkung. Nehmen wir für den Mindestabstand der Versetzungen $100\,\lambda$ an (λ Atomabstand), so beträgt ihre Höchstzahl in einem Mosaikblock $L/100\,\lambda$, die bei einem mittleren Abstand $n_q\lambda$ der wirksamen Gleitebenen die Abgleitung $\lambda(L/100\,\lambda)/n_q\lambda = L/100\,n_q\lambda$ ergibt. Da in dem betrachteten Temperaturgebiet die bis zum Bruch erzielbaren Abgleitungen von der Größenordnung Eins sind, so wird $n_q \sim 30$ für $L = 10^{-4}$ cm und $\lambda = 3 \cdot 10^{-8}$ cm. Dieser Wert ist rund um den Faktor 3 kleiner als der Wert, der sich bei Zimmertemperatur aus den Messungen der Breite der Röntgenlinien ergibt (**2a**). Nun ist bekannt, daß die Linienbreite mit abnehmender Temperatur zunimmt. So zeigt z. B. bei tieferen Temperaturen bearbeitetes Aluminium eine deutliche Linienverbreiterung [Thomassen und Wilson (1933, 1)], während sie bei Zimmertemperatur nahezu fehlt. Da die Linienbreite durch Teilchenkleinheit und Gitterverzerrungen gemeinsam bestimmt wird und die getrennte Bestimmung der Anteile bei tieferen Temperaturen noch nicht durchgeführt ist, so kann noch nicht gesagt werden, ob die Zunahme der Verbreiterung ganz oder zum Teil auf einer Abnahme der Teilchengröße beruht. Das ist jedoch wahrscheinlich, so daß der oben erhaltene Abstand von $\sim 30\,\lambda$ für die wirksamen Gleitebenen in der Umgebung des absoluten Nullpunkts gut möglich ist. Die Gleitlinien sind unter diesen Umständen optisch nicht nachweisbar, da die in allen wirksamen Gleitebenen nahezu gleiche Verschiebung der Ufer nur $\sim 30\,\lambda$ beträgt.

Bei höheren Temperaturen, bei denen die Auflösung merklich wird, können dagegen in den zuerst betätigten Gleitebenen mit günstigster Kerbwirkung stets neue Versetzungen gebildet werden, und die Gleitung bleibt vorzugsweise auf sie beschränkt. Die Ebenen mit ungünstigerer Kerbwirkung treten daneben um so mehr in Wirksamkeit, je tiefer die Temperatur ist. Es erscheint möglich, daß in einem „vollkommenen" Kristall bei sehr hohen Temperaturen nach genügend großen Verformungen optisch eben noch auflösbare Gleitlinien entstehen; das ist der Fall, wenn der Abstand der Gleitebenen günstigster Kerbwirkung $\sim 1000\,\lambda$ beträgt.

Da eine Abnahme der Gleitgeschwindigkeit bei konstanter Temperatur dieselbe Wirkung auf die Auflösung besitzt wie eine bestimmte Erhöhung der Temperatur bei konstanter Gleitgeschwindigkeit, so besteht ein ähnlicher Einfluß der Gleitgeschwindigkeit auf die Ausbildung der Gleitlinien wie der beschriebene Temperatureinfluß.

Bei Kristallen, bei denen der Kerbwirkungsfaktor neben den normalen statistischen Schwankungen auch Schwankungen, die durch äußere Einflüsse hervorgerufen wurden, unterliegt, bleiben obige Ergebnisse hinsichtlich der relativen Stärke der Gleitlinien bestehen: Sehr feine und gleichmäßige, nacheinander entstehende Gleitlinien durch aufeinanderfolgende Betätigung der Gleitebenen mit geringer werdender Kerbwirkung infolge fehlender Auflösung bei sehr tiefen Temperaturen; stärkere, aber auch gleichmäßige Gleitlinien durch Beschränkung der Gleitung auf die zuerst wirksamen Gleitebenen infolge starker Auflösung bei sehr hohen Temperaturen; stärkere und feinere Gleitlinien mit gleichbleibender relativer Stärke nebeneinander durch vorzugsweise Betätigung der zuerst wirksamen Gleitebenen neben geringerer Betätigung weiterer Gleitebenen bei mittleren Temperaturen. Gegenüber den „vollkommenen" Kristallen besteht jedoch der Unterschied, daß die Gleitlinien jetzt im ganzen stärker sind und ihr Abstand größer ist als bei letzteren, da die Schwankungen des Kerbwirkungsfaktors größer sind.

Diese Ergebnisse werden durch die Erfahrung bestätigt. Es ist schon lange bekannt, daß die Gleitlinienbildung mit zunehmender Temperatur (und abnehmender Gleitgeschwindigkeit) gröber wird [vgl.

Schmid und Boas (1935, 1)]. Wenn auch bei den tiefsten bisher angewandten Temperaturen nach größeren Verformungen stets einzelne sichtbare Gleitlinien beobachtet wurden[1], so ist das leicht verständlich, da der Kerbwirkungsfaktor an einzelnen Stellen bedeutend größer sein kann als sein Mittelwert. Andererseits zeigt die Verfeinerung der Gleitlinienbildung bei Zimmertemperatur bis unter die mikroskopische Auflösungsgrenze an Metallen, bei denen normalerweise sichtbare Gleitlinien auftreten, daß seine Schwankungen in Wirklichkeit sehr klein sein können.

Im einzelnen haben Andrade und Roscoe (1937, 2) an Bleikristallen festgestellt, daß die Gleitlinien in der weiteren Umgebung der Zimmertemperatur weitgehend unabhängig von den Versuchsbedingungen ihre relative Stärke und ihren Abstand von $(4{,}17 \pm 0{,}05) \cdot 10^{-4}$ cm beibehalten. Die Kristalle von 0,45 und 0,9 mm Durchmesser wurden dabei verschieden (bis zu 24%) gedehnt, die Gleitgeschwindigkeit im Verhältnis 1:3000 geändert und die Versuche bei 20 und 100° C durchgeführt. Dieselben Verhältnisse bestehen auch bei Kadmiumkristallen. Demgegenüber hat Yamaguchi (1928, 1) an Aluminiumkristallen, deren Verfestigung wesentlich größer ist als die der obengenannten Kristalle, bei Zimmertemperatur festgestellt, daß im Laufe einer Verformung fortwährend neue Gleitlinien zwischen den schon vorhandenen erscheinen und ihr mittlerer Abstand ungefähr umgekehrt proportional zu der jeweiligen Schubspannung ist. Aus diesen und anderen Beobachtungen hat Andrade (1940, 1) geschlossen, daß allgemein bei geringen Verfestigungsgraden bzw. entsprechend hohen Temperaturen alle Gleitlinien früh erscheinen und ihre relative Stärke im Laufe einer Verformung beibehalten, dagegen bei starken Verfestigungsgraden bzw. entsprechend tiefen Temperaturen fortwährend neue Gleitlinien auftreten. Die von uns oben ausgesprochenen Ergebnisse befinden sich ganz in Übereinstimmung mit dieser experimentell unmittelbar begründeten Folgerung.

Wir wenden uns nunmehr der Frage zu, wie es unter diesen Verhältnissen mit der physikalischen Bedeutung der makroskopischen Meßgrößen bestellt ist. Wir erwähnten schon, daß eine ganz gleichmäßige Ausbildung der Gleitlinien unter allen Versuchsbedingungen nur zur Folge hat, daß sich die makroskopische Abgleitung a_m und Gleitgeschwindigkeit u_m um einen konstanten Faktor von der wahren Abgleitung a_w und Gleitgeschwindigkeit u_w unterscheiden, ein Umstand, der physikalisch ohne wesentliche Bedeutung ist; die ermittelte Zustandsgleichung stimmt bis auf den Zahlwert der statistischen Konstanten α_1 in (52) mit der wahren Zustandsgleichung überein. Diese Verhältnisse bestehen, wie wir sahen, bei hinreichend hohen Temperaturen.

[1] Nach einer freundlichen Mitteilung von Herrn Prof. Dr. E. Schmid, Frankfurt a. M.

Obiger Sachverhalt trifft auch zu, wenn sich a_w und u_w längs des Kristalls periodisch ändern, aber ihre Verhältniswerte im Laufe einer Verformung ungeändert bleiben. Denn dann sind a_m und u_m an jeder Stelle proportional zu a_w und u_w, nur daß sich jetzt der Proportionalitätsfaktor mit dem Ort ändert. Die Meßwerte sind dann Mittelwerte über eine „Identitätsperiode" der Gleitlinien. Diese Annahmen sind gleichbedeutend damit, daß die Gleitlinien ihre relative Stärke und ihren Abstand während einer Verformung nicht ändern, wie es bei mittleren Verfestigungsgraden bzw. entsprechenden mittleren Temperaturen der Fall ist.

Schließlich bleiben obige Verhältnisse auch noch bestehen, wenn die wirksamen Gleitebenen zwar wechseln, aber die Zahl der gleichzeitig betätigten Ebenen während einer Verformung konstant bleibt. Es bilden sich dann nacheinander Gleitlinien gleicher Stärke aus. Das trifft bei großen Verfestigungsgraden bzw. entsprechend tiefen Temperaturen zu.

Wir sehen also, daß die Messungen auch an nicht „vollkommenen" Kristallen ein wirklichkeitsgetreues Bild der wahren Zustände in dem Sinne vermitteln, daß lediglich ein konstanter Faktor zwischen gemessener makroskopischer und wahrer Abgleitung bzw. Gleitgeschwindigkeit unbestimmt bleibt. Das gilt zunächst jedoch nur für jede einzelne Messung bei einer bestimmten Temperatur für sich, da sich wegen der verschiedenen Ausbildung der Gleitlamellen bei verschiedenen Temperaturen der Proportionalitätsfaktor mit der Temperatur ändert. D. h. die bei verschiedenen Temperaturen unter gleichen makroskopischen Bedingungen durchgeführten Messungen erfolgen unter verschiedenen wahren Bedingungen und passen in dem Temperaturverlauf des Einflusses der Gleitgeschwindigkeit nicht zueinander. Dieser Umstand hat aber, solange wirklich nur die an Kristallen mit gleichem Gefüge erhaltenen Ergebnisse miteinander verglichen werden, praktisch keine schwerwiegenden Folgen, denn nach tieferen Temperaturen hin nimmt in dem Maße, als die Änderungen des Proportionalitätsfaktors in Erscheinung treten, der Einfluß der Gleitgeschwindigkeit ab, d. h. die Meßwerte werden dann immer weniger abhängig von dem Verhältnis der wahren zur makroskopischen Gleitgeschwindigkeit. Aus diesem Grunde sind auch die unter gleichen makroskopischen Bedingungen erhaltenen Meßergebnisse zur Prüfung der theoretischen Ergebnisse geeignet, obwohl sie bei tiefen und hohen Temperaturen unter ganz verschiedenen wahren Bedingungen erfolgen können.

Wesentliche Unstimmigkeiten zwischen verschiedenen Messungen können jedoch entstehen, wenn sie bei einer hinreichend hohen Temperatur, bei welcher der dynamische Einfluß bereits merklich ist, an Kristallen mit verschiedenem Gefüge, d. h. verschiedener „Vollkommenheit", erfolgen. Treten z. B. bei den Kristallen der einen Meßreihe mit bloßem Auge sichtbare Gleitlinien auf, während sie bei den Kristallen der anderen Meßreihe bei gleicher makroskopischer Gleitgeschwindigkeit unter der mikroskopischen Auflösungsgrenze liegen, so kann die wahre Gleitgeschwindigkeit bei den ersteren um viele Zehnerpotenzen größer sein als bei letzteren. So haben Polanyi und Schmid (1925, 2) an „gleitlinienlosen" Zinnkristallen nahezu die doppelte Dehnung erreicht wie an Kristallen mit derben Gleitlinien und gleichzeitig bei ersteren eine wesentlich geringere Rekristallisationsfähigkeit festgestellt als an letzteren. Der erste Befund ist auf die geringere wahre Gleitgeschwindigkeit, der zweite auf die reinere, d. h. von Verzerrungen der Gleitlamellen freiere Verformung der von sichtbaren Gleitlinien freien Kristalle zurückzuführen. Solche Unterschiede im Kristallgefüge müssen bei Messungen unter verschiedenen Versuchsbedingungen, die wirklich vergleichbare Ergebnisse liefern sollen, vermieden werden. Einen Anhaltspunkt darüber, inwieweit das bei Kristallen gleicher Herstellungsart gelungen ist, gibt die Güte der Reproduzierbarkeit der Messungen unter gleichen äußeren Bedingungen bei hinreichend hohen Temperaturen und dann die Beobachtung der Gleitlinienbildung selbst, die in dem Temperaturgebiet, in dem der Einfluß der Gleitgeschwindigkeit merklich ist, möglichst gleichmäßig sein soll.

Zusammenfassend ist zu sagen, daß infolge der Gleitlinienbildung, solange sie noch nicht quantitativ in Rechnung gesetzt werden kann, ein Proportionalitätsfaktor zwischen der gemessenen makroskopischen und der wahren Abgleitung bzw. Gleitgeschwindigkeit grundsätzlich unbestimmt bleibt. Der Faktor ändert sich wie die Ausbildung der Gleitlinien mit der Temperatur; diese Änderung ist aber, solange Messungen an Kristallen gleichen Gefüges miteinander verglichen werden, praktisch ohne Bedeutung, so daß die in dieser Weise erhaltenen Ergebnisse zur Prüfung der theoretischen Ergebnisse, auch hinsichtlich des Einflusses der Gleitgeschwindigkeit auf den Verlauf der Verfestigungskurven, geeignet sind. Da bei höheren Temperaturen zwischen Messungen an Kristallen verschiedenen Gefüges wesentliche Unterschiede bestehen können, so ist beim Vergleich verschiedener Versuchsergebnisse neben den sonstigen Versuchsbedingungen auch auf die Ausbildung der Gleitlinien zu achten.

Die von uns zur Prüfung des theoretisch erhaltenen Einflusses der Gleitgeschwindigkeit (vgl. Abb. 25 und 34) benutzten Versuchsergebnisse sind, wie die Verfasser [Chalmers (1936, 1); Roscoe[1],

[1] Die Veröffentlichung (1936, 1) von Roscoe selbst enthält keine diesbezüglichen Angaben. Es ist jedoch anzunehmen, daß die obenerwähnten Beobachtungen von Andrade und Roscoe (1937, 2) über die Ausbildung von Gleitlinien an Kadmiumkristallen sich auf diese oder mindestens unter ähnlichen Bedingungen ausgeführte Versuche beziehen.

Kochendörfer (1937, 1)] angeben, unter den jeweils angewandten Versuchsbedingungen bei gleicher Ausbildung der Gleitlinien gewonnen worden. Inwieweit diese bei den verschiedenen Verfassern übereinstimmte, kann aus den vorliegenden Angaben nicht entnommen werden.

VI. Mathematische Zusätze.

28. Berechnung von Schubspannung und Abgleitung.

a) Transformationsbeziehungen der Spannungs- und Deformationskomponenten in den in 2e festgelegten Koordinatensystemen I und II. (Allgemeine Zusätze zu 3a und 2f.) Bei jeder Verformung von Einkristallen entsteht die Aufgabe, die an einer Stelle wirksame Schubspannung σ in dem betätigten Gleitsystem mit den äußeren Kräften in Beziehung zu setzen. Da letztere in den betrachteten Fällen in einfachem, unmittelbar ersichtlichem Zusammenhang mit den Spannungskomponenten $S = \sigma_{\mathfrak{z}\mathfrak{z}}$ oder $S_\varphi = \sigma_{\mathfrak{x}\mathfrak{z}}$ im Koordinatensystem I stehen, so besteht die eigentliche Aufgabe darin, σ als Funktion von S oder S_φ zu berechnen. Zu diesem Zweck müssen wir zunächst die Transformationsbeziehungen zwischen den Komponenten eines Vektors $\mathfrak{x}$ in den Koordinatensystemen I und II aufstellen. Allgemein gilt[1]: Sind (x_1, x_2, x_3) seine Komponenten in einem Koordinatensystem mit den rechtwinkligen Achsen $(\mathfrak{e}_1, \mathfrak{e}_2, \mathfrak{e}_3)$, so lauten sie in einem andern rechtwinkligen System $(\mathfrak{e}'_1, \mathfrak{e}'_2, \mathfrak{e}'_3)$:

$$x'_\lambda = \cos(\mathfrak{e}'_\lambda \mathfrak{e}_1) \cdot x_1 + \cos(\mathfrak{e}'_\lambda \mathfrak{e}_2) \cdot x_2 + \cos(\mathfrak{e}'_\lambda \mathfrak{e}_3) \cdot x_3; \quad \lambda = 1, 2, 3. \tag{1}$$

Von den in (1) auftretenden Winkeln zwischen den Koordinatenachsen benötigen wir in unserm Falle folgende: $(\mathfrak{g}\mathfrak{z})$, $(\mathfrak{N}\mathfrak{z})$, $(\mathfrak{g}\mathfrak{T})$ und $(\mathfrak{N}\mathfrak{T})$. Für sie sind aus Abb. 8 von den folgenden Beziehungen die beiden ersten unmittelbar, die beiden andern aus den sphärischen Dreiecken $(\mathfrak{T}\mathfrak{g}\mathfrak{z})$ und $(\mathfrak{T}\mathfrak{z}\mathfrak{N})$ abzulesen:

$$\left.\begin{aligned} \cos(\mathfrak{g}\mathfrak{z}) &= -\cos\lambda; \quad \cos(\mathfrak{N}\mathfrak{z}) = \sin\chi, \\ \cos(\mathfrak{g}\mathfrak{T}) &= \sin(180 - \lambda)\cos(\varphi_\lambda - \varphi - 90) = -\sin\lambda\sin(\varphi - \varphi_\lambda), \\ \cos(\mathfrak{N}\mathfrak{T}) &= \sin(90 - \chi)\cos(90 + \varphi - \varphi_\chi) = -\cos\chi\sin(\varphi - \varphi_\chi). \end{aligned}\right\} \tag{2}$$

Die Spannungskomponenten, als Komponenten eines symmetrischen Tensors zweiter Stufe, transformieren sich wie die Produkte der Komponenten zweier Vektoren. Es gilt also allgemein:

$$\left.\begin{aligned} \sigma'_{\lambda\varkappa} = {} & (\cos(\mathfrak{e}'_\lambda \mathfrak{e}_1)\cos(\mathfrak{e}'_\varkappa \mathfrak{e}_1))\,\sigma_{11} + (\cos(\mathfrak{e}'_\lambda \mathfrak{e}_2)\cos(\mathfrak{e}'_\varkappa \mathfrak{e}_2))\,\sigma_{22} \\ & (\cos(\mathfrak{e}'_\lambda \mathfrak{e}_3)\cos(\mathfrak{e}'_\varkappa \mathfrak{e}_3))\,\sigma_{33} \\ & (\cos(\mathfrak{e}'_\lambda \mathfrak{e}_1)\cos(\mathfrak{e}'_\varkappa \mathfrak{e}_2) + \cos(\mathfrak{e}'_\lambda \mathfrak{e}_2)\cos(\mathfrak{e}'_\varkappa \mathfrak{e}_1))\,\sigma_{12} \\ & (\cos(\mathfrak{e}'_\lambda \mathfrak{e}_1)\cos(\mathfrak{e}'_\varkappa \mathfrak{e}_3) + \cos(\mathfrak{e}'_\lambda \mathfrak{e}_3)\cos(\mathfrak{e}'_\varkappa \mathfrak{e}_1))\,\sigma_{13} \\ & (\cos(\mathfrak{e}'_\lambda \mathfrak{e}_2)\cos(\mathfrak{e}'_\varkappa \mathfrak{e}_3) + \cos(\mathfrak{e}'_\lambda \mathfrak{e}_3)\cos(\mathfrak{e}'_\varkappa \mathfrak{e}_2))\,\sigma_{23} \\ = {} & \sum\nolimits^{i\nu} (\cos(\mathfrak{e}'_\lambda \mathfrak{e}_i)\cos(\mathfrak{e}'_\varkappa \mathfrak{e}_\nu))\,\sigma_{i\nu}. \end{aligned}\right\} \tag{3a}$$

Für die Deformationskomponenten gelten bei rechtwinkligen Koordinatensystemen dieselben Transformationsbeziehungen:

$$\varepsilon'_{\lambda\varkappa} = \sum\nolimits^{i\nu} \left(\cos(\mathfrak{e}'_\lambda \mathfrak{e}_i)\cos(\mathfrak{e}'_\varkappa \mathfrak{e}_\nu)\right) \varepsilon_{i\nu}. \tag{3b}$$

b) Berechnung der Schubspannung. (Zu **3a**, **18c**, **19a**.) Bei der homogenen Dehnung verschwinden im Koordinatensystem I alle Spannungskomponenten[2] bis auf $S = \sigma_{\mathfrak{z}\mathfrak{z}} = K/Q$ (K Zugkraft, Q Querschnitt des zylindrischen Kristalls). Aus (3) folgt somit:

$$\sigma = \sigma_{\mathfrak{g}\mathfrak{N}} = (\cos(\mathfrak{N}\mathfrak{z})\cos(\mathfrak{g}\mathfrak{z}))\,S.$$

[1] Die hier benutzten allgemeinen Transformationsbeziehungen und einfachen Gesetzmäßigkeiten der Elastizitätstheorie sind in den meisten Lehrbüchern der Physik, der Elastizitätstheorie und der Tensorrechnung abgeleitet.

[2] Streng genommen trifft das nur bei isotropen Körnern zu. Bei Kristallen treten im allgemeinen auch noch Schubspannungskomponenten auf. Diese sind jedoch klein gegenüber S und sind für unsere Untersuchungen ohne Bedeutung. Wir sehen von diesem Anisotropieeffekt durchweg ab.

Daraus erhalten wir nach (2), wenn wir vom Vorzeichen von σ absehen, die Beziehung (19 I):

$$\sigma = \sin\chi \cos\lambda \cdot S. \tag{4}$$

Bei der reinen Biegung verschwinden im Koordinatensystem I ebenfalls alle Spannungskomponenten bis auf S, dessen Wert aber jetzt vom Abstand x von der neutralen Faser abhängt. An Stelle von (4) tritt daher die Beziehung (2b III):

$$\sigma(x) = \sin\chi \cos\lambda \cdot S(x). \tag{5}$$

Bei der Torsion betrachten wir nur kreisförmige Querschnitte. Legen wir die $\mathfrak{P}$-Achse des Koordinatensystems I durch den betrachteten Punkt mit der Entfernung x vom Mittelpunkt, so verschwinden in diesem Koordinatensystem alle Spannungskomponenten bis auf $S_\varphi = \sigma_{\mathfrak{T}\mathfrak{z}}$. Nach (3) wird dann:

$$\sigma = \sigma_{\mathfrak{g}\mathfrak{N}} = (\cos(\mathfrak{g}\mathfrak{T}) \cos(\mathfrak{N}\mathfrak{z}) + \cos(\mathfrak{g}\mathfrak{z}) \cos(\mathfrak{N}\mathfrak{T})) S_\varphi(x).$$

Daraus ergibt sich mit (2) die **Beziehung** (7 III):

$$\sigma = \sigma(\varphi, x) = (\cos\chi \cos\lambda \sin(\varphi - \varphi_\chi) - \sin\chi \sin\lambda \sin(\varphi - \varphi_\lambda)) S_\varphi(x). \tag{6}$$

Man sieht aus (6), daß sich σ für ein Gleitsystem sinusförmig längs des Umfangs ändert. Rechnen wir wie bisher σ stets positiv, so ist die Periode 180°. Die beiden Azimute, bei denen σ seinen größten Wert $\sigma_{\max}(x)$ annimmt, erhält man [durch Differentation von (6) nach φ] aus:

$$\frac{1}{S_\varphi} \frac{d\sigma}{d\varphi} = \sin\chi \sin\lambda \cos(\varphi - \varphi_\lambda) - \cos\chi \cos\lambda \cos(\varphi - \varphi_\lambda) = 0.$$

Durch Einsetzen dieser φ-Werte in (6) ergibt sich der Wert von $\sigma_{\max}$ selbst[1].

Abb. 90 zeigt für drei ausgezeichnete Orientierungen den Verlauf von σ/S_φ für die Gleitsysteme eines kubisch-flächenzentrierten Kristalls mit den (111)-Ebenen als Gleitebenen und den [110]-Richtungen als Gleitrichtungen, welche an bestimmten Stellen die größten σ-Werte besitzen oder mindestens einen Punkt mit letzteren gemeinsam haben. Die (aus Teilen der ersteren zusammengesetzte) Kurve, welche an jeder Stelle die größten σ-Werte besitzt und das jeweils betätigte Gleitsystem angibt, ist dick ausgezogen. Aus den mitgezeichneten Parallelprojektionen der Elementarzelle in Gegenrichtung von $\mathfrak{z}$ sind die Azimute φ_χ für jede Gleitebene und φ_λ für die Gleitrichtung jedes Gleitsystems zu entnehmen. Die Numerierung der Gleitsysteme ist aus Tabelle 10 zu ersehen.

[1] Die Berechnung von $\sigma_{\max}$ als Funktion von χ, λ und $(\varphi_\chi - \varphi_\lambda)$ ist bei Gough, Wright und Hanson (1926, 1) durchgeführt. Das Ergebnis ist auch bei Sachs (1928, 1) angegeben.

Tabelle 10. Numerierung der Gleitsysteme und Gruppen eines kubisch-flächenzentrierten Kristalls.

Gleitebene $\mathfrak{G}$.	(111)			$(\bar{1}11)$			$(1\bar{1}1)$			$(11\bar{1})$		
Gleitrichtung $\mathfrak{g}$	$[\bar{1}10]$	$[10\bar{1}]$	$[01\bar{1}]$	$[\bar{1}\bar{1}0]$	$[01\bar{1}]$	$[\bar{1}0\bar{1}]$	$[110]$	$[0\bar{1}\bar{1}]$	$[10\bar{1}]$	$[1\bar{1}0]$	$[0\bar{1}\bar{1}]$	$[\bar{1}0\bar{1}]$
Nummer des Gleitsystems .	1	2	3	4	5	6	7	8	9	10	11	12
Nummer der Gruppe . . .	I			II			III			IV		

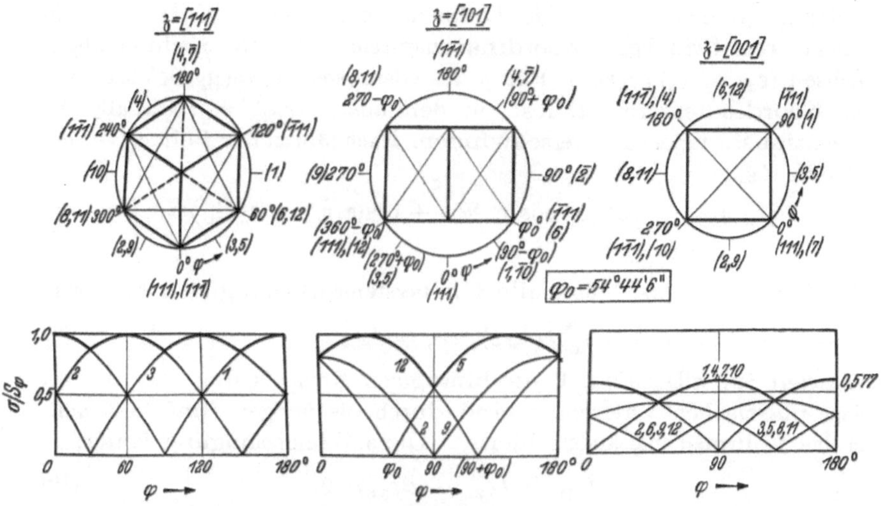

Abb. 90. Nach (6) berechneter Verlauf der Schubspannung σ (bezogen auf die tangentiale Schubspannung S_φ) in den Gleitsystemen eines kubisch-flächenzentrierten Kristalls längs des Umfangs (Azimut φ) für drei Kristallorientierungen. Numerierung der Gleitsysteme nach Tabelle 10. Über den Kurvenbildern sind die Parallelprojektionen der Grundzelle des Gitters in Gegenrichtung der Kristallachse $\mathfrak{z}$ mit den Azimuten φ_χ und φ_λ der Gleitebenen bzw. Gleitrichtungen gezeichnet.

c) Berechnung der Abgleitung. (Zu **2f, 20c, 21a.**) Der Zusammenhang zwischen einer kleinen Abgleitungszunahme da und der zugehörigen Dehnungszunahme dD bzw. Schiebungszunahme dD_φ ergibt sich auf Grund der Tatsache, daß die dabei geleistete Arbeit dA in beiden Koordinatensystemen denselben Wert besitzen muß. Nun ist in allen betrachteten Fällen im Koordinatensystem I nur eine Spannungskomponente (S bzw. S_φ), im Koordinatensystem II nur eine Deformationskomponente (da) von Null verschieden. Also bestehen die Beziehungen:

$$dA = \sigma\, da \begin{array}{ll} = S\, dD & \text{bei der Dehnung und Biegung,} \\ = S_\varphi\, dD_\varphi & \text{bei der Torsion.} \end{array} \qquad (7)$$

Aus ihnen ergeben sich unter Benutzung von (4), (5) und (6) die Beziehungen (8 I), (15 III) und (44 III).

d) Erzeugung einer beliebigen kleinen plastischen Verformung eines Kristalls durch Mehrfachgleitung nach fünf unabhängigen Gleitsystemen; Anwendung auf kubisch-flächenzentrierte Kristalle. (Zu 25d.) Wir untersuchen im folgenden, ob und bejahendenfalls durch wieviel Gleitsysteme eine beliebige kleine plastische Verformung eines Kristalls durch Mehrfachgleitung erzielt werden kann, unter der Voraussetzung, daß das Gleiten zwar wie bei wirklichen Kristallen kristallographisch bestimmt ist, aber kontinuierlich erfolgt, also keine Gleitlamellen auftreten (vgl. hierzu 25d). Die Deformationskomponenten $d\varepsilon_{\lambda\varkappa}$ seien in einem rechtwinkligen Koordinatensystem mit den rechtwinkligen Achsen $(\mathfrak{e}_1, \mathfrak{e}_2, \mathfrak{e}_3)$ gegeben. Für jedes Gleitsystem $(i) = (\mathfrak{g}_i, \mathfrak{N}_i)$ legen wir ein Koordinatensystem II fest, in dem außer $(d\varepsilon_{\mathfrak{g}\mathfrak{N}})_i = da_i/2$ alle Deformationskomponenten verschwinden. Nach (3b) ist der Beitrag von da_i zu den $d\varepsilon_{\lambda\varkappa}$:

$$\left.\begin{aligned}(d\varepsilon_{\lambda\varkappa})_i &= \tfrac{1}{2}\left(\cos(\mathfrak{e}_\lambda \mathfrak{g}_i)\cos(\mathfrak{e}_\varkappa \mathfrak{N}_i) + \cos(\mathfrak{e}_\varkappa \mathfrak{g}_i)\cos(\mathfrak{e}_\lambda \mathfrak{N}_i)\right) da_i \\ &= (\alpha_{\lambda\varkappa})_i\, da_i .\end{aligned}\right\} \tag{8}$$

Die Summe der $(d\varepsilon_{\lambda\varkappa})_i$ über alle Gleitsysteme (i) muß gleich $d\varepsilon_{\lambda\varkappa}$ sein:

$$\sum^i (\alpha_{\lambda\varkappa})_i\, da_i = d\varepsilon_{\lambda\varkappa}. \tag{9}$$

Von den im allgemeinen 6 unabhängigen Komponenten $d\varepsilon_{\lambda\varkappa}$ ist bei einer plastischen Verformung eine durch die übrigen fünf bestimmt, da das Volumen ungeändert bleibt. Diese Volumbedingung lautet:

$$d\varepsilon_{11} + d\varepsilon_{22} + d\varepsilon_{33} = 0. \tag{10}$$

Die Beziehungen (9) stellen also fünf lineare inhomogene Gleichungen in den da_i dar. Damit diese eindeutig durch die $d\varepsilon_{\lambda\varkappa}$ bestimmt sind, ist notwendig und hinreichend, daß ihre Anzahl fünf beträgt, und daß die linken Seiten der Gleichungen linear unabhängig sind, d. h. ihre Koeffizientendeterminante von Null verschieden ist. Die letztere Bedingung legt der gegenseitigen Lage der fünf Gleitsysteme gewisse Einschränkungen auf derart, daß eine in einem Gleitsystem erzielbare Gleitung nicht durch Zusammensetzung geeigneter Gleitungen in den vier übrigen Systemen zu erzielen sein darf. Allgemein bezeichnet man eine Anzahl von Gleitsystemen, für welche diese Forderung erfüllt ist, als unabhängig voneinander[1]. Wir haben also das Ergebnis: *Eine beliebige kleine plastische Verformung eines Kristalls kann durch Mehrfachgleitung nach fünf unabhängigen Gleitsystemen erzielt werden.* Weniger als fünf unabhängige Gleit-

[1] Drei Gleitsysteme mit gemeinsamer Gleitebene, aber verschiedenen Gleitrichtungen (bei kubisch-flächenzentrierten Kristallen z. B. eine Oktaederebene mit ihren drei Rhombendodekaeder-Gleitrichtungen) sind nicht unabhängig voneinander, da man stets eine Gleitung nach einer Richtung durch eine geeignete Doppelgleitung nach den beiden andern gewinnen kann.

systeme reichen dazu nicht aus, mehr als fünf kann es in einem Kristall nicht geben. Dagegen gibt es bei Kristallen mit mehr als fünf Gleitsystemen, wie wir für die kubisch-flächenzentrierten Kristalle näher ausführen werden, im allgemeinen mehrere verschiedene Kombinationen von fünf unabhängigen Gleitsystemen.

Die Lösungen der Gleichungen ergeben sich bekanntlich in Determinetenform, wenn man in der Koeffizientendeterminante jeweils die Kolonne, in der die gesuchte Abgleitung da_i steht, streicht, dafür die gegebenen Größen $d\varepsilon_{\lambda\varkappa}$ einsetzt und diese Determinante durch die Koeffizientendeterminante dividiert.

Wir wenden diese Ergebnisse nun auf kubisch-flächenzentrierte Kristalle an. Als Koordinatensystem nehmen wir $\mathfrak{e}_1 = [100]$, $\mathfrak{e}_2 = [010]$ und $\mathfrak{e}_3 = [001]$. Sind die $d\varepsilon_{\lambda\varkappa}$ in einem andern, z. B. dem Koordinatensystem I, gegeben, so können sie mit Hilfe der Beziehungen (3b) leicht auf dieses System umgerechnet werden. Tabelle 11 enthält die erforderlichen Richtungskosinusse für alle zwölf Gleitsysteme und die sich damit ergebenden Koeffizienten $(\alpha_{\lambda\varkappa})_i$ der Gleichungen (9). Die Volumbedingung $d\varepsilon_{11} + d\varepsilon_{22} + d\varepsilon_{33} = 0$ ist stets erfüllt, wie auch die Gleitsysteme zusammengefaßt werden, da sie selbstverständlich für jedes einzelne Gleitsystem erfüllt ist. Wir lassen dementsprechend die dritte von den beiden ersten abhängige Gleichung weg; ihre Koeffizienten sind in Tabelle 11 eingeklammert.

Tabelle 11. **Richtungskosinusse der Gleitebenennormalen $\mathfrak{N}_i$ und der Gleitrichtungen $\mathfrak{g}_i$ der zwölf Gleitsysteme eines kubisch-flächenzentrierten Kristalls bezüglich der Achsen $\mathfrak{e}_1 = [100]$, $\mathfrak{e}_2 = [010]$, $\mathfrak{e}_3 = [001]$ und damit berechnete Koeffizienten $(\alpha_{\lambda\varkappa})_i$ der Gleichungen (9).**

Numerierung der Gruppen und Gleitsysteme nach Tabelle 10.

Nummer der Gruppe	I			II			III			IV			
Nummer des Gleitsystems	1	2	3	4	5	6	7	8	9	10	11	12	
$\cos(\mathfrak{e}_1\mathfrak{N}_i)$ . . .		+1			−1			+1			+1		×
$\cos(\mathfrak{e}_2\mathfrak{N}_i)$ . . .		+1			+1			−1			+1		$\frac{1}{\sqrt{3}}$
$\cos(\mathfrak{e}_3\mathfrak{N}_i)$ . . .		+1			+1			+1			−1		
$\cos(\mathfrak{e}_1\mathfrak{g}_i)$ . . .	−1	+1	0	−1	0	−1	+1	0	+1	+1	0	−1	×
$\cos(\mathfrak{e}_2\mathfrak{g}_i)$ . . .	+1	0	+1	−1	+1	0	+1	−1	0	−1	−1	0	$\frac{1}{\sqrt{2}}$
$\cos(\mathfrak{e}_3\mathfrak{g}_i)$ . . .	0	−1	−1	0	−1	−1	0	−1	−1	0	−1	−1	
$(\alpha_{11})_i$	−1	+1	0	+1	0	+1	+1	0	+1	+1	0	−1	×
$(\alpha_{22})_i$	+1	0	+1	−1	+1	0	−1	+1	0	−1	−1	0	$\frac{1}{\sqrt{6}}$
$(\alpha_{33})_i$	(0)	(−1)	(−1)	(0)	(−1)	(−1)	(0)	(−1)	(−1)	(0)	(+1)	(+1)	
$(\alpha_{12})_i$	0	+1	+1	0	−1	−1	0	−1	−1	0	−1	−1	×
$(\alpha_{13})_i$	−1	0	−1	−1	+1	0	+1	−1	0	−1	−1	0	$\frac{1}{2\sqrt{6}}$
$(\alpha_{23})_i$	+1	−1	0	−1	0	−1	+1	0	+1	+1	0	−1	

Insgesamt gibt es $\binom{12}{5} = 792$ Möglichkeiten, fünf Gleitsysteme aus zwölf Gleitsystemen auszuwählen[1]. Diese Kombinationen sind aber nur zum Teil brauchbar, da bei vielen die fünf Gleitsysteme nicht unabhängig voneinander sind. Unmittelbar ausgeschieden werden können die 144 Kombinationen, in denen eine Gleitebene mit allen drei Gleitrichtungen vorkommt, da es in einer Gleitebene nur zwei unabhängige Gleitrichtungen gibt. Von den verbleibenden 648 Kombinationen bezeichnen wir diejenigen mit Doppelgleitung nach zwei Gleitebenen und Einfachgleitung nach einer dritten Gleitebene als Kombinationen erster Art, diejenigen mit Doppelgleitung nach einer Gleitebene und Einfachgleitung nach drei weiteren verschiedenen Gleitebenen als Kombinationen zweiter Art. Ihre Anzahl beträgt je 324. Unter ihnen müssen die „brauchbaren" mit fünf unabhängigen Gleitsystemen durch Untersuchung ihrer Determinante ausgesucht werden. Diese Aufgabe ist verhältnismäßig einfach, da in den verschwindenden Determinaten entweder zwei Zeilen bzw. Kolonnen (bis aufs Vorzeichen) übereinstimmen oder die Summe zweier Zeilen (Kolonnen) gleich einer dritten ist. Von den Kombinationen erster Art mit je den beiden ersten Gleitsystemen (1,2 bzw. 4,5) der Gruppen I und II fallen von den sechs möglichen die Kombinationen (1,2; 4,5; 8) und (1,2; 4,5; 11) weg, die vier Kombinationen mit den Gleitsystemen 7, 9, 10 und 12 sind brauchbar. In gleicher Weise erhalten wir 20 weitere brauchbare Kombinationen, wenn wir in den übrigen fünf Paaren von Gruppen die beiden ersten Gleitsysteme mit Doppelgleitung nehmen, insgesamt also 24 brauchbare Kombinationen erster Art mit je den beiden ersten Gleitsystemen mit Doppelgleitung in den sechs möglichen Paaren von Gruppen. Nun gibt es neun verschiedene Möglichkeiten, je zwei Gleitsysteme in jeder Gruppe eines Paares auszuwählen, insgesamt also $9 \cdot 24 = 216$ verschiedene brauchbare Kombinationen erster Art.

Von den 27 möglichen Kombinationen zweiter Art, welche die beiden ersten Gleitsysteme der Gruppe I enthalten, kommen 13 in Wegfall, es verbleiben als brauchbar die 14 Kombinationen, welche neben den Gleitsystemen 1 und 2 die Gleitsysteme (4, 8, 10), (4, 8, 12), (5, 7, 10), (5, 7, 11), (5, 8, 10), (5, 8, 12), (5, 9, 11), (5, 9, 12), (6, 7, 10), (6, 7, 11), (6, 9, 10) und (6, 9, 11) enthalten. Da die ersten beiden Gleitsysteme in allen vier Gruppen, und zwei Gleitsysteme 3mal in jeder Gruppe gewählt werden können, so gibt es $4 \cdot 3 \cdot 14 = 168$ verschiedene brauchbare Kombinationen zweiter Art und insgesamt $216 + 168 = 384$ brauchbare und 408 unbrauchbare Kombinationen. Unter den ersteren hat man nach 25d für jede Kristallorientie-

[1] Zahl der Kombinationen ohne Wiederholung von zwölf Elementen zur 5. Klasse.

rung diejenige mit der kleinsten Abgleitungssumme auszusuchen[1]. Bei vielen Kombinationen kann man die zeitraubende Auflösung der Gleichungen (9) umgehen: Für die Kombinationen, welche die Gleitsysteme der Gleitebenen mit Einfachgleitung und die Gleitebenen mit Doppelgleitung gemeinsam haben [z. B. (1,2; 4,5; 7) und (1,3; 4,5; 7)], stimmen die resultierenden Gleitrichtungen und die resultierenden Abgleitungen in den Ebenen mit Doppelgleitung überein. Sind letztere für eine Kombination berechnet, so können auf Grund der bekannten gegenseitigen Lage der drei Gleitrichtungen in einer Gleitebene die Abgleitungen für die übrigen Kombinationen einfach berechnet werden. Man erkennt leicht, daß es unter den Kombinationen erster Art 24 gibt, zwischen denen keine solchen einfachen Zusammenhänge bestehen, mit denen aber alle übrigen Kombinationen erster Art in dieser Weise zusammenhängen. Ihre Auswahl ist auf 9fache Weise möglich. Die zuerst genannten 24 Kombinationen bilden z. B. ein solches „irreduzibles" System.

29. Biegung und Torsion von Einkristallen.

a) Berechnung der Biegemomente. (Zu **18c** und **20c**.) Das Biegemoment ist gleich der Summe bzw. dem Integral über den ganzen Querschnitt der Momente $S(x)\,x\,df(x)$ der Flächenelemente $df(x)$:

$$\mathfrak{M} = \int_{-r}^{+r} S(x)\,x\,df(x)\,.$$

Dabei ist x der Abstand von der neutralen Faser, r der Halbmesser bei kreisförmigen, die halbe Höhe bei rechteckigen Querschnitten. Da sowohl bei einer elastischen als auch bei einer (hinreichend kleinen) plastischen Biegung der Spannungszustand bis aufs Vorzeichen symmetrisch zur neutralen Faser ist, so integrieren wir nur über eine Hälfte des Querschnitts und nehmen den so erhaltenen Wert doppelt. Es ist also:

$$\mathfrak{M} = 2\int_{0}^{r} S(x)\,x\,df(x)\,. \tag{11}$$

Bei einer elastischen Biegung nimmt $S(x)$ proportional mit x zu:

$$S(x) = \frac{x}{r}\,S(r)\,. \tag{12}$$

Für das elastische Biegemoment erhalten wir damit nach (11) die Beziehung (2a III):

$$\mathfrak{M}_{\text{elast}} = \frac{S(r)}{r}\int_{0}^{r} 2x^2\,df(x) = \frac{S(r)\,J(r)}{r} = \frac{S(x)\,J(r)}{x}\,. \tag{13}$$

[1] In (1938, 1) hat Taylor alle Kombinationen zweiter Art als unbrauchbar bezeichnet und nur die Kombination erster Art mit kleinster Abgleitungssumme für jede Orientierung ausgesucht.

Dabei ist

$$J(r) = 2\int_0^r x^2 df(x) \tag{14}$$

das Flächenträgheitsmoment des Querschnitts[1]. Für einen Teilquerschnitt $-y \leqq x \leqq +y$ ist das Flächenträgheitsmoment:

$$J(y) = 2\int_0^y x^2 df(x). \tag{15}$$

Wir berechnen nun $J(y)$ für kreisförmige und rechteckige Querschnitte. Für erstere ist:

$$\overset{\odot}{df}(x) = 2\sqrt{r^2 - x^2}\,dx. \tag{16}$$

Mit Hilfe der Substitution $x/r = \sin\delta$ wird mit $\varphi(y) = \operatorname{arc}\sin y/r$:

$$\overset{\odot}{J}(y) = 4r^4\int_0^{\varphi(y)} \sin^2\vartheta\cos^2\vartheta\,d\vartheta = \frac{r^4}{2}\int_0^{\varphi(y)} (\sin 2\vartheta)^2\,d(2\vartheta)$$
$$= \frac{r^4}{2}\{\varphi(y) - \sin\varphi(y)\cos\varphi(y)(1 - 2\sin^2\varphi(y))\}.$$

Setzen wir für $\varphi(y)$ seinen Wert ein, so erhalten wir das Ergebnis:

$$\left.\begin{aligned}\overset{\odot}{J}(y) &= \frac{r^4}{2}\operatorname{arc}\sin\frac{y}{r} - \frac{r^4}{2}\,\frac{y}{r}\sqrt{1-\left(\frac{y}{r}\right)^2}\left(1-2\left(\frac{y}{r}\right)^2\right),\\ \overset{\odot}{J}(r) &= \frac{\pi r^4}{4}.\end{aligned}\right\} \tag{17}$$

Bei rechteckigen Querschnitten mit der Breite $2b$ ist:

$$\overset{\square}{df}(x) = 2b\,dx. \tag{18}$$

Damit wird:

$$\overset{\square}{J}(y) = 4b\int_0^y x^2\,dx = \left(\frac{y}{r}\right)^3 \overset{\square}{J}(r); \quad \overset{\square}{J}(r) = \frac{4}{3}br^3. \tag{19}$$

Bei der plastischen Biegung hat nach 20c die Spannung $S(x)$ von $x =$

$$x_1 = \frac{r\,a^{(r)}_{\text{elast}}}{a(r)} \tag{20}$$

[nach (29 III)] bis $x = r$ den konstanten Wert $\bar{\sigma}_0/\mu$. Der Beitrag $\mathfrak{M}_2$ dieses Querschnitteils zum Drehmoment ergibt sich damit nach (11) zu:

$$\mathfrak{M}_2 = \frac{2\bar{\sigma}_0}{\mu}\int_{x_1}^r x\,df(x) = \frac{\bar{\sigma}_0}{\mu}(F(r) - F(x_1)). \tag{21}$$

[1] Es ist zahlenmäßig gleich dem mechanischen Trägheitsmoment in $g \cdot cm^2$ einer Querschnittsebene bezüglich ihres neutralen Durchmessers, wenn sie mit der Massendichte 1 g/cm² belegt ist.

Dabei ist:

$$F(y) = 2\int_0^y x\,d f(x) \tag{22}$$

das Flächenmoment[1] des Teilquerschnitts $-y \leqq x \leqq +y$. Für kreisförmige Querschnitte wird mit (16) und unter Benutzung derselben Substitution wie oben:

$$\left.\begin{aligned} \overset{\odot}{F}(y) &= -4r^3\int_0^{\varphi(y)} \cos^2\vartheta\, d\cos\vartheta \\ &= \overset{\odot}{F}(r) - \frac{4}{3}r^3\left(1-\left(\frac{y}{r}\right)^2\right)\sqrt{1-\left(\frac{y}{r}\right)^2}, \\ \overset{\odot}{F}(r) &= \frac{4}{3}r^3. \end{aligned}\right\} \tag{23}$$

Für rechteckige Querschnitte wird mit (18):

$$\left.\begin{aligned} \overset{\square}{F}(y) &= \int_0^y 4bx\,dx = \left(\frac{y}{r}\right)^2 \overset{\square}{F}(r), \\ \overset{\square}{F}(r) &= 2br^2. \end{aligned}\right\} \tag{24}$$

Neben $\mathfrak{M}_2$ tritt bei der plastischen Biegung noch der Beitrag (30a III)

$$\mathfrak{M}_1 = \frac{\bar{\sigma}_0 J(x_1)}{\mu x_1} \tag{25}$$

zum Biegemoment auf. Da x_1 in $\mathfrak{M}_1$ und $\mathfrak{M}_2$ nur in der Verbindung x_1/r auftritt, so wird nach (20) das Argument in beiden Beiträgen $a^{(r)}_{\text{elast}}/a(r)$. Wir entwickeln nun für $a(r) \gg a^{(r)}_{\text{elast}}$ $\mathfrak{M}_1$ und $\mathfrak{M}_2$ für beide Querschnittsformen nach

$$\frac{x_1}{r} = \frac{a^{(r)}_{\text{elast}}}{a(r)} = \varepsilon, \tag{26}$$

wobei wir höhere als dritte Potenzen in ε vernachlässigen. Nach (17) wird:

$$\overset{\odot}{J}(x_1) = \frac{r^4\varepsilon}{2} - \frac{r^4\varepsilon}{2}\left(1-\frac{\varepsilon^2}{2}\right)(1-2\varepsilon^2) = \frac{5}{4}r^4\varepsilon^3 + \cdots \tag{27a}$$

und nach (23):

$$\overset{\odot}{F}(r) - \overset{\odot}{F}(x_1) = \frac{4}{3}r^3(1-\varepsilon^2)\left(1-\frac{\varepsilon^2}{2}\right) = \frac{4}{3}r^3 - 2r^3\varepsilon^2 + \cdots. \tag{27b}$$

Damit ergibt sich nach (25), (21) und (17) für das gesamte Biegemoment $\mathfrak{M} = \mathfrak{M}_1 + \mathfrak{M}_2$ kreisförmiger Querschnitte die Beziehung (31 III):

$$\overset{\odot}{\mathfrak{M}} = \overset{\odot}{\mathfrak{M}}_{\text{elast}}\left(\frac{16}{3\pi} - \frac{3}{\pi}\varepsilon^3 + \cdots\right) \tag{28a}$$

[1] $F(r)$ ist zahlenmäßig gleich dem Drehmoment in g · cm, das auf eine Querschnittsebene bezüglich ihres neutralen Durchmessers wirkt, wenn an ihr Normalkräfte mit der Dichte 1 g/cm² angreifen.

mit dem elastischen Moment:

$$\overset{\odot}{\mathfrak{M}}_{\text{elast}} = \frac{\pi r^3 \bar{\sigma}_0}{4\mu}. \tag{28b}$$

In gleicher Weise erhält man aus (19) und (24) für rechteckige Querschnitte:

$$\overset{\square}{J}(x_1) = \tfrac{4}{3} b r^3 \varepsilon^3; \quad \overset{\square}{F}(r) - \overset{\square}{F}(x_1) = 2br^2 - 2br^2\varepsilon^2. \tag{29}$$

Damit ergibt sich nach (25), (21) und (19) die Beziehung (32 III):

$$\overset{\square}{\mathfrak{M}} = \overset{\square}{\mathfrak{M}}_{\text{elast}} \left(\tfrac{3}{2} - \tfrac{1}{2}\varepsilon^2\right), \tag{30a}$$

mit dem elastischen Moment:

$$\overset{\square}{\mathfrak{M}}_{\text{elast}} = \frac{4 b r^2 \bar{\sigma}_0}{3\mu}. \tag{30b}$$

b) Berechnung der Torsionsmomente. (Zu **19a** und **21b**.) Das Torsionsmoment eines kreiszylindrischen Kristalls mit dem Halbmesser r ist gleich der Summe bzw. dem Integral über den ganzen Querschnitt der Momente $S_\varphi(\varphi, x)\, x\, df(x)$ der Flächenelemente $df(x) = x\,dx\,d\varphi$:

$$\mathfrak{M} = \int_0^{2\pi}\int_0^r S_\varphi(\varphi, x)\, x^2\, dx\, d\varphi. \tag{31}$$

x ist der Abstand von der Kristallachse. Bei einer elastischen Torsion ist S_φ von φ unabhängig und nimmt linear mit x zu:

$$S_\varphi(x) = \frac{x}{r} S_\varphi(r). \tag{32}$$

Für das elastische Torsionsmoment erhalten wir damit:

$$\mathfrak{M}_{\text{elast}} = \frac{2\pi S_\varphi(r)}{r}\int_0^r x^3\, dx = \frac{\pi}{2} r^3 S_\varphi(r). \tag{33}$$

Bei der plastischen Torsion eines Kristalls mit einem Gleitsystem sind nach **21b** fünf Gebiete zu unterscheiden. Der Beitrag $\mathfrak{M}_{\text{I}}$ des Gebiets I ist bereits in (56 III) angegeben. Für die Beiträge der Gebiete II—V erhält man nach (32) (mit den entsprechenden Integrationsgrenzen) mit den Werten (57 III), (59 III), (61 III) und (63 III) von $S\varphi$:

$$\left.\begin{aligned}
\mathfrak{M}_{\text{II}} &= \frac{4\bar{\sigma}_0}{\nu^0 x_1^0}\int_{\varphi_\varepsilon}^{\varphi_1}\int_0^{x_1} x^3\, dx\, d\varphi; & \mathfrak{M}_{\text{III}} &= \frac{4\bar{\sigma}_0}{\nu^0}\int_{\varphi_\varepsilon}^{\varphi_1}\int_{x_1}^{r}\frac{x^2}{\cos\varphi}\, dx\, d\varphi;\\
\mathfrak{M}_{\text{IV}} &= \frac{4\bar{\sigma}_0}{\nu^0 x_\varepsilon^0}\int_0^{\varphi_\varepsilon}\int_0^{x_\varepsilon}\frac{x^3}{\cos^2\varphi}\, dx\, d\varphi; & \mathfrak{M}_{\text{V}} &= \frac{4\bar{\sigma}_0}{\nu^0}\int_0^{\varphi_\varepsilon}\int_{x_\varepsilon}^{r}\frac{x^2}{\cos\varphi}\, dx\, d\varphi.
\end{aligned}\right\} \tag{34}$$

Die Integrationen nach x führen unmittelbar auf die Beziehungen (58 III), (60 III), (62 III) und (64 III) für $\mathfrak{M}_{II}-\mathfrak{M}_{V}$. Die Summe aller Teilmomente $\mathfrak{M}_{I}-\mathfrak{M}_{V}$ ergibt nach (65 III) das Gesamtmoment

$$\left.\begin{aligned} &\mathfrak{M} = \mathfrak{M}_1 - \mathfrak{M}_2 - \mathfrak{M}_3 + \mathfrak{M}_4,\\ &\mathfrak{M}_1 = \frac{1-\frac{2\varphi_1}{\pi}}{\cos\varphi_1}\,\overline{\mathfrak{M}}_{\text{elast}}; \qquad \mathfrak{M}_2 = \left(\frac{2}{3\pi}\left(\frac{x_1^0}{r}\right)^3 \int\limits_{\varphi_\varepsilon}^{\varphi_1} \frac{d\varphi}{\cos^4\varphi}\right)\overline{\mathfrak{M}}_{\text{elast}},\\ &\mathfrak{M}_3 = \left(\frac{2}{3\pi}\left(\frac{u_\varepsilon}{u^0(r)}\right)^3 \int\limits_0^{\varphi_\varepsilon} \cos^2\varphi\, d\varphi\right)\overline{\mathfrak{M}}_{\text{elast}}; \qquad \mathfrak{M}_4 = \left(\frac{8}{3\pi}\int\limits_0^{\varphi_1}\frac{d\varphi}{\cos\varphi}\right)\overline{\mathfrak{M}}_{\text{elast}}, \end{aligned}\right\} \tag{35}$$

mit dem elastischen Moment

$$\overline{\mathfrak{M}}_{\text{elast}} = \frac{\pi r^3 \bar{\sigma}_0}{2\nu^0}.$$

Die Integrationen in (35) können einfach ausgeführt werden. Die unbestimmten Integrale sind:

$$\left.\begin{aligned} &\int \frac{d\varphi}{\cos^4\varphi} = \operatorname{tg}\varphi + \frac{\operatorname{tg}^3\varphi}{3}; \qquad \int \cos^2\varphi\, d\varphi = \frac{1}{2}(\varphi + \sin\varphi\cos\varphi),\\ &\int \frac{d\varphi}{\cos\varphi} = -\ln\operatorname{tg}\left(\frac{\pi/2-\varphi}{2}\right). \end{aligned}\right\} \tag{36}$$

Setzen wir in die sich damit ergebenden Beziehungen für $\mathfrak{M}_1-\mathfrak{M}_4$ die Werte von x_1^0, φ_ε und φ_1 aus (53 III), (55 III) und (49 III):

$$x_1^0 = \frac{r\, t_{\text{elast}}^{0(r)}}{t}; \qquad \cos^2\varphi_\varepsilon = \frac{u^0(r)}{u_\varepsilon}\frac{t_{\text{elast}}^{0(r)}}{t}; \qquad \cos\varphi_1 = \frac{t_{\text{elast}}^{0(r)}}{t} \tag{37}$$

ein, so erhalten wir $\mathfrak{M}$ als Funktion von

$$z = t_{\text{elast}}^{0(r)}/t \tag{38}$$

mit $u_\varepsilon/u^0(r)$ als Parameter. Nach einigen trigonometrischen Umformungen ergibt sich:

$$\left.\begin{aligned} &\frac{\mathfrak{M}_1}{\overline{\mathfrak{M}}_{\text{elast}}} = \frac{1}{z}\left(1-\frac{2}{\pi}\arccos z\right); \qquad \frac{\mathfrak{M}_4}{\overline{\mathfrak{M}}_{\text{elast}}} = \frac{8}{3\pi}\ln\left(\frac{1+\sqrt{1-z^2}-z}{-1+\sqrt{1-z^2}+z}\right),\\ &\frac{\mathfrak{M}_2}{\overline{\mathfrak{M}}_{\text{elast}}} = \frac{2}{9\pi}\left(\sqrt{1-z^2}(2z^2+1) - z^{3/2}\sqrt{\frac{u_\varepsilon}{u^0(r)} - z\left(2z-\frac{u_\varepsilon}{u^0(r)}\right)}\right),\\ &\frac{\mathfrak{M}_3}{\overline{\mathfrak{M}}_{\text{elast}}} = \frac{1}{3\pi}\left(\frac{u_\varepsilon}{u^0(r)}\right)^3\left(\arccos\sqrt{\frac{u^0(r)}{u_\varepsilon}z} + \sqrt{\left(1-\frac{u^0(r)}{u_\varepsilon}z\right)\frac{u^0(r)}{u_\varepsilon}z}\right). \end{aligned}\right\} \tag{39}$$

Tabelle 12 gibt eine Übersicht über die Zahlwerte von $\mathfrak{M}_1-\mathfrak{M}_4$ und $\mathfrak{M}$. Letztere dienten zur Konstruktion der Kurven in Abb. 63.

Tabelle 12. Werte der Teilmomente $\mathfrak{M}_1-\mathfrak{M}_4$ und des Gesamtmoments $\mathfrak{M}$ (bezogen auf das elastische Moment $\overline{\mathfrak{M}}_{\text{elast}}$) bei der plastischen Torsion von Einkristallen mit einem Gleitsystem für verschiedene Verformungszeiten (bezogen auf die Zeitdauer $t^{0\,(r)}_{\text{elast}}$ der plastischen Torsion) $1/z = t/t^{0\,(r)}_{\text{elast}}$, berechnet nach (39).

$1/z$	1	2	10	∞	
$\mathfrak{M}_1/\overline{\mathfrak{M}}_{\text{elast}}$ . .	1	0,67	0,64	0,64	$u^0(r) \geqq u_\varepsilon$
$\mathfrak{M}_2/\overline{\mathfrak{M}}_{\text{elast}}$ . .	0	0,04	0,06	0,07	$u^0(r) = u_\varepsilon$
	0	0,09	0,07	0,07	$u^0(r) = \infty$
$\mathfrak{M}_3/\overline{\mathfrak{M}}_{\text{elast}}$ . .	0	0,14	0,16	0,17	$u^0(r) = u_\varepsilon$
	0	0	0	0	$u^0(r) = \infty$
$\mathfrak{M}_4/\overline{\mathfrak{M}}_{\text{elast}}$ . .	0	1,11	5,82	∞	$u^0(r) \geqq u_\varepsilon$
$\mathfrak{M}/\overline{\mathfrak{M}}_{\text{elast}}$ . .	1	1,6	6,24	∞	$u^0(r) = u_\varepsilon$
	1	1,69	6,39	∞	$u^0(r) = \infty$

Bei einem Kristall mit mehreren Gleitsystemen betrachten wir einen Sektor $\varphi = 0 - \varphi'$, in dem ein Gleitsystem wirksam ist. Die bisherigen Ausdrücke für die Teilmomente bleiben bis auf die Multiplikation mit $^1/_4$ (da sie sich nur auf einen der vier gleichwertigen Sektoren beziehen) und die Änderung der Integrationsgrenzen, für welche φ' die obere Grenze ist, bestehen. Bis zur Zeit $t = t^{0\,(r)}_{\text{elast}}$ ist die Verformung elastisch, das Torsionsmoment beträgt nach (67 III):

$$\overline{\mathfrak{M}}'_{\text{elast}} = \frac{\varphi'}{2\pi}\,\overline{\mathfrak{M}}_{\text{elast}}. \tag{40}$$

Von da an nimmt zunächst φ_1, dann φ_ε den Grenzwert φ' an. Die Zeiten t'_1 und t'_ε, bei welchen das zutrifft, sind nach (68 III) und (69 III) bestimmt durch:

$$\cos\varphi' = \frac{t^{0\,(r)}_{\text{elast}}}{t'_1}\,; \qquad \cos^2\varphi' = \frac{u^0(r)}{u_\varepsilon}\,\frac{t^{0\,(r)}_{\text{elast}}}{t'_\varepsilon}. \tag{41}$$

Für das Gesamtmoment $\mathfrak{M}'$ des Sektors wird dann nach (35) und (40) [der Ausdruck für $\mathfrak{M}'_1$ ist bereits in (70 III) angegeben]:

$$\left.\begin{aligned}
&\mathfrak{M}' = \mathfrak{M}'_1 - \mathfrak{M}'_2 - \mathfrak{M}'_3 + \mathfrak{M}'_4,\\
&\frac{\mathfrak{M}'_2}{\overline{\mathfrak{M}}'_{\text{elast}}} = \frac{1}{3\varphi'}\left(\frac{x_1^0}{r}\right)^3 \int_{\varphi_\varepsilon}^{\varphi_1} \frac{d\varphi}{\cos^4\varphi}\,; \qquad \frac{\mathfrak{M}'_4}{\overline{\mathfrak{M}}'_{\text{elast}}} = \frac{4}{3\varphi'}\int_0^{\varphi_1}\frac{d\varphi}{\cos\varphi},\\
&\frac{\mathfrak{M}'_3}{\overline{\mathfrak{M}}'_{\text{elast}}} = \frac{1}{3\varphi'}\left(\frac{u_\varepsilon}{u^0(r)}\right)^3 \int_0^{\varphi_\varepsilon} \cos^2\varphi\, d\varphi. \qquad \left(\begin{aligned}\varphi_1 &= \varphi' \text{ für } t \geqq t'_1\\ \varphi_\varepsilon &= \varphi' \text{ für } t \geqq t'_\varepsilon\end{aligned}\right)
\end{aligned}\right\} \tag{42}$$

Die Integrationen sind nach (36) auszuführen.

Wir berechnen nun die Werte der Teilmomente für $u^0(r) = u_\varepsilon$ und $t = t'_1$ sowie $t = t'_\varepsilon$.

Für $t = t_1'$ ist nach (37) und (41):

$$\varphi_1 = \varphi'; \quad \cos^2\varphi_\varepsilon = \cos\varphi'; \quad x_1^0/r = \cos\varphi'.$$

Damit wird:

$$\left.\begin{aligned} &\mathfrak{M}_1' = 0; \quad \frac{\mathfrak{M}_2'}{\overline{\mathfrak{M}}_{\text{elast}}'} = \frac{\cos^3\varphi'}{3\varphi'}\left(\operatorname{tg}\varphi' - \operatorname{tg}\varphi_\varepsilon + \frac{1}{3}(\operatorname{tg}^3\varphi' - \operatorname{tg}^3\varphi_\varepsilon)\right), \\ &\frac{\mathfrak{M}_3'}{\overline{\mathfrak{M}}_{\text{elast}}'} = \frac{1}{6\varphi'}(\varphi_\varepsilon + \sin\varphi_\varepsilon\cos\varphi_\varepsilon); \quad \frac{\mathfrak{M}_4'}{\overline{\mathfrak{M}}_{\text{elast}}'} = -\frac{4}{3\varphi'}\ln\operatorname{tg}\left(\frac{\pi/2 - \varphi'}{2}\right). \end{aligned}\right\} \quad (43)$$

Für $t = t_\varepsilon'$ ist nach (37) und (41):

$$\varphi_\varepsilon = \varphi_1 = \varphi'.$$

Damit wird:

$$\mathfrak{M}_1' = \mathfrak{M}_2' = 0; \quad \frac{\mathfrak{M}_3'}{\overline{\mathfrak{M}}_{\text{elast}}'} = \frac{1}{6}\left(1 + \frac{\sin\varphi'\cos\varphi'}{\varphi'}\right); \quad \mathfrak{M}_4' \text{ wie in (43).} \quad (44)$$

Eine Übersicht über die Werte von $\mathfrak{M}_2' + \mathfrak{M}_3'$, $\mathfrak{M}_4'$ und $\mathfrak{M}'$ in beiden Fällen für verschiedene Werte von φ' gibt Tabelle 13. Man erkennt aus dieser Tabelle die in **21b** erwähnte Tatsache, daß $\mathfrak{M}_2' + \mathfrak{M}_3'$ für $t = t_1'$ und $t = t_\varepsilon'$ ungefähr dieselben Werte besitzt und daher $\mathfrak{M}$ von $t = t_1'$ an seinen Wert nicht mehr merklich ändert. Die mit den angegebenen Mittelwerten von $\mathfrak{M}_2' + \mathfrak{M}_3'$ erhaltenen Zahlwerte von $\mathfrak{M}'$ dienten zur Konstruktion der Kurve für $u^0(r) = u_\varepsilon$ in Abb. 64.

Tabelle 13. Werte der Teilmomente $\mathfrak{M}_2' + \mathfrak{M}_3'$ und $\mathfrak{M}_4'$ und des Gesamtmoments $\mathfrak{M}'$ (bezogen auf das elastische Moment $\overline{\mathfrak{M}}_{\text{elast}}'$) eines Sektors $\varphi = 0 - \varphi'$, in dem ein Gleitsystem wirksam ist, bei der plastischen Torsion eines Kristalls mit mehreren Gleitsystemen für verschiedene Werte von φ'.

φ'	0°	15°	30°	45°	60°	75°	90°	
$(\mathfrak{M}_2' + \mathfrak{M}_3')/\overline{\mathfrak{M}}_{\text{elast}}'$ . .	0,33	0,33	0,32	0,31	0,29	0,26	0,24	$t = t_1'$
	0,33	0,33	0,30	0,27	0,23	0,20	0,17	$t = t_\varepsilon'$
Mittelwert	0,33	0,33	0,31	0,29	0,26	0,23	0,20	$t \geqq t_1'$
$\mathfrak{M}_4'/\overline{\mathfrak{M}}_{\text{elast}}'$	1,33	1,35	1,39	1,50	1,67	2,13	∞	
$\mathfrak{M}'/\overline{\mathfrak{M}}_{\text{elast}}'$	1,00	1,02	1,08	1,21	1,41	1,90	∞	

Für $u^0(r) \gg u_\varepsilon$ werden, wie in **21b** ausgeführt wurde, die Teilmomente $\mathfrak{M}_1'$—$\mathfrak{M}_3'$ praktisch unmittelbar nach Beginn der plastischen Verformung verschwindend klein, so daß in diesem Falle $\mathfrak{M} = \mathfrak{M}_4'$ ist. Die in Tabelle 13 angegebenen Werte von $\mathfrak{M}_4'$ dienten zur Konstruktion der Kurve für $u^0(r) = \infty$ in Abb. 64.

c) Integration der Zustandsgleichung (81 III) für gebogene Einkristalle. Wir multiplizieren die Zustandsgleichung

$$\sigma' = \sigma + \frac{dU}{da}$$

mit $x \cdot df(x)/\mu$ durch (x Abstand von der neutralen Faser; $df(x)$ Flächenelement im Abstand x; $\mu = \sin\chi \cos\lambda$ Orientierungsfaktor) und integrieren über den ganzen Querschnitt. Die Integrale von σ' und σ ergeben die Biegemomente $\mathfrak{M}$ und $\mathfrak{M}_\sigma$. Zur Auswertung des Integrals von dE/da formen wir den Integranden um: Nach (8 III) und (11 III) beträgt die Dehnungszunahme der Faser im Abstand x:

$$dD = \frac{dl}{l} = \frac{l^0\,dD^0}{l} = \frac{x}{l}\,d\left(\frac{l^0}{\varrho}\right) = \frac{x}{l}\,d\alpha$$

(ϱ Krümmungshalbmesser des gebogenen Kristalls, α Winkel zwischen den beiden Endquerschnitten, vgl. Abb. 55). Damit wird nach (8 I):

$$da = \frac{dD}{\mu} = \frac{x}{\mu l}\,d\alpha \quad \text{oder} \quad \frac{d\alpha}{da}\,\frac{x}{\mu} = l.$$

Mit dieser Beziehung wird:

$$\int_{-r}^{+r} \frac{x}{\mu}\,\frac{dU}{da}\,df(x) = \int_{-r}^{+r} \frac{dU}{d\alpha}\,l\,df(x) = \frac{d}{d\alpha}\left(\int_{-r}^{+r} U\,l\,df(x)\right).$$

$l\,df(x)$ ist das Volumen der Faser im Abstand x mit dem Querschnitt $df(x)$. Das Integral gibt also die Energie U_V der elastischen Verzerrungen der Gleitlamellen des ganzen Kristalls an. Insgesamt erhalten wir somit die Beziehung (83a III).

d) Beitrag der Verbiegung der Gleitlamellen zur Spannungsverfestigung in einem gebogenen Kristall mit einem Gleitsystem. (Zu 22c). In einem elastischen gebogenen Kristall beträgt die Energiezunahme während einer kleinen Zunahme $d\alpha$ des Winkels α zwischen den Endquerschnitten $\mathfrak{M}_{Kr}\,d\alpha$, wenn $\mathfrak{M}_{Kr}$ das Biegemoment ist. Mit $S(r) = ED^0(r)$ (E Elastizitätsmodul) $= Er\alpha/l^0$ [nach (11 III)] wird nach (13) für einen Kristall mit rechteckigem Querschnitt $(2r, 2b)$:

$$\mathfrak{M}_{Kr} = \frac{E\overset{\square}{J}(r)}{l^0}\,\alpha = \frac{E\overset{\square}{J}(r)}{\varrho}. \tag{45}$$

Die gesamte elastische Energie des Kristalls beträgt somit:

$$U_{Kr} = \int_0^\alpha \mathfrak{M}_{Kr}\,d\alpha = \frac{E\overset{\square}{J}(r)}{2l^0}\,\alpha^2 = \frac{E\,l^0\overset{\square}{J}(r)}{2\varrho^2}. \tag{46}$$

Eine elastisch gebogene Gleitlamelle mit der Dicke $2\,\delta$ hat nach (46) die Energie (l^0, r, b sind zu ersetzen durch $2r, \delta, b$): $Er\overset{\square}{J}(\delta)/\varrho^2 = Er\overset{\square}{J}(\delta)\,\alpha^2/(l^0)^2$, wenn wir wie in **22c** die Annahme machen, daß die Lamelle im Ausgangszustand senkrecht zur Kristallachse liegt und im gebogenen Zustand denselben Krümmungshalbmesser ϱ hat wie der

Kristall. Da die Anzahl der Gleitlamellen dann $l^0/2\delta$ beträgt, so ist ihre gesamte Biegungsenergie:

$$U_V^\delta = \frac{E r \overset{\square}{J}(\delta)}{2 l^0 \delta} \alpha^2, \tag{47a}$$

und ihr Beitrag zur Spannungsverfestigung:

$$\mathfrak{M}_V^\delta = \frac{d U_{\mathrm{Gl}}^\delta}{d\alpha} = \frac{E r \overset{\square}{J}(\delta)}{l^0 \delta} \alpha. \tag{47b}$$

Mit (19) erhalten wir aus (45) und (47b) die Beziehung (89a III).

In entsprechender Weise ergibt sich die Energie der Verzerrungen der Gleitlamellen infolge der submikroskopischen Unstetigkeit der Gleitung, wenn wir in (46) r durch $L/2$ ersetzen und mit der Zahl $2r/L$ der Stäbchen der Dicke L multiplizieren, zu

$$U_V^L = \frac{E r \overset{\square}{J}(L/2)}{l^0 L} \alpha^2. \tag{48a}$$

Der Beitrag zur Spannungsverfestigung wird damit:

$$\mathfrak{M}_V^L = \frac{d U_V^L}{d\alpha} = \frac{E r \overset{\square}{J}(L/2)}{l^0 L/2} \alpha. \tag{48b}$$

Mit (19) erhalten wir aus (45) und (48b) die Beziehung (91a III).

30. Auflösung der Gleichgewichtsbedingungen (124 I) und (130 I) für das Bestehen einer wahren Kriechgrenze bei Einkristallen.

Wir schreiben die Gleichungen in der Form:

$$c \frac{\partial F}{\partial \gamma_1} + \frac{\sigma}{\sigma_{01}} = f_1(\alpha; \gamma_1, \gamma_2^*; \Pi_0) = \frac{\sigma}{\sigma_{01}}, \tag{49a}$$

$$c \frac{\partial F}{\partial \gamma_2^*} + \frac{\sigma}{\sigma_{01}} = f_2(\alpha; \gamma_1, \gamma_2^*; \Pi_0) = \frac{\sigma}{\sigma_{01}}, \tag{49b}$$

mit

$$c = \frac{\pi q}{2\sigma_{01} L_0 v_0}.$$

Zur graphischen Bestimmung der Gleichgewichtswerte von α und σ/σ_{01} geben wir je einen Wert von Π_0 und γ_1 vor und berechnen für verschiedene Werte von γ_2^* die Werte der Funktionen:

$$z_1(\alpha) = f_1(\alpha; \gamma_1, \gamma_2^*; \Pi_0); \; z_2(\alpha) = f_2(\alpha; \gamma_1, \gamma_2^*; \Pi_0). \tag{50}$$

Die Koordinaten der Schnittpunkte dieser Kurven sind die gesuchten Lösungen von (49a) und (49b). Für die Grenzwerte $\alpha = 0$ und $\alpha = 1$ ist:

$$z_1(\alpha) = \sin\gamma_1; \quad z_2(\alpha) = \infty \quad \text{für} \quad \alpha = 0, \tag{51a}$$

$$z_1(\alpha) = z_2(\alpha) = \frac{A_1'}{A_1} \sin(\gamma_1 + \gamma_2^*) \quad \text{für} \quad \alpha = 1. \tag{51b}$$

In Abb. 91 sind mit $A_1'/A_1 = 0{,}9$ für $\Pi_0 = 20$, $\gamma_1 = 0{,}1\,\pi$ und die angegebenen Werte von $\gamma_1 + \gamma_2^*$ die z_1-Kurven (ausgezogen) und z_2-Kurven (strichpunktiert) sowie die sich ergebende (σ/σ_{01}, α-) Gleichgewichtskurve (gestrichelt) gezeichnet. Man erkennt aus dieser Abbildung die in 12 erwähnte Tatsache, daß für $\pi \lesssim \gamma_1 + \gamma_2^* \lesssim 2\pi$ die Gleichgewichtswerte von α sehr klein sind und die Gleichgewichtswerte von σ/σ_{01} praktisch mit dem Wert $\sin\gamma_1$ für $\alpha = 0$ übereinstimmen. Diese α-Werte, welche für die weitere Auswertung der Ergebnisse allein in Frage kommen, können durch Auflösung der Gleichgewichtsbedingungen berechnet werden. (49a) = (124 I) reduziert sich auf:

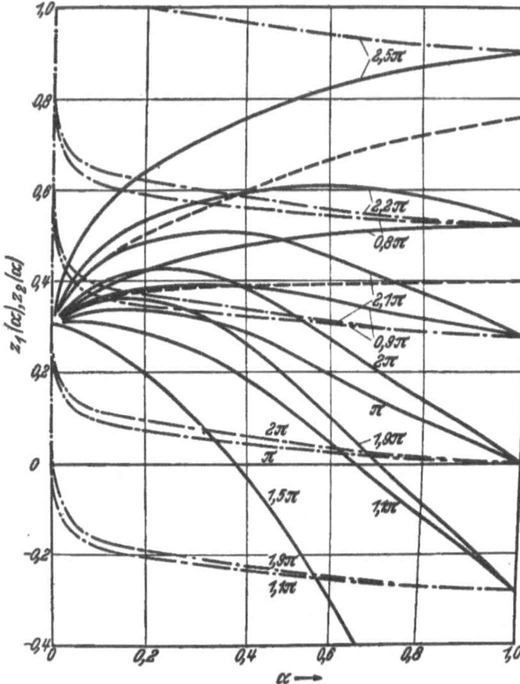

Abb. 91. Nach (50) berechneter Verlauf von $z_1(\alpha)$ (ausgezogen) und $z_2(\alpha)$ (strichpunktiert) mit α für $\Pi_0 = 20$ und $\gamma_1 = 0,1\,\pi$ für die den Kurven angeschriebenen Werte von $\gamma_1 + \gamma_2^*$. Gestrichelt gezeichnet ist die Gleichgewichtskurve (σ/σ_{01}, α).

$$\frac{\sigma}{\sigma_{01}} = \sin\gamma_1 \,. \tag{52}$$

In (49b) = (130 I) ist für hinreichend kleine α $S_i(2\,\alpha\gamma_2^*/\Pi_0)\cos\gamma_1$ [vgl. (118 I)] klein gegenüber allen andern Beiträgen, insbesondere gegenüber $C_i(2\,\alpha\gamma_2^*/\Pi_0)\sin\gamma_1$, und kann gestrichen werden. Mit dem von α unabhängigen Ausdruck

$$\Phi(\gamma_1, \gamma_2^*; \Pi_0) = \frac{A_1'}{A}\sin(\gamma_1 + \gamma_2^*) + \\ + \frac{2}{\Pi_0}\left(S_i\left(\frac{2\gamma_2^*}{\Pi_0}\right)\cos\gamma_1 + C_i\left(\frac{2\gamma_2^*}{\Pi_0}\right)\sin\gamma_1\right) - \sin\gamma_1$$

wird (49b) unter Berücksichtigung von (52):

$$C_i\left(\frac{2\alpha\gamma_2^*}{\Pi_0}\right) = \frac{\Pi_0}{2\sin\gamma_1}\,\Phi(\gamma_1, \gamma_2^*; \Pi_0)\,. \tag{53}$$

Daraus erhalten wir mit der für kleine x gültigen Näherung

$$C_i(x) = -\ln\frac{1}{x} + 0{,}577$$

die Beziehung:

$$\log\left(\frac{\Pi_0}{2\alpha\gamma_2^*}\right) = 0{,}434\left(0{,}577 - \frac{\Pi_0}{2\sin\gamma_1}\,\Phi(\gamma_1, \gamma_2^*; \Pi_0)\right). \tag{54}$$

Aus (52) und (54) können die Gleichgewichtswerte von α für gegebene $\sigma/\sigma_{01}, \gamma_1, \gamma_2^*$ $(\pi \lesssim \gamma_1 + \gamma_2^* \lesssim 2\pi)$ und Π_0 berechnet werden.

Literaturverzeichnis.

Alichanian, A.
1931, 1 = Laschkarew, W. 1.

Alterthum, H.
1924, 1: Z. phys. Chem. **110**, 1. *3.*

Andrade, E. N. da C.
1914, 1: Phil. Mag. **27**, 869. *6.*
1935, 1 und P. J. Hutchings: Proc. roy. Soc., Lond. A **148**, 120. *7.*
1937, 1: Proc. roy. Soc., Lond. A **163**, 16. *3.*
1937, 2 und R. Roscoe: Proc. Phys. Soc. **49**, 152. *7, 23, 79, 136, 138.*
1940, 1: Proc. Phys. Soc. **52**, 1. *5, 136.*

Ansel, G.
1937, 1 = Barret 1 und Mehl.

Ardelt, E.
1939, 1 = Hempel 1.
1939, 2 = Hempel 2.

Arkel, A. E. van.
1925, 1: Physica **61**, 316. *3.*
1928, 1 und W. G. Burgers: Z. Phys. **48**, 690. *126, 240.*
1939, 1: Reine Metalle. Hrsg. von —. Berlin: Julius Springer. *224.*

Barbers, J.
1935, 1 = Möller 1.

Barbier, H.
1939, 1 und K. Löhberg: Metallw. **18**, 735. *237.*

Barret, C. S.
1937, 1 und G. Ansel und R. F. Mehl: Trans. Amer. Soc. Met. **25**, 702. *8.*

Bausch, K.
1935, 1: Z. Phys. **93**, 479. *2, 4, 6, 10, 11, 12, 78, 80.*

Bauschinger, J.
1881, 1: Zivilingenieur **27**, 299. *202.*

Beck, P.
1931, 1 und M. Polanyi: Naturwiss. **19**, 505. *201.*
1931, 2 und M. Polanyi: Z. Elektrochem. **37**, 521. *201.*

Becker, E.
1929, 1 = Föppl, O. 1 und v. Heydekampf.

Becker, R.
1925, 1: Phys. Z. **26**, 919. *59, 75, 77.*
1926, 1: Z. techn. Phys. **7**, 547. *245.*
1939, 1 und W. Döring: Ferromagnetismus. Berlin: Julius Springer. *198.*

Bernhardt, E.
1938, 1 und H. Hanemann: Z. Metallkde. **30**, 401. *256, 258.*

Betty, B.
1935, 1 = Moore 1 und Dollins.

Blank, F.
1929, 1 und F. Urbach: Wiener Ber. **138**, 701. *2.*

Boas, W.
1929, 1 und E. Schmid: Z. Phys. **54**, 16. *26.*
1930, 1 und E. Schmid: Z. Phys. **61**, 767. *29.*
1931, 1 und E. Schmid: Metallw. **10**, 917. *4.*
1931, 2 und E. Schmid: Z. techn. Phys. **12**, 71. *221.*
1931, 3 und E. Schmid: Z. Phys. **71**, 703. *29, 232.*
1935, 1 = Schmid 1.
1936, 1 und E. Schmid: Z. Phys. **100**, 463. *77, 80, 81.*
1937, 1 Z. Kristallogr. **97**, 354. *14.*

Bollenrath, F.
1938, 1 und E. Schiedt: Z. VDI **82**, 1094. *239, 269.*
1939, 1 und E. Osswald: Z. Metallkde. **31**, 151. *250.*
1939, 2 und V. Hauk und E. Osswald: Z. VDI **83**, 129. *239, 269.*
1940, 1 und E. Osswald: Z. VDI **84**, 539. *239, 269.*

Bragg, W. L.
1926, 1 und C. G. Darwin und W. R. James: Phil. Mag. **1**, 897. *61.*
1940, 1 Proc. Phys. Soc. **52**, 105. *62.*

Bridgman, P. W.
1925, 1 Proc. Amer. Acad. **60**, 305, *2, 3.*
1926, 1 Z. Metallkde. **18**, 90. *2, 3.*
1933, 1 Proc. Amer. Acad. **68**, 95. *2, 3.*

Brill, R.
1938, 1 = Renninger 1.

Budgen, H. P.
1924, 1 = Lea 1.

Buerger, M. J.
1934, 1: Z. Kristallogr. **89**, 195. *1.*

Bugakow, W.
1931, 1 = Davidenkow 1.

Bungardt, K.
1939, 1 = Handbuch der Werkstoffprüfung 1, S. 311. *212.*

Burgers, J. M.
1935, 1 = Burgers, W. G. 1. *1, 56, 84.*
1938, 1: Verh. d. Königl. Akad. d. Wiss. Amsterdam, 1. Abtlg. **16**, 200. *1, 56, 80.*
1939, 1: Proc. Königl. Akad. d. Wiss. Amsterdam **42**, 293. *69, 127, 130.*
1939, 2: Proc. Königl. Akad. d. Wiss. Amsterdam **42**, 315. *69, 127, 130.*
1939, 3: Proc. Königl. Akad. d. Wiss. Amsterdam **42**, 378. *69, 127, 130.*
1940, 1: Proc. Phys. Soc. **52**, 23. *80, 122.*

Burgers, W. G.
1928, 1 = van Arkel 1.
1931, 1 und P. C. Louwerse: Z. Phys. **67**, 605. *14.*
1935, 1 und J. M. Burgers: Verh. d. Königl. Akad. d. Wiss. Amsterdam, 1. Abtlg. **15**, 173. *1, 56, 84.* (Zusatz bei der Korrektur: Die 2. Aufl. erschien 1939.)
1937, 1 in R. Houwink: Elasticity, plasticity and structure of matter, S. 71. Cambridge: University Press. *1, 56.*
1938, 1 in R. Houwink: Elastizität, Plastizität und Struktur der Materie, S. 71. Dresden u. Leipzig: Th. Steinkopff. *1, 56.*

Burkhardt, A.
1940, 1: Technologie der Zinklegierungen, 2. Aufl. Reine und angewandte Metallkunde in Einzeldarstellungen. Hrsg. v. W. Köster. Bd. 1. Berlin: Julius Springer. *237.*

Caglioti, V.
1932, 1 und G. Sachs: Z. Phys. **74**, 647. *199, 238.*

Carpenter, H. C. H.
1921, 1 und C. F. Elam: Proc. roy. Soc., Lond. A **100**, 329. *2.*
1930, 1: Bull. Inst. Min. Metal. Eng. Nr. 357, 13. *2.*
1939, 1 und J. M. Robertson: Metals. Oxford: University Press. *[203.*

Cazaud, R.
1937, 1 und L. Persoz: La fatigue des metaux. Paris: Dunod. *253.*

Chalmers, B.
1935, 1: Proc. Phys. Soc. **47**, 733. *2, 3.*
1936, 1: Proc. roy. Soc., Lond. A **156**, 427. *37, 38, 80, 138.*
1937, 1: Proc. roy. Soc., Lond. A **162**, 120. *221, 222.*

Chow, Y. S.
1937, 1 = Tsien 1.

Clenshaw, W. J.
1927, 1 = Tapsel 1.

Cox, H. L.
1930, 1 = Gough 1.
1930, 2 = Gough 2.
1931, 1 = Gough 1.

Czochralski, J.
1917, 1: Z. phys. Chem. **92**, 219. *2.*
1924, 1: Moderne Metallkunde in Theorie und Praxis. Berlin: Julius Springer. *2.*
1924, 2: Proc. Int. Congr. Appl. Mech. Delft, S. 67. *170, 201.*
1925, 1: Z. Metallkde. **17**, 1. *12, 201.*

Darwin, C. G.
1922, 1: Phil. Mag. **43**, 800. *61.*
1926, 1 = Bragg 1 und James.

Davidenkow, B. N.
1931, 1 und W. Bugakow: Metallw. **10**, 1. *270.*

Dehlinger, U.
1927, 1: Z. Kristallogr. **65**, 615. *14.*
1929, 1: Ann. Phys. **2**, 749. *67, 249.*
1929, 2: Naturwiss. **17**, 545. *267.*
1931, 1: Z. Metallkde. **23**, 147. *14.*
1931, 2: Metallw. **10**, 26. *267.*
1933, 1 und F. Gisen: Phys. Z. **34**, 836. *39, 41, 57, 61, 114, 116.*
1934, 1 und F. Gisen: Phys. Z. **35**, 862. *30, 40, 57, 61, 62, 65, 114, 193, 241.*

1937, 1: Z. Phys. **105**, 21. *99.*
1939, 1 und A. Kochendörfer: Z. Kristallogr. **101**, 134. *8, 14, 63, 198, 238, 268.*
1939, 2 und A. Kochendörfer: Z. Metallkde. **31**, 231. *8, 14, 63, 198, 238, 268.*
1939, 3: Z. Metallkde. **31**, 187. *10, 40, 213, 242.*
1939, 4: Chemische Physik der Metalle und Legierungen. Physik und Chemie in Einzeldarstellungen. Bd. 3. Leipzig: Akad. Verlagsges. *56, 58, 99, 106, 115, 127, 131.*
1940, 1: Z. Phys. **115**, 625. *146, 194, 242, 262, 267, 277.*
1940, 2: Z. Metallkde. **32**, 199. *262, 273.*
1940, 3 und A. Kochendörfer: Z. Phys. **116**, 576. *99, 127.*
1941, 1: Z. Metallkde. **33**, 16. *195, 200.*
1941, 2: Metallw. **20**, 159. *99.*
1941, 3 und A. Kochendörfer, H. Held und E. Lörcher. Mitgeteilt auf der Arbeitstagung des K.-Wilh.-Inst. für Metallforschung, Stuttgart, März 1941. Erscheint in Z. Metallkde. *239.*

Dollins, W.
1935, 1 = Moore 1 und Betty.

Donat, E.
1933, 1 und A. Stierstadt. Ann. Phys. **17**, 897. *2.*

Dörge, F.
1936, 1 = Werkstoffhandbuch Nichteisenmetalle 1940, 1, Beitrag H. 3. [*227.*

Döring, W.
1939, 1 = Becker, R. 1.

Eckstein, J.
1939, 1: C. R. Acad. Sci., Paris **208**, 1098. *60.*

Eichinger, A.
1940, 1 = Körber 1.

Elam, C. F.
1921, 1 = Carpenter 1.
1923, 1 = Taylor 1.
1925, 1 = Taylor 1.
1926, 1: Proc. roy. Soc., Lond. A **112**, 289. *55.*
1927, 1: Proc. roy. Soc., Lond. A **115**, 133. *56.*
1927, 2: Proc. roy. Soc., Lond. A **115**, 148. *56.*
1927, 3: Proc. roy. Soc., Lond. A **116**, 694. *56.*
1935, 1: Distortion of metal crystals. Oxford: Clarendon Press. *I, 1, 5, 18.*
1936, 1: Proc. roy. Soc., Lond. A **153**, 273. *8, 211, 226.*

Emde, F.
1933, 1 = Jahnke 1.

Enders, W.
1934, 1: Mitt. K.-Wilh.-Inst. Eisenf. **10**, 159. *245.*

Engelhardt, W.
1940, 1 = Werkstoffhandbuch Nichteisenmetalle 1. Beitrag D 7. *212.*

Eucken, A.
1938, 1: Lehrbuch der chemischen Physik. Bd. 1. Leipzig: Akad. Verlagsges. *60.*

Evans, R. C.
1939, 1: Crystal chemistry. Cambridge: University Press. *131.*

Ewald, P. P.
1929, 1: Lehrbuch der Physik. Von Müller-Pouillet. 11. Aufl., Bd. 1/2. Braunschweig: F. Vieweg & Sohn. *18, 53, 54.*
1933, 1: Handbuch der Physik. 2. Aufl., Bd. 23/2. Berlin: Julius Springer. *61.*
1934, 1 und M. Renninger: Pap. and Disc. Intern. Conf. on Phys. Lond. Bd. 2, S. 57. *61.*
1936, 1: Naturwiss. **24**, 277. *I.*
1940, 1: Proc. Phys. Soc. **52**, 167. *61.*

Ewald, W.
1925, 1 und M. Polanyi: Z. Phys. **31**, 139. *201.*

Ewing, G. A.
1900, 1 und W. Rosenhain: Phil. Trans. roy. Soc. Lond. A **193**. *6.*

Fahrenhorst, W.
1931, 1 und E. Schmid: Z. Metallkde. **23**, 323. *143.*
1932, 1 und E. Schmid: Z. Phys. **78**, 383. *8, 211, 226.*

Farren, W. S.
1926, 1 = Taylor 1.

Federn, K.
1939, 1 = Thum 1.

Fiek, G.
1926, 1 = Sachs 2.
Fischvoigt, H.
1925, 1 = Koref 1.
Föppl, L.
1935, 1 und H. Neuber: Festigkeitslehre mittels Spannungsoptik. München u. Berlin: R. Oldenbourg. *197.*
Föppl, O.
1929, 1 und E. Becker und G. v. Heydekampf: Die Dauerprüfung der Werkstoffe. Berlin: Julius Springer. *253.*
Förster, F.
1941, 1 und K. Stambke: Z. Metallkde. **33**, 97. *252.*
1941, 2 und H. Wetzel: Z. Metallkde. **33**, 115. *198.*
Frenkel, J.
1939, 1 und T. Kontorova: J. Physics **1**, 137. *68, 97, 98, 99, 110, 195.*
Froiman, A. J.
1933, 1 = Palabin 1.

George, W.
1935, 1: Nature **36**, 392. *1.*
Gerlach, W.
1939, 1 und W. Hartnagel: Sitz.-Ber. d. Bayr. Akad. d. Wiss., Math. Naturwiss. Klasse S. 97. *241*
Gisen, F.
1933, 1 = Dehlinger 1.
1934, 1 = Dehlinger 1.
1935, 1: Z. Metallkde. **27**, 256. *3.*
Glocker, R.
1936, 1: Materialprüfung mit Röntgenstrahlen. 2. Aufl. Berlin: Julius Springer. *3, 203, 204, 206.*
1938, 1: Z. techn. Phys. **19**, 289. *250.*
1938, 2 und G. Kemmnitz: Z. Metallkde. **30**, 1. *271.*
1940, 1 und G. Kemmnitz und A. Schaal: Arch. Eisenbahnw. **13**, 89. *271.*
1940, 2 und H. Hasenmaier: Z. VDI **84**, 825. *269, 270.*
1940, 3 = Handbuch der Werkstoffprüfung 1. S. 589. *197.*
1941, 1 und O. Schaaber. Mitgeteilt auf der Arbeitstagung des K.-Wilh.-Inst. für Metallforschung, Stuttgart, März 1941. *270.*

Goens, E.
1923, 1 = Grüneisen 1.
Goerens, P.
1913, 1: Ferrum **10**, 226. *240.*
Goetz, A.
1930, 1: Phys. Rev. **35**, 193. *2, 3.*
1930, 2 und M. F. Hasler: Proc. nat. Acad. Sci., Wash. **15**, 646. *2.*
Göler, F. K. v.
1927, 1 und G. Sachs: Z. Phys. **41**, 103. *53.*
1927, 2 und G. Sachs: Z. techn. Phys. **8**, 586. *53.*
1927, 3 und G. Sachs: Z. Phys. **41**, 873. *205.*
Gottschalt, P.
1940, 1 = Kersten 1.
Gough, H. J.
1926, 1 und S. J. Wright und D. Hanson: J. Inst. Met. **36**, 173. *155, 262, 280.*
1926, 2: The fatigue of metals. London: E. Benn. *253.*
1928, 1: Proc. roy. Soc., Lond. A **118**, 498. *8, 9, 155, 262.*
1930, 1 und H. L. Cox: Proc. roy. Soc. Lond. A. **127**, 431. *155, 262.*
1930, 2 und H. L. Cox: Proc. roy. Soc., Lond. A **127**, 453. *155, 262.*
1931, 1 und H. L. Cox: J. Inst. Met. **45**, 71. *6, 155.*
1933, 1: Proc. Amer. Soc. Test. Mater. **33**, II. Edg. Marb. Lect. *14.*
1936, 1 und W. A. Wood: Proc. roy. Soc., Lond. A **154**, 510. *260, 262.*
1938, 1 und W. A. Wood: Proc. roy. Soc., Lond. A **165**, 358. *260, 262.*
1938, 2 und W. A. Wood: J. Instn. civ. Engrs. Nr. 5, 249. *260, 262.*
Graf, L.
1931, 1: Z. Phys. **67**, 388. *2.*
Graf, O.
1929, 1: Dauerfestigkeit der Werkstoffe und Konstruktionselemente. Berlin: Julius Springer. *253.*
Greenland, K. M.
1937, 1: Proc. roy. Soc., Lond. A **163**, 28. *8, 9, 122, 132.*
Gross, R.
1924, 1: Z. Metallkde. **16**, 18. *158.*
1924, 2: Z. Metallkde. **16**, 344. *158.*

Grüneisen, E.
1923, 1 und E. Goens: Phys. Z. **24**, 506. *2.*
Gruschka, G.
1934, 1: VDI-Forsch.-Heft S. 364. *212.*
Guertler, W.
1939, 1: Metalltechnisches Taschenbuch. Leipzig: J. A. Barth. *211, 212.*
Gürtler, G.
1939, 1 und W. Jung-König und E. Schmid: Aluminium **21**, 202. *213, 214.*
1939, 2 und E. Schmid: Z. VDI **83**, 749. *214, 215, 244, 247, 257, 259.*

Haas, W. J. De.
1934, 1 und R. Hatfield: Engineering **137**, 331. *212.*
Haase, O.
1925, 1 und E. Schmid: Z. Phys. **33**, 413. *27.*
Handbuch der Werkstoffprüfung. Hrsg. von E. Siebel. Berlin: Julius Springer.
1939, 1: Bd. 2. Die Prüfung der metallischen Werkstoffe. *203, 208, 212, 258.*
1940, 1: Bd. 1. Allgemeine Grundlagen. Prüf- und Meßeinrichtungen. *203.*
Hanemann, H.
1938, 1 = Bernhardt 1.
1938, 2 = v. Hanffstengel 1.
Hanffstengel, H. v.
1938, 1 und H. Hanemann: Z. Metallkde. **30**, 45. *245.*
Hanson, D.
1926, 1 = Gough 1 und Wright.
Hartnagel, W.
1939, 1 = Gerlach 1.
Hasenmaier, H.
1940, 1 = Glocker 2.
Hasler, M. F.
1930, 1 = Goetz 2.
Hatfield, R.
1934, 1 = de Haas 1.
Hauk, V.
1939, 1 = Bollenrath 2 und Osswald.
Hausser, K. W.
1927, 1 und P. Scholz: Wiss. Veröff. Siemens-Konz. **5**, 144. *2.*

Held, H.
1938, 1: Stuttgarter Diplomarbeit. *34, 148, 149, 150, 153, 154, 157, 169, 170.*
1940, 1: Z. Metallkde. **32**, 201. *4, 139, 140, 141, 142, 145, 202, 266, 275.*
1941, 1 = Dehlinger 3, Kochendörfer und Lörcher.
Hempel, M.
1935, 1 = Körber 1.
1936, 1 und H. E. Tillmanns: Mitt. K.-Wilh.-Inst. Eisenforschg. **18**, 163. *214, 256, 258, 278.*
1936, 2 und H. E. Tillmanns: Arch. Eisenhüttenw. **10**, 395. *256.*
1938, 1 = Möller 1.
1938, 2 = Möller 2.
1938, 3 = Wever 1 und Möller.
1939, 1 und E. Ardelt: Mitt. K.-Wilh.-Inst. Eisenforschg. **21**, 115. *256.*
1939, 2 und E. Ardelt: Arch. Eisenhüttenw. **12**, 553. *256.*
1939, 3 = Wever 1 und Möller.
Herold, W.
1927, 1: Z. VDI **71**, 1029. *262.*
1934, 1: Die Wechselfestigkeit metallischer Werkstoffe. Berlin u. Wien: Julius Springer. *253, 256, 258, 271.*
Heydekampf, G. v.
1929, 1 = Föppl, O. 1 und E. Becker.
Heyn, E.
1921, 1: Festschrift d. Kaiser-Wilh.-Ges., S. 121. *198.*
Houdremont, E.
1939, 1: Techn. Mitt. Krupp, Anhg. S. 1. *271.*
Hoyem, A. G.
1929, 1 und E. P. T. Tyndall: Phys. Rev. **33**, 81. *1.*
Hutchings, P. J.
1935, 1 = Andrade 1.

Jahnke, E.
1933, 1 und E. Emde: Funktionentafeln. Leipzig u. Berlin: B. G. Teubner. *105.*
James, R. W.
1926, 1 = Bragg 1 und Darwin.
1934, 1: Z. Kristallogr. **89**, 295. *61.*

Jost, W.
1937, 1: Diffusion und chemische Reaktion in festen Stoffen. Die chemische Reaktion. Bd. 2. Dresden u. Leipzig: Th. Steinkopff. *58.*

Jung-König, W.
1939, 1 = Gürtler, G. 1 und Schmid.

Kapitza, P.
1928, 1: Proc. roy. Soc., Lond. A **119**, 358. *2, 3.*

Karnop, R.
1927, 1 und G. Sachs: Z. Phys. **41**, 116. *26, 55.*
1927, 2 und G. Sachs: Z. Phys. **42**, 283. *14.*
1928, 1 und G. Sachs: Z. Phys. **49**, 480. *30, 227, 231.*
1929, 1 und G. Sachs: Z. Phys. **53**, 605. *155, 156, 185, 186, 187.*

Kemmnitz, G.
1938, 1 = Glocker 2.
1939, 1: Z. techn. Phys. **20**, 129. *271.*
1940, 1 = Glocker 1 und Schaal.

Kersten, M.
1932, 1: Z. Phys. **76**, 505. *238.*
1933, 1: Z. Phys. **82**, 723. *238.*
1938, 1: Probleme der technischen Magnetisierungskurve, Vorträge. Hrsg. von R. Becker. S. 51. Berlin: Julius Springer. *198.*
1939, 1: Elektrotechn. Z. **60**, 498 u. 532. *198.*
1940, 1 und P. Gottschalt: Z. techn. Phys. **21**, 345. *198.*

Kochendörfer, A.
1937, 1: Z. Kristallogr. **97**, 263. *2, 3, 6, 10, 12, 23, 24, 31, 32, 34, 43, 44, 45, 48, 51, 84, 90, 139, 175.*
1938, 1: Z. Phys. **108**, 244. *29, 73, 76, 79, 82, 87, 89.*
1938, 2: Z. Metallkde. **30**, 174. *10, 43, 47, 68, 71.*
1938, 3: Z. Metallkde. **30**, 299. *58, 62, 66, 68, 73, 119, 125, 128.*
1939, 1: Z. Kristallogr. **101**, 149. *14.*
1939, 2 = Dehlinger 1.
1939, 3 = Dehlinger 2.
1940, 1 = Dehlinger 3.
1941, 1 = Dehlinger 3, Held und Lörcher.

Komar, A. P.
1936, 1: Z. Kristallogr. **94**, 22. *159.*
1936, 2: Phys. Z. Sowjet. **9**, 97 u. 413. *159.*
1936, 3 und M. Mochalov: Phys. Z. Sowjet. **9**, 613. *14.*

Kommers, J. B.
1927, 1 = Moore 1.

Konobejewski, S.
1932, 1 und J. Mirer: Z. Kristallogr. **81**, 69. *158.*

Kontorova, T.
1939, 1 = Frenkel 1.

Koref, F.
1925, 1 und H. Fischvoigt: Z. techn. Phys. **6**, 296. *3.*
1926, 1: Z. techn. Phys. **7**, 544. *245.*

Körber, F.
1924, 1 und W. Rohland: Mitt. K.-Wilh.-Inst. Eisenforschg. **5**, 37. *240.*
1935, 1 und M. Hempel: Mitt. K.-Wilh.-Inst. Eisenforschg. **17**, 255. *267.*
1939, 1 und A. Krisch = Handbuch der Werkstoffprüfung 1, S. 31. *208.*
1939, 2: Stahl u. Eisen **59**, 618. *250.*
1940, 1 und A. Eichinger: Mitt. K.-Wilh.-Inst. Eisenforschg. **22**, 57. *VI.*

Kornfeld, M.
1936, 1: Phys. Z. Sowjet. **10**, 605. *35, 36, 41, 116.*

Krainer, H.
1935, 1: Meßtechn. Heft 3. *248.*
1939, 1: Z. Metallkde. **31**, 239. *248.*
1939, 2 = Schmidt, M. 1.

Krisch, A.
1938, 1 = Pomp 1.
1939, 1 = Körber 1.

Kuntze, W.
1930, 1 und G. Sachs. Metallw. **9**, 85. *240.*

Kyropoulos, S.
1926, 1: Z. angew. Chem. **154**, 308. *2.*

Laschkarew, W.
1931, 1 und A. Alichanian: Z. Kristallogr. **80**, 353. *14.*

Lea, F. C.
1924, 1 und H. P. Budgen: Eng. **118**, 500 u. 532. *214.*

Lennard-Jonnes, J. E.
1940, 1: Proc. phys. Soc. **52**, 38. *62.*

Leonhardt, J.
1925, 1: Z. Kristallogr. **61**, 100. *158.*
Liempt, J. A. M. van.
1935, 1: Z. Phys. **96**, 534. *28.*
Löhberg, K.
1939, 1 = Barbier 1.
Lörcher, E.
1939, 1: Unveröffentlichte Versuche unter Mitwirkung von U. Dehlinger und A. Kochendörfer. *34, 148, 150, 153, 154, 157, 200.*
1941, 1 = Dehlinger 3, Kochendörfer und Held.
Louwerse, P. C.
1931, 1 = Burgers, W. G. 1.
Love, A. E. H.
1907, 1 und A. Timpe: Lehrbuch der Elastizität. Leipzig u. Berlin: B. G. Teubner. *197.*
Ludwik, P.
1923, 1: Z. Metallkde. **15**, 68. *262.*
1929, 1 und R. Scheu: Metallw. **8**, 1. *262.*
Mahnke, D.
1934, 1: Z. Phys. **90**, 177. *129.*
Mark, H.
1922, 1 und M. Polanyi und E. Schmid: Z. Phys. **12**, 58. *4, 5, 11.*
1926, 1: Die Verwendung der Röntgenstrahlen in Chemie und Technik. Leipzig: J. A. Barth. *3.*
Martin, G.
1939, 1 = Möller 1.
Masima, M.
1928, 1 und G. Sachs: Z. Phys. **50**, 161. *56.*
Masing, G.
1924, 1: Wiss. Veröff. Siemens-Konz. **3**, 231. *237.*
1924, 2 und M. Polanyi: Ergebn. exakt. Naturw. **2**, 223. *201.*
1925, 1 und W. Mauksch: Wiss. Veröff. Siemens-Konz. **4**, 74. *226, 239.*
1925, 2: Z. techn. Phys. **6**, 569. *226, 237, 239.*
1939, 1: Z. Metallkde. **31**, 235 u. 366. *121.*
Mauksch, W.
1925, 1 = Masing 1.
Mehl, R. F.
1933, 1 = Smith 1.
1937, 1 = Barret 1 und Ansel.
Mesmer, G.
1939, 1: Spannungsoptik. Berlin: Julius Springer. *197.*
Mirer, J.
1932, 1 = Konobejewski 1.
Mises, R. v.
1928, 1: Z. angew. Math. Mech. **8**, 161. *V.*
Mochalov, M.
1936, 1 = Komar 3.
Möller, H.
1935, 1 und J. Barbers: Mitt. K.-Wilh.-Inst. Eisenforschg. **17**, 157. *239, 269.*
1938, 1 und M. Hempel: Mitt. K.-Wilh.-Inst. Eisenforschg. **20**, 15. *260.*
1938, 2 und M. Hempel: Mitt. K.-Wilh.-Inst. Eisenforschg. **20**, 229. *260.*
1938, 3 = Wever 1 und Hempel.
1939, 1 und G. Martin: Mitt. K.-Wilh.-Inst. Eisenforschg. **21**, 261. *250.*
1939, 2: Mitt. K.-Wilh.-Inst. Eisenforschg. **21**, 295. *197, 250.*
1939, 3: Arch. Eisenhüttenw. **13**, 59. *250.*
1939, 4 = Wever 1 und Hempel.
Moore, H. F.
1927, 1 und J. B. Kommers. The fatigue of metals. New York u. London: Mc. Grew Hill. *253.*
1935, 1 und B. Betty und W. Dollins: Univ. Illionis Eng. Exp. Stat. Bull. Nr. 272. *245.*
Mott, N. F.
1940, 1 und F. R. N. Nabarro: Proc. Phys. Soc. **52**, 86. *131.*
Mügge, O.
1898, 1: N. Jahrb. f. Min. **1**, 155. *11.*
Müller, H. G.
1939, 1: Z. Metallkde. **31**, 161. *241.*
Müller-Stock, H.
1938, 1: Mitt. Kohle- u. Eisenforschg. **2**, 83. *258.*

Nabarro, F. R. N.
1940, 1 = Mott 1.
Nádai, A.
1927, 1: Der bildsame Zustand der Werkstoffe. Berlin: Julius Springer. *VI.*

Neuber, H.
1935, 1 = Föppl, L. 1.
1937, 1: Kerbspannungslehre. Berlin: Julius Springer. *64, 271.*

Obinata, J.
1933, 1 und E. Schmid: Z. Phys. **82**, 224. *26.*
Obreimow, J.
1924, 1 und L. W. Schubnikoff: Z. Phys. **25**, 31. *2.*
Orowan, E.
1934, 1: Z. Phys. **89**, 605. *47, 48, 50, 59, 75, 76.*
1935, 1: Z. Phys. **97**, 573. *47, 48, 50, 59, 75.*
1936, 1: Z. Phys. **98**, 382. *82.*
1936, 2: Z. Phys. **102**, 112. *77.*
1939, 1: Proc. roy. Soc., Lond. A **171**, 79. *263, 273.*
Oschatz, H.
1936, 1: Z. VDI **80**, 48. *253.*
Osswald, E.
1933, 1: Z. Phys. **83**, 55. *3, 26, 41.*
1939, 1 = Bollenrath 1.
1939, 2 = Bollenrath 2 und Hauk.
1940, 1 = Bollenrath 1.
Ott, H.
1928, 1: Handbuch d. Exper.-Phys. Bd. 7/2. Leipzig: Akad. Verlagsges. *3.*

Palabin, P. A.
1933, 1 und A. J. Froimann: Z. Kristallogr. **85**, 322. *3.*
Peierls, R.
1940, 1: Proc. Phys. Soc. **52**, 34. *68, 71, 110.*
Persoz, L.
1937, 1 = Cazaud 1.
Pester, F.
1932, 1: Z. Metallkde. **24**, 67 u. 115. *212.*
Pohl, R.
1932, 1: Elektrotechn. Z. **53**, 1099. *254.*
Polanyi, M.
1921, 1: Z. Phys. **7**, 323. *56.*
1922, 1 = Mark 1 und Schmid.
1924, 1 und E. Schmid: Z. techn. Phys. **5**, 580. *216.*
1924, 2 = Masing 2.
1925, 1: Z. Kristallogr. **61**, 49. *11, 194, 195.*
1925, 2 und E. Schmid: Z. Phys. **32**, 684. *7, 8, 138.*
1925, 3 = Ewald, W. 1.
1929, 1 und E. Schmid: Naturwiss. **17**, 301. *48, 56.*
1931, 1 = Beck 1.
1931, 2 = Beck 2.
1934, 1: Z. Phys. **89**, 660. *67, 68, 71.*
Pomp, A.
1928, 1 = Siebel, E. 1.
1931, 1 und B. Zapp: Mitt. K.-Wilh.-Inst. Eisenforschg. **15**, 21. *267.*
1938, 1 und A. Krisch: Mitt. K.-Wilh.-Inst. Eisenforschg. **20**, 247. *213, 215.*

Poppy, W. J.
1934, 1: Phys. Rev. **46**, 815. *1.*
Prandtl, L.
1928, 1: Z. angew. Math. Mech. 8, 85. *67.*

Renninger, M.
1934, 1: Z. Kristallogr. **89**, 344. *61, 62.*
1934, 2 = Ewald, P. P. 1.
1938, 1 und R. Brill: Ergebn. d. techn. Röntgenkde. Bd. 4. Leipzig: Akad. Verlagsges. *61.*
Rinne, F.
1915, 1: Ber. d. Sächs. Akad. d. Wiss. Math.-Phys. Kl. **17**, 223. *158.*
Robertson, J. M.
1939, 1 = Carpenter 1.
Rohland, W.
1924, 1 = Körber 1.
Rohn, W.
1932, 1: Z. Metallkde. **24**, 127. *245.*
Röhrig, H.
1936, 1 = Werkstoffhandbuch Nichteisenmetalle 1940, 1, Beitrag G 3. *212.*
Rosbaud, P.
1925, 1 und E. Schmid: Z. Phys. **32**, 197. *30.*
Roscoe, R.
1936, 1: Phil. Mag. **21**, 399. *31, 32, 43, 79, 80, 81, 88, 129, 138.*
1937, 1 = Andrade 2.
Rosenhain, W.
1900, 1 = Ewing 1.
Russel, R. S.
1936, 1: Austral. Inst. of Min. and Petr. N. S. Nr. 101. *245.*

Sachs, G.
1925, 1 und E. Schiebold: Z. VDI **69**, 1557. *205.*
1925, 2 und E. Schiebold: Naturwiss. **13**, 964. *221.*
1926, 1: Z. Metallkde. **18**, 209. *201.*
1926, 2 und G. Fiek: Der Zugversuch. Leipzig: Akad. Verlagsges. *203.*
1926, 3 = Schiebold 1.
1927, 1 und H. Shoji: Z. Phys. **45**, 776. *201, 202.*
1927, 2 = v. Göler 1.
1927, 3 = v. Göler 2.
1927, 4 = v. Göler 3.
1927, 5 = Karnop 1.
1927, 6 = Karnop 2.
1928, 1: Z. VDI **72**, 734. *210, 223, 243, 280.*
1928, 2 = Karnop 1.
1928, 3 = Masima 1.
1929, 1 = Karnop 1.
1930, 1: Handbuch d. Exp.-Phys. Bd. 5/1, S. 70. Leipzig: Akad. Verlagsges. *1, 203.*
1930, 2 und J. Weerts: Z. Phys. **62**, 473. *26.*
1930, 3 = Kuntze 1.
1931, 1 und J. Weerts: Z. Phys. **67**, 507. *30.*
1932, 1 = Caglioti 1.
1934, 1: Praktische Metallkunde Bd. 2, Spanlose Verformung. Berlin: Julius Springer. *203.*
1937, 1: Handbuch der Metallphysik. Hrsg. von G. Masing. Bd. 3. Leipzig: Akad. Verlagsges. *197.*

Schaaber, O.
1941, 1 = Glocker 1.

Schaal, A.
1940, 1: Z. techn. Phys. **21**, 1. *271.*
1940, 2 = Glocker 1 und Kemmnitz.

Scheu, R.
1929, 1 = Ludwik 1.

Schiebold, E.
1925, 1 = Sachs 1.
1925, 2 = Sachs 2.
1926, 1 und G. Sachs: Z. Kristallogr. **63**, 34. *4.*
1931, 1 und G. Siebel: Z. Phys. **69**, 458. *4.*

Schiedt, E.
1938, 1 = Bollenrath 1.

Schmid, E. (Stuttgart).
1935, 1: Z. Kristallogr. **91**, 95. *4.*

Schmid, E. (Frankfurt a. M.).
1922, 1 = Mark 1 und Polanyi.
1924, 1: Proc. Intern. Congr. Appl. Mech. Delft, S. 342. *25.*
1924, 2 = Polanyi 1.
1925, 1 = Haase 1.
1925, 2 = Polanyi 2.
1925, 3 = Rosbaud 1.
1926, 1: Z. Phys. **40**, 54. *26, 169.*
1928, 1: Z. Metallkde. **20**, 69. *143.*
1929, 1 = Boas 1.
1929, 2 = Polanyi 1.
1930, 1: Verh. d. 3. Intern. Kongr. f. Techn. Mech., Stockholm. Bd. 2, S. 249. *29.*
1930, 2 = Boas 1.
1931, 1 und G. Wassermann: Handbuch d. physikal. u. techn. Mech. Bd. 4/2, S. 319. Leipzig: J. A. Barth. *203.*
1931, 2 und G. Wassermann: Z. Metallkde. **23**, 242. *245.*
1931, 3 und G. Siebel: Z. Elektrochem. **37**, 447. *26.*
1931, 4 = Boas 1.
1931, 5 = Boas 2.
1931, 6 = Boas 3.
1931, 7 = Fahrenhorst 1.
1932, 1 = Fahrenhorst 1.
1933, 1 = Obinata 1.
1934, 1 und G. Siebel: Metallw. **13**, 765. *30.*
1934, 2: Pap. and Disc. Intern. Conf. on Physics Lond. *131.*
1935, 1 und W. Boas: Kristallplastizität. Struktur und Eigenschaften der Materie. Bd. 17. Berlin: Julius Springer. *I, V, 1, 2, 3, 5, 6, 11, 18, 19, 23, 26, 28, 54, 56, 64, 126, 136, 203, 245.*
1936, 1 = Boas 1.
1939, 1: Metallw. **18**, 524. *237, 245.*
1939, 2: Z. Metallkde. **31**, 125. *237.*
1939, 3 = Gürtler, G. 1 und Jung-König.
1939, 4 = Gürtler, G. 2.

Schmid, W. E.
1929, 1 = Wever 1.
1930, 1 = Wever 1.

Schmidt, M.
1939, 1 und H. Krainer: Mitt. staatl. techn. Versuchsanst. Wien **24**, 5. *248.*
Scholz, P.
1927, 1 = Hausser 1.
Shoji, H.
1927, 1 = Sachs 1.
Schubnikoff, L. W.
1924, 1 = Obreimow 1.
Schwinning, W.
1934, 1 und E. Strobel: Z. Metallkde. **26**, 1. *212.*
Seith, W.
1939, 1: Diffusion in Metallen. Reine und angew. Metallkde. in Einzeldarstellgn. Hrsg. von W. Köster. Bd. 3. Berlin: Julius Springer. *58.*
Siebel, E.
1923, 1 und M. Ulrich: Z. VDI **76**, 659. *214, 215, 243.*
1928, 1 und A. Pomp: Mitt. K.-Wilh.-Inst. Eisenforschg. **10**, 63. *209.*
1932, 1: Die Formgebung im bildsamen Zustand. Düsseldorf. Stahleisen. *VI.*
1940, 1 und K. Wellinger: Z. VDI **84**, 57. *252.*
Siebel, G.
1931, 1 = Schiebold 1.
1931, 2 = Schmid 3.
1934, 1 = Schmid 1.
Smekal, A.
1931, 1: Handbuch d. physikal. und techn. Mech. Bd. 4/2. Leipzig: J. A. Barth. *V, 1, 56, 59, 126.*
1933, 1: Handbuch der Physik Bd. 24/2. Berlin: Julius Springer. *V, 1, 56, 59, 126.*
1935, 1: Z. Phys. **93**, 166. *6, 9, 25, 129, 132.*
Smith, D. W.
1933, 1 und R. F. Mehl: Metals & Alloys **4**, 31. *3.*
Smith, J. H.
1910, 1: Iron Steel Inst. **82**, 246. *254.*
Späth, W.
1934, 1: Theorie und Praxis der Schwingungsprüfmaschinen. Berlin: Julius Springer. *253.*
1938, 1: Physik der mechanischen Werkstoffprüfung. Berlin: Julius Springer. *207, 208, 209.*
Stambke, K.
1941, 1 = Förster 1.
Stepanow, A. W.
1934, 1: Phys. Z. Sowjet. **6**, 312. *19.*
Stierstadt, A.
1933, 1 = Donat 1.
Straumanis, M.
1932, 1: Z. phys. Chem. Abt. B **19**, 63. *3.*
1932, 2: Z. Kristallogr. **83**, 29. *7, 8.*
Strobel, E.
1934, 1 = Schwinning 1.

Tammann, G.
1923, 1: Lehrbuch der Metallographie. 3. Aufl. Leipzig: L. Voss. *2.*
1932, 1: Lehrbuch der Metallkunde. 4. Aufl. Leipzig: L. Voss. *2, 126.*
Tapsel, H. C.
1927, 1 und W. J. Clenshaw: Dep. of Scient. and Industr. Res., Eng. Res., Spec. Rep. Nr. 1 u. 2. Lond. *214.*
Taylor, G. J.
1923, 1 und C. F. Elam: Proc. roy. Soc., Lond. A **102**, 643. *5, 176.*
1925, 1 und C. F. Elam: Proc. roy. Soc., Lond. A **108**, 28. *55, 176.*
1926, 1 und W. S. Farren: Proc. roy. Soc., Lond. A **111**, 529. *10.*
1927, 1: Proc. roy. Soc., Lond. A **116**, 16. *10, 53, 55.*
1927, 2: Proc. roy. Soc., Lond. A **116**, 39. *10, 12, 53, 55.*
1928, 1: Proc. roy. Soc., Lond. A **118**, 1. *8.*
1928, 2: Trans. Faraday Soc. **24**, 121. *14.*
1934, 1: Proc. roy. Soc., Lond. A **14**, 362. *62, 67, 69, 71, 99, 120, 123.*
1934, 2: Z. Kristallogr. **89**, 375. *67, 69, 71, 99, 120, 123.*
1938, 1: J. Inst. Met. **62**, 307. *218, 219, 221, 230, 232, 234, 285.*
Thomassen, L.
1933, 1 und J. E. Wilson: Phys. Rev. **43**, 763. *134.*
Thum, A.
1939, 1 und K. Federn: Spannungszustand und Bruchausbildung. Berlin: Julius Springer. *197.*
1939, 2 = Handbuch der Werkstoffprüfung 1, S. 175. *258.*

Tillmanns, H. E.
1936, 1 = Hempel 1.
1936, 2 = Hempel 2.
Timpe, A.
1907, 1 = Love 1.
Trillat, J. J.
1930, 1 Les Applications des rayons X. Paris Univers. Press. *3.*
Tsien, L. C.
1937, 1 und Y. S. Chow: Proc. roy. Soc., Lond. A **163**, 19. *3.*
Tyndall, E. P. T.
1929, 1 = Hoyem 1.

Ulrich, M.
1923, 1 = Siebel, E. 1.
Urbach, F.
1929, 1 = Blank 1.

Voigt, W.
1874, 1: Dissertation Königsberg. *202.*
1919, 1: Ann. Phys. **60**, 638. *59.*
Volmer, M.
1939, 1: Kinetik der Phasenbildung. Die chemische Reaktion. Bd. 4. Dresden u. Leipzig: Th. Steinkopff. *2.*

Wassermann, G.
1931, 1 = Schmid 1.
1931, 2 = Schmid 2.
1939, 1: Texturen metallischer Werkstoffe. Berlin: Julius Springer. *203.*
Webster, W. L.
1933, 1: Proc. roy. Soc., Lond. A **140**, 653. *2.*
Weerts, J.
1928, 1: Z. techn. Phys. **9**, 126. *4.*
1929, 1: Forsch.-Arb. VDI-Heft 323. [*50.*
1930, 1 = Sachs 2.
1931, 1 = Sachs 1.
Wellinger, K.
1940, 1 = Siebel, E. 1.
Werkstoffhandbuch.
1937, 1: Stahl und Eisen. 2. Aufl. Hrsg. vom Ver. Dtsch. Eisenhüttenleute. Düsseldorf: Stahleisen. *211.*
1940, 1: Nichteisenmetalle. Hrsg. von der Deutschen Gesellschaft für Metallkunde im Verein Deutscher Ingenieure. Berlin: VDI-Verlag 1936—1940. *211, 212, 227.*
Wever, F.
1924, 1: Z. Phys. **28**, 69. *205.*
1929, 1 und W. E. Schmid: Mitt. K.-Wilh.-Inst. Eisenforschg. **11**, 109. *221.*
1930, 1 und W. E. Schmid: Z. Metallkde. **22**, 133. *221.*
1938, 1 und M. Hempel und H. Möller: Arch. Eisenhüttenw. **11**, 315. *260.*
1939, 1 und M. Hempel und H. Möller: Stahl u. Eisen **59**, 29. *260, 268.*
Wetzel, H.
1941, 1 = Förster 2.
Wiberg, O. A.
1930, 1: Trans. Tokyo Sect. Meet. World Power Conf. **3**, 1129. *214.*
Widmann, H.
1927, 1: Z. Phys. **45**, 200. *249.*
Wilson, J. E.
1933, 1 = Thomassen 1.
Wolbank, F.
1939, 1: Z. Metallkde. **31**, 249. *237.*
Wolff, H.
1935, 1: Z. Phys. **93**, 147. *9, 129.*
Wood, W. A.
1936, 1 = Gough 1.
1938, 1 = Gough 1.
1928, 2 = Gough 2.
Wright, S. J.
1926, 1 = Gough 1 und Hanson.

Yamaguchi, K.
1928, 1: Sci. Pap. Inst. Phys. Chem. Res. Tokyo **8**, 289. *136.*
1929, 1: Sci. Pap. Inst. Phys. Chem. Res. Tokyo **11**, 151 u. 223. *14.*

Zapp, B.
1931, 1 = Pomp 1.
Zeitschrift für Kristallographie.
1934, 1: **89**, 193. *57, 62.*
1936, 1: **93**, 161. *57.*
Zwicky, F.
1923, 1: Phys. Z. **24**, 131. *56.*